電子情報通信レクチャーシリーズ **D-3**

非線形理論

電子情報通信学会●編

香田　徹　著

コロナ社

▶電子情報通信学会 教科書委員会 企画委員会◀

- ●委員長 ── 原島　博（東京大学教授）
- ●幹事 ── 石塚　満（東京大学教授）
  （五十音順）
  　　　　　　大石進一（早稲田大学教授）
  　　　　　　中川正雄（慶應義塾大学教授）
  　　　　　　古屋一仁（東京工業大学教授）

▶電子情報通信学会 教科書委員会◀

- ●委員長 ── 辻井重男（東京工業大学名誉教授）
- ●副委員長 ── 神谷武志（東京大学名誉教授）
  　　　　　　宮原秀夫（大阪大学名誉教授）
- ●幹事長兼企画委員長 ── 原島　博（東京大学教授）
- ●幹事 ── 石塚　満（東京大学教授）
  （五十音順）
  　　　　　　大石進一（早稲田大学教授）
  　　　　　　中川正雄（慶應義塾大学教授）
  　　　　　　古屋一仁（東京工業大学教授）
- ●委員 ── 122名

（2008年4月現在）

刊行のことば

　新世紀の開幕を控えた1990年代，本学会が対象とする学問と技術の広がりと奥行きは飛躍的に拡大し，電子情報通信技術とほぼ同義語としての"IT"が連日，新聞紙面を賑わすようになった．

　いわゆるIT革命に対する感度は人により様々であるとしても，ITが経済，行政，教育，文化，医療，福祉，環境など社会全般のインフラストラクチャとなり，グローバルなスケールで文明の構造と人々の心のありさまを変えつつあることは間違いない．

　また，政府がITと並ぶ科学技術政策の重点として掲げるナノテクノロジーやバイオテクノロジーも本学会が直接，あるいは間接に対象とするフロンティアである．例えば工学にとって，これまで教養的色彩の強かった量子力学は，今やナノテクノロジーや量子コンピュータの研究開発に不可欠な実学的手法となった．

　こうした技術と人間・社会とのかかわりの深まりや学術の広がりを踏まえて，本学会は1999年，教科書委員会を発足させ，約2年間をかけて新しい教科書シリーズの構想を練り，高専，大学学部学生，及び大学院学生を主な対象として，共通，基礎，基盤，展開の諸段階からなる60余冊の教科書を刊行することとした．

　分野の広がりに加えて，ビジュアルな説明に重点をおいて理解を深めるよう配慮したのも本シリーズの特長である．しかし，受身的な読み方だけでは，書かれた内容を活用することはできない．"分かる"とは，自分なりの論理で対象を再構築することである．研究開発の将来を担う学生諸君には是非そのような積極的な読み方をしていただきたい．

　さて，IT社会が目指す人類の普遍的価値は何かと改めて問われれば，それは，安定性とのバランスが保たれる中での自由の拡大ではないだろうか．

　哲学者ヘーゲルは，"世界史とは，人間の自由の意識の進歩のことであり，… その進歩の必然性を我々は認識しなければならない"と歴史哲学講義で述べている．"自由"には利便性の向上や自己決定・選択幅の拡大など多様な意味が込められよう．電子情報通信技術による自由の拡大は，様々な矛盾や相克あるいは摩擦を引き起こすことも事実であるが，それらのマイナス面を最小化しつつ，我々はヘーゲルの時代的，地域的制約を超えて，人々の幸福感を高めるような自由の拡大を目指したいものである．

　学生諸君が，そのような夢と気概をもって勉学し，将来，各自の才能を十分に発揮して活躍していただくための知的資産として本教科書シリーズが役立つことを執筆者らと共に願っ

ている．

　なお，昭和 55 年以来発刊してきた電子情報通信学会大学シリーズも，現代的価値を持ち続けているので，本シリーズとあわせ，利用していただければ幸いである．

　終わりに本シリーズの発刊にご協力いただいた多くの方々に深い感謝の意を表しておきたい．

　2002 年 3 月　　　　　　　　　　　　　　　　　　　電子情報通信学会 教科書委員会

　　　　　　　　　　　　　　　　　　　　　　　　　　　　委員長　辻　井　重　男

まえがき

　カオスは数学者ポアンカレ (J. H Poincaré) の研究を端緒とする．その対象分野が数学から科学や工学の諸分野まで広がるにつれ，カオスへの関心はますます高まっている．特に，カオスの情報通信分野への応用に関しては新展開の様相をみせている．

　本書では，理工学部の低学年の学部生が初めてカオスや非線形現象に接し，この分野へ入門するための動機づけとなるように平易な記述を試みた．通常の成書のスタイルとは異なり，証明なしで定理や系を紹介し，むしろその主張の意味や基本的な考え方の理解が得られるように数多くの簡単な例題を設けた[†]．代わりに，カオスや非線形力学系全般を学ぶための道標である優れた専門書の紹介を著者の独断で行った．また，カオスの研究対象分野が物理学や電気電子工学，情報通信工学のみならず確率論，統計学や情報理論などの広範囲な応用数学の分野に及んでいることに言及した．

　本書は，離散力学系のカオスとその情報通信系への応用を中心に四つの章からなる．

　1 章の非線形振動論入門では，各種の非線形力学系にみられる周期解やカオスに関する解析手法がおもに線形理論に基づいていることを明確にした．連続/離散力学系，ポアンカレ写像，力学系の平衡点や周期解及びこれらの安定性や非線形微分方程式の近似解法を紹介する．物理系を記述する典型的微分方程式のハミルトン系のハミルトニアンや非線形電気回路のブレイトン–モーザー (Brayton–Moser) 方程式の混合ポテンシャルを通じて，エネルギーの重要性を学ぶ．

　2 章では，離散系のカオスの定義を列挙し，分岐，記号力学系，カオスの各種指標の定義を紹介し，離散系カオスが連続系カオスの理解に不可欠であることを明確にした．

　3 章では，i.i.d. (independent and identically distributed) 情報源やマルコフ情報源が離散カオスで容易に生成されることを紹介する．擬似乱数生成器としてのカオスの暗号系への発展的応用についても言及する．

　4 章では，ディジタル通信システムに従来専ら用いられていた代数的方法によるシフトレジスタ i.i.d. 2 値系列よりもカオスによるマルコフ的 2 値系列が優位に立つ実例として，スペクトラム拡散通信の拡散符号とディジタル通信で必要不可欠な A–D 変換器を取り上げる．

　なお，本書の 1, 2 章は，「離散力学系のカオス」(1998 年 3 月，コロナ社刊) の 1, 2 章をも

[†] 微積分学と線形代数の初歩的知識だけを前提としている．また，微分方程式論では，変数分離法と定数変化法しか用いていない．

とに加筆・修正したものであり，重複する部分があることをご了解いただきたい．また，3,
4章の内容はこの10年間の新しい内容などをもとに構成している．

　広範囲でかつ横断的研究分野に及ぶカオスを紹介することは，浅学非才の著者の到底及ぶことではなく，また著者の興味や関心で題材を取り上げたので内容に偏りがあるが，後半の応用編では，系の時間発展の解析手段としての離散力学的視点の重要性を強調した．若い研究者が**情報**と**力学**の密接な関係に興味をもつきっかけになれば幸いである．

　2009年2月

香　田　　　徹

目　　次

1. 非線形振動論入門

- 1.1 微分方程式と力学系 …………………………………… 2
  - 1.1.1 簡単な微分方程式の例 ……………………………… 2
  - 1.1.2 連立一階微分方程式 ………………………………… 3
  - 1.1.3 簡単な力学系 ………………………………………… 4
  - 1.1.4 非線形振動 …………………………………………… 8
- 1.2 平衡点と微小変位論 …………………………………… 14
  - 1.2.1 線形微分方程式と作用素の指数関数 ……………… 14
  - 1.2.2 指数行列の性質 ……………………………………… 20
  - 1.2.3 二次元微分方程式の分類 …………………………… 21
  - 1.2.4 非同次方程式 ………………………………………… 24
  - 1.2.5 平衡点の安定性 ……………………………………… 25
- 1.3 リミットサイクル，ポアンカレ写像，離散力学系 … 30
  - 1.3.1 ファンデルポール方程式と軌道安定性 …………… 30
  - 1.3.2 ポアンカレ写像 ……………………………………… 33
  - 1.3.3 非自律系に対するポアンカレ写像 ………………… 35
  - 1.3.4 離散力学系 …………………………………………… 37
  - 1.3.5 線形差分方程式 ……………………………………… 38
  - 1.3.6 離散力学系の平衡点の安定性 ……………………… 39
  - 1.3.7 周期係数の線形微分方程式 ………………………… 41
- 1.4 一般の回路の微分方程式 ……………………………… 44
  - 1.4.1 キルヒホッフの法則とオームの法則 ……………… 45
  - 1.4.2 ブレイトン–モーザーの微分方程式 ………………… 50
- 1.5 非線形力学系の定性的理論 …………………………… 52
  - 1.5.1 ポアンカレ–ベンディクソンの定理 ………………… 52
  - 1.5.2 分　　岐 ……………………………………………… 55
- 1.6 非線形微分方程式の近似解法 ………………………… 59
- 談話室　聴覚理論と非線形科学 …………………………… 62

本章のまとめ ……………………………………………………… 63
　　理解度の確認 ……………………………………………………… 64

2. 離散系のカオス

　2.1　カオスの定義 ……………………………………………………… 66
　2.2　分岐と記号力学系 ………………………………………………… 68
　　　2.2.1　周期倍加分岐 …………………………………………… 69
　　　2.2.2　ベルヌイシフト写像とコイン投げ …………………… 73
　　　2.2.3　記号力学系 ……………………………………………… 76
　2.3　二次元のカオス …………………………………………………… 81
　　　2.3.1　エノン写像 ……………………………………………… 82
　　　2.3.2　スメイルの馬てい形写像 ……………………………… 86
　2.4　不 変 測 度 ………………………………………………………… 89
　　　2.4.1　確率論やエルゴード理論の基礎事項 ………………… 89
　　　2.4.2　ペロン–フロベニウス作用素 ………………………… 93
　2.5　カオスの指標 ……………………………………………………… 97
　　　2.5.1　リャプノフ指数 ………………………………………… 97
　　　2.5.2　リャプノフスペクトラム ……………………………… 100
　　　2.5.3　エントロピー …………………………………………… 102
　　　2.5.4　次　　　元 ……………………………………………… 104
　談話室　決定論とランダム性 ………………………………………… 107
　本章のまとめ …………………………………………………………… 108
　理解度の確認 …………………………………………………………… 109

3. カオスによる情報源

　3.1　シャノンの通信モデル …………………………………………… 112
　3.2　区分線形マルコフ写像によるマルコフ情報源 ………………… 113
　3.3　カオスによる i.i.d. 2 値系列生成 ……………………………… 115
　　　3.3.1　区分的単調写像による均等分布性と一定和性 ……… 116
　　　3.3.2　カオス対称 2 値系列 …………………………………… 118

		3.3.3 カオス対称 2 値系列の m 次均等分布性 ················ 120
3.4		ヤコビだ円関数の空間曲線上の力学による i.i.d. 2 値系列 ···· 121
	3.4.1	ヤコビ–チェビシェフ有理写像 ······················· 121
	3.4.2	ヤコビだ円関数による空間力学系······················· 122

談話室　虚数単位・だ円関数と数学史 ··························· 125

3.5	カオスによるストリーム暗号 ································ 126
3.6	離散カオス暗号システムの問題点 ····························· 129
	3.6.1　カオス同期現象に基づく暗号システムとの差異 ········· 129
	3.6.2　SDIC 性利用のカオス暗号システムの問題点 ············ 131
3.7	カオスによる公開鍵暗号系の脆弱性 ························· 132
	3.7.1　コカレフらの公開鍵暗号系 ························· 132
	3.7.2　チェビシェフ多項式の因数分解特性 ·················· 133
	3.7.3　因数分解特性による公開鍵の攻撃 ···················· 134
3.8	線形合同法，シフトレジスタ系列 ····························· 136
	3.8.1　線形合同法 ···································· 136
	3.8.2　シフトレジスタ系列 ···························· 140
3.9	乱数の検定法 ·· 143
3.10	ペロン–フロベニウス作用素による乱数の理論的検定法········ 144

談話室　モンテカルロ法と独立性 ································ 147
本章のまとめ ··· 148
理解度の確認 ··· 150

4. カオスと情報通信

4.1	マルコフ連鎖で生成された CDMA 拡散符号 ··················· 152
	4.1.1　CDMA ······································ 152
	4.1.2　拡散符号の生成と中心極限定理 ······················· 156
	4.1.3　符号平均 MAI と AIP ···························· 158
4.2	算術符号と力学系 ··· 162
	4.2.1　Elias 符号 ···································· 162
	4.2.2　算術符号 ···································· 165
4.3	ベータ写像に基づく A–D, D–A 変換器 ······················· 166
	4.3.1　シャノンの標本化定理 ···························· 167
	4.3.2　β 変換 ····································· 168

viii 目次

   4.3.3 (β, α) 変換 ……………………………………… *169*
   4.3.4 区間解析による D–A 変換法 ……………………… *170*
   4.3.5 β の特性方程式 ………………………………… *171*
   4.3.6 β 変換器から生成されるマルコフ連鎖 ……………… *171*
 談話室　実数とカオス ……………………………………… *173*
 本章のまとめ ………………………………………………… *174*
 理解度の確認 ………………………………………………… *175*

引用・参考文献 …………………………………………………… *177*
理解度の確認；解説 ……………………………………………… *186*
索　　　引 ………………………………………………………… *192*

1 非線形振動論入門

本章では，線形性と非線形性との差異を明確にする．振動，発振現象などの非線形現象の解析方法として線形理論が基本的，有用かつ重要であることを学ぶ．

1.1 微分方程式と力学系

種々の非線形現象は，微分方程式でモデル化される．微分方程式の解の振舞いは力学系の視点に立てば，初等的な基礎知識だけで理解できる[1),3),†]．

1.1.1 簡単な微分方程式の例

最も単純な微分方程式の例は，未知変数を x としたとき

$$\dot{x} = ax \tag{1.1}$$

で表される．ただし，$\dot{x} = dx/dt$ であり，t は時間を意味する．初期条件 $x(0) = u$ に対する解は

$$x = x(t) = ue^{at} \tag{1.2}$$

で与えられる．解の一意性は，以下のことから導かれる．すなわち，式 (1.1) の任意の解を $z = z(t)$ とすると

$$\frac{d}{dt} ze^{-at} = \dot{z}e^{-at} + z(-ae^{-at}) = 0$$

から $ze^{-at} = $ 定数となり，その定数を u とすれば，z は x と同一である．

$$\dot{x} = ax, \quad x(0) = u \tag{1.3}$$

は**初期値問題**と呼ばれる．

十分な時間経過後（あるいは**定常状態**）の解の定性的性質は

$$\lim_{t \to \infty} ue^{at} = \begin{cases} \infty, & a > 0, \quad u > 0 \text{ のとき} \\ -\infty, & a > 0, \quad u < 0 \text{ のとき} \\ u, & a = 0 \text{ のとき} \\ 0, & a < 0 \text{ のとき} \end{cases} \tag{1.4}$$

となるので，パラメータ a の値により全く異なる．式 (1.1) は，$a \neq 0$ であれば a を変えても定常状態の解の定性的性質は不変であるので，**構造的安定** (structurally stable) であると呼ばれ，その境目 $a = 0$ は**分岐点** (bifurcation point) と呼ばれる．なお，分岐現象については 1.5 節および 2.2 節で再び議論する．

---

† 肩付き数字は，巻末の引用・参考文献の番号を表す．

1.1.2 連立一階微分方程式

次式の連立一階微分方程式系

$$\dot{x}_1 = a_1 x_1, \quad \dot{x}_2 = a_2 x_2, \quad x_1(0) = u_1, \quad x_2(0) = u_2, \quad t \in R \tag{1.5}$$

の解は明らかに

$$x_1 = u_1 e^{a_1 t}, \quad x_2 = u_2 e^{a_2 t}, \quad u_1, u_2：定数 \tag{1.6}$$

である．$t \in R$ に対し，ベクトル $\boldsymbol{x}(t) = (x_1(t), x_2(t))^T$ は，(x_1, x_2) 平面上の**曲線**（あるいは**解曲線**と呼ばれる）を表す．すなわち，$\boldsymbol{x}(t)$ は $R \to R^2$ なる写像を意味する．ただし，肩付きの ^{T} は転置を意味する．式 (1.5) は

$$\frac{d\boldsymbol{x}}{dt} = A\boldsymbol{x}, \quad \boldsymbol{x}(0) = \boldsymbol{u}, \quad t \in R, \quad \boldsymbol{x} \in R^2 \tag{1.7}$$

と書き表される．ただし

$$\frac{d\boldsymbol{x}}{dt} = (\dot{x}_1, \dot{x}_2)^T, \quad A = \begin{pmatrix} a_1 & 0 \\ 0 & a_2 \end{pmatrix}, \quad \boldsymbol{u} = (u_1, u_2)^T \tag{1.8}$$

平面上の各点 $\boldsymbol{x}$ に対し，ベクトル $A\boldsymbol{x}$ は始点 $\boldsymbol{x}$，終点 $\boldsymbol{x} + d\boldsymbol{x}/dt$ を結ぶベクトルであるので，$d\boldsymbol{x}/dt$ は**接ベクトル** (tangent vector) と呼ばれ，A は R^2 上の**ベクトル場** (vector field) を定義している．初期条件 $\boldsymbol{x}(0) = \boldsymbol{u}$ を満たす式 (1.7) の解曲線のいくつかを図 **1.1** に示す．この図は方程式の**相空間図**と呼ばれる．

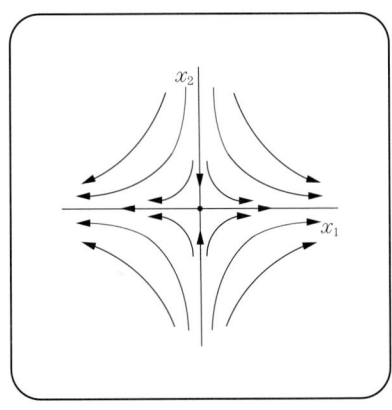

図 **1.1** 式 (**1.7**) の解曲線の例
$(a_1 = 2, a_2 = -1/2)$

解曲線 $\boldsymbol{x}(t)$ は R^2 上の**軌道**であるので式 (1.7) を以下で定義する**力学系**として考える．初期値 $\boldsymbol{u}$ と経過時間 t の依存性を明確にするために解を $\phi_t(\boldsymbol{u})$ と記す．式 (1.6) の場合は

$$\phi_t(\boldsymbol{u}) = (u_1 e^{a_1 t}, u_2 e^{a_2 t})^T$$

となる．$\phi_t(\cdot)$ は，任意のベクトル $\boldsymbol{u}, \boldsymbol{v} \in R^2$ および定数 λ に対し

$$\phi_t(\boldsymbol{u} + \boldsymbol{v}) = \phi_t(\boldsymbol{u}) + \phi_t(\boldsymbol{v}), \quad \phi_t(\lambda \boldsymbol{u}) = \lambda \phi_t(\boldsymbol{u}) \tag{1.9}$$

を満たす $R^2 \to R^2$ の線形変換である．R^2 上のベクトル場 $\boldsymbol{x} \to A\boldsymbol{x}$ により定まる $\phi_t(\cdot)$ の

族は，R^2 上の**流れ**あるいは**力学系**と呼ばれる．

次に，式 (1.7) の係数行列 A のより一般的な例をあげる．

例 1.1

$$A = \begin{pmatrix} 4 & -5 \\ 2 & -3 \end{pmatrix} \tag{1.10}$$

を有する微分方程式系を考えよう．変数変換

$$\boldsymbol{x} = P\boldsymbol{y}, \quad \boldsymbol{u} = P\boldsymbol{v} \tag{1.11}$$

を行えば

$$\frac{d\boldsymbol{y}}{dt} = B\boldsymbol{y}, \quad \boldsymbol{y}(0) = \boldsymbol{v} \tag{1.12}$$

が得られる．ただし

$$B = P^{-1}AP \tag{1.13}$$

であり，A の特性方程式 $(\lambda-2)(\lambda+1)=0$ から，$\lambda=2,-1$ の固有ベクトルはおのおの $(5,2)^T, (1,1)^T$ となるから，行列 P, P^{-1}, B の要素はそれぞれ

$$P = \begin{pmatrix} 5 & 1 \\ 2 & 1 \end{pmatrix}, \quad P^{-1} = \frac{1}{3}\begin{pmatrix} 1 & -1 \\ -2 & 5 \end{pmatrix}, \quad B = \begin{pmatrix} 2 & 0 \\ 0 & -1 \end{pmatrix} \tag{1.14}$$

である．式 (1.12), (1.14) より，$y_1(t) = v_1 e^{2t}, y_2(t) = v_2 e^{-t}$ となるので

$$\left.\begin{aligned} x_1(t) &= \frac{5}{3}(u_1 - u_2)e^{2t} + \frac{1}{3}(-2u_1 + 5u_2)e^{-t} \\ x_2(t) &= \frac{2}{3}(u_1 - u_2)e^{2t} + \frac{1}{3}(-2u_1 + 5u_2)e^{-t} \end{aligned}\right\} \tag{1.15}$$

を得る．相空間の変換例を図 **1.2** に示す．

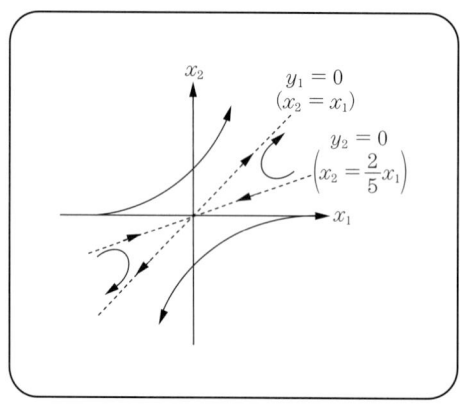

図 **1.2** 相空間の変換例

1.1.3 簡単な力学系

力学系の研究の起源は，外力の影響下で運動する系（ニュートン系と呼ばれる）を解析す

〔1〕運動方程式　状態変数 $x_1,\cdots,x_n$ を定義する空間は**状態空間**（または**位相空間**，二次元空間の場合には**位相平面**や**相平面**）と呼ばれる（空間を自由に運動する1個の粒子の場合，位置座標 $(x,y,z)^T$ と運動量座標 $(p_x,p_y,p_z)^T$ からなる六次元空間）．n 個の $x_i(t)$ が次式の微分方程式に従うとする．

$$\dot{x}_i(t) = f_i(\boldsymbol{x};\boldsymbol{c}), \quad 1 \leq i \leq n \tag{1.16}$$

ただし，$\boldsymbol{x} = (x_1,\cdots,x_n)^T$ は n 次元の状態変数ベクトル，k 次元ベクトル $\boldsymbol{c} = (c_1,\cdots,c_k)^T$ はパラメータである．上記の方程式は，**運動方程式**（あるいは**力学方程式**）と呼ばれ

$$\frac{d\boldsymbol{x}(t)}{dt} = \boldsymbol{f}(\boldsymbol{x}(t);\boldsymbol{c}) \tag{1.17}$$

と表される．ただし，$\boldsymbol{f} = (f_1,\cdots,f_n)^T \in R^n$ である．

例 1.2　空間上の1個の単位質量の粒子に働く力を $\boldsymbol{f} = (f_x,f_y,f_z)^T$ とすると，その運動方程式は次式で表される．

$$\left.\begin{array}{l} \dot{x} = p_x, \quad \dot{y} = p_y, \quad \dot{z} = p_z \\ \dot{p}_x = f_x, \quad \dot{p}_y = f_y, \quad \dot{p}_z = f_z \end{array}\right\} \tag{1.18}$$

■

例 1.3　一次元における自由落下の方程式

$$\ddot{x} = -g, \quad \ddot{x} = \frac{d^2 x}{dt^2} \tag{1.19}$$

は次式と等価である．

$$\dot{x} = p, \quad \dot{p} = -g \tag{1.20}$$

これを直接積分すると解

$$p = -gt + K_1, \quad x = -\frac{1}{2}gt^2 + K_1 t + K_2 \tag{1.21}$$

を得る．ただし，K_1, K_2 は**積分定数**である．式(1.20)で dt を消去すれば

$$\frac{\dot{x}}{\dot{p}} = \frac{dx}{dp} = -\frac{p}{g} \tag{1.22}$$

が得られるので，時間 t を陽に含まない形の x, p の関係式

$$x = -\frac{p^2}{2g} + K \tag{1.23}$$

を得る．ただし，K は積分定数である．上式は**軌道の方程式**と呼ばれる．■

例 1.4　質量 m の**一次元調和振動子**の方程式は，x を変位，c をばね定数とするフックの法則より

$$\ddot{x} = -\omega^2 x, \quad \omega^2 = \frac{c}{m} \tag{1.24}$$

で与えられる．この方程式は，図 **1.3** に示す LC 共振回路の微分方程式

$$L\ddot{x} + \frac{1}{C}x = 0 \tag{1.25}$$

と同形である．その解は

$$x = a\cos\omega t + b\sin\omega t \tag{1.26}$$

ただし，$x, \dot{x}$ は，おのおのキャパシタ C の電荷，ループ電流である．式 (1.24) は

$$\dot{x} = p, \quad \dot{p} = -\omega^2 x \tag{1.27}$$

と等価であるから dt を消去すると

$$\frac{dx}{dp} = -\frac{p}{\omega^2 x} \tag{1.28}$$

となるので，軌道の方程式は，原点を中心とするだ円の方程式となる．

$$x^2 + \frac{p^2}{\omega^2} = K^2 \tag{1.29}$$

ただし，K は初期値 $(x(0), p(0))$ で定まる積分定数である．上式には時間 t を含んでいないが，軌道に矢印をつけることで時間の向きを明示できる．図 1.4 に示すように，x 軸より上では，x は時間とともにだ円軌道に沿って左から右へ動き，x 軸より下ではその逆になる．

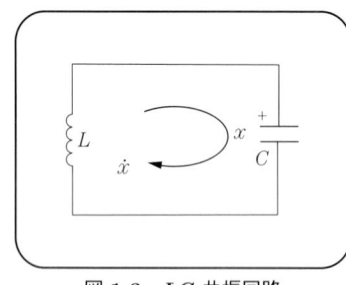
図 1.3 LC 共振回路

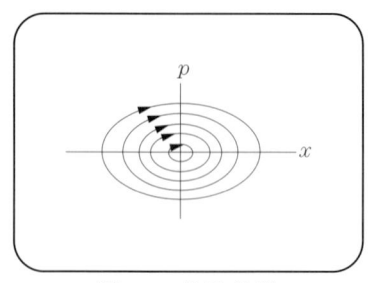
図 1.4 だ円軌道

〔2〕 **ポテンシャルエネルギー，保存系** 式 (1.24) のように，運動方程式が $\dot{x}$ の項を含まない形

$$\ddot{x} = f(x) \tag{1.30}$$

で与えられる場合を考えよう．上式を積分すると

$$\frac{\dot{x}^2}{2} = \int_{x_0}^{x} f(x)dx + E \tag{1.31}$$

が得られる．ただし，E は積分定数である．上式はしばしば $p = \dot{x}$ とおいて

$$T(p) + V(x) = E, \quad T(p) = \frac{p^2}{2}, \quad V(x) = -\int_{x_0}^{x} f(x)dx \tag{1.32}$$

の形に書き換えられる．ただし，$T(p)$ は**運動エネルギー**，$V(x)$ は**ポテンシャルエネルギー**であり，その被積分関数 $f(x)$ は**力**（または**保存力**）と呼ばれ，その系は**保存系**と呼ばれる．その命名の由来は，以下のとおりである．式 (1.32) の第一式左辺である全エネルギー

$$H(x, p) = T(p) + V(x), \quad p = \dot{x} \tag{1.33}$$

に対する**軌道に沿った時間変化**

$$\frac{dH(x,p)}{dt} = \left[\frac{\partial H(x,p)}{\partial x}\right]\dot{x} + \left[\frac{\partial H(x,p)}{\partial p}\right]\dot{p} = \frac{dV(x)}{dx}\dot{x} + \frac{dT(p)}{dp}\dot{p} \tag{1.34}$$

は，式 (1.32), (1.33) より
$$\frac{dH(x,p)}{dt} = p[-f(x) + \dot{p}] \tag{1.35}$$
であるから，式 (1.30) の場合，**エネルギー保存則**と呼ばれる関係式
$$\frac{dH(x,p)}{dt} \equiv 0 \tag{1.36}$$
が成立する．関数 $H(x,p)$ は，**ハミルトニアン** (Hamiltonian) と呼ばれる．また，式 (1.34) から明らかなように，式 (1.36) が成立するための十分条件として
$$\dot{x} = \frac{\partial H(x,p)}{\partial p}, \quad \dot{p} = -\frac{\partial H(x,p)}{\partial x} \tag{1.37}$$
を得る．この式は**ハミルトン方程式**と呼ばれる．

例 1.5 n 次元の運動方程式が
$$\dot{x}_i = p_i, \quad \dot{p}_i = g_i(p_i, x_i), \quad 1 \leq i \leq n \tag{1.38}$$
であるとき，系が保存的であるための必要十分条件は
$$\frac{dp_i}{dt} = -\frac{\partial V(\boldsymbol{x})}{\partial x_i}, \quad 1 \leq i \leq n \tag{1.39}$$
なるポテンシャル $V(\boldsymbol{x})$ が存在し，かつ
$$\dot{x}_i = \frac{\partial H(\boldsymbol{x}, \boldsymbol{p})}{\partial p_i}, \quad \dot{p}_i = -\frac{\partial H(\boldsymbol{x}, \boldsymbol{p})}{\partial x_i} \tag{1.40}$$
なる多次元ハミルトニアン $H(\boldsymbol{x}, \boldsymbol{p})$ を有することである．式 (1.38) から
$$\frac{d}{dt}\left(\frac{\partial H(\boldsymbol{x}, \boldsymbol{p})}{\partial p_i}\right) + \frac{\partial H(\boldsymbol{x}, \boldsymbol{p})}{\partial x_i} = 0, \quad 1 \leq i \leq n \tag{1.41}$$
が得られる．$H(\boldsymbol{x}, \boldsymbol{p})$ は運動エネルギー $T(\boldsymbol{p})$ とポテンシャルエネルギー $V(\boldsymbol{x})$ に
$$H(\boldsymbol{x}, \boldsymbol{p}) = T(\boldsymbol{p}) + V(\boldsymbol{x}) \tag{1.42}$$
と分解されるので，式 (1.41) から
$$\frac{d}{dt}\left(\frac{\partial T}{\partial p_i}\right) + \frac{\partial V}{\partial x_i} = 0, \quad 1 \leq i \leq n \tag{1.43}$$
が得られる．また，新たに，**ラグランジュ関数** $L(\boldsymbol{x}, \boldsymbol{p})$
$$L(\boldsymbol{x}, \boldsymbol{p}) = T(\boldsymbol{p}) - V(\boldsymbol{x}) \tag{1.44}$$
を導入すると，運動方程式の**ラグランジュ形式**が得られる．
$$\frac{d}{dt}\left(\frac{\partial L(\boldsymbol{x}, \boldsymbol{p})}{\partial p_i}\right) - \frac{\partial L(\boldsymbol{x}, \boldsymbol{p})}{\partial x_i} = 0, \quad 1 \leq i \leq n \tag{1.45}$$
∎

例 1.6 [2] 被捕食動物 (prey) と捕食動物 (predator) の二種類の生物集団がある領域に住んでいるとする．おのおのの個体数 x, y の時間変化はしばしば**ロトカ–ボルテラ** (Lotka-Volterra) **の方程式**
$$\dot{x} = x - xy, \quad \dot{y} = xy - y \tag{1.46}$$
でモデル化される．これが**ハミルトニアンの類似量**（$\Phi(x, y)$ と記す）を有するか否かを調べよう．上式から dt を消去して得られる変数分離形の方程式

$$\left(1 - \frac{1}{x}\right)dx = \left(\frac{1}{y} - 1\right)dy \tag{1.47}$$

を直接積分すると，K を積分定数として軌道の方程式

$$x - \ln x = \ln y - y + K \tag{1.48}$$

が得られる．一方，式 (1.46) に対する $\Phi(x, y)$ の存否は，その時間変化が零の方程式

$$\frac{d\Phi(x, y)}{dt} = (x - xy)\frac{\partial \Phi}{\partial x} + (xy - y)\frac{\partial \Phi}{\partial y} = 0 \tag{1.49}$$

の解 $\Phi(x, y)$ の候補として，ハミルトン方程式にみならい

$$\frac{\partial \Phi}{\partial x} = xy - y, \quad \frac{\partial \Phi}{\partial y} = -(x - xy) \tag{1.50}$$

を満たす $\Phi(x, y)$ を見いだしたい．これは容易でないので恒等式

$$(x - xy)\left(1 - \frac{1}{x}\right) + (xy - y)\left(1 - \frac{1}{y}\right) = 0 \tag{1.51}$$

を考える．この左辺各項と式 (1.49) のそれとを比較して得られる微分方程式

$$\frac{\partial \Phi}{\partial x} = 1 - \frac{1}{x}, \quad \frac{\partial \Phi}{\partial y} = 1 - \frac{1}{y} \tag{1.52}$$

を考えよう．この解 $\Phi(x, y)$ は

$$\Phi(x, y) = x + y - (\ln x + \ln y) \tag{1.53}$$

であり，これは式 (1.49) の解であり，式 (1.46) の**保存量**であるので，式 (1.48) と同一に

$$\Phi(x, y) = K = 定数 \tag{1.54}$$

ゆえに，「ロトカ–ボルテラの方程式は保存ニュートン力学系と似ている」といえる．■

1.1.4 非線形振動

〔1〕非線形非減衰微分方程式　種々の物理現象が線形微分方程式で記述されることはまれである．これは，以下の例の振り子の運動から明らかであろう．

例 1.7 [12]　図 1.5 の長さ l の棒（質量はないとする）につけられた単位質量のおもりを含む鉛直面内の振り子の運動系を考えよう．

鉛直線 TOB と棒とのなす角を x とすれば，その運動方程式は保存系の形の

$$\ddot{x} = -\omega_0^2 \sin x, \quad \omega_0^2 = \frac{g}{l} \tag{1.55}$$

となる．この解は，初期角 $x(0)$ と初期角速度 $\dot{x}(0)$ で定まる初期エネルギーを保存した周期振動となる．このように，**外力**を含んでいない場合の振動を**自由振動**または**自励振動**という．

上式はもちろん非線形微分方程式である．すなわち，$\sin x$ を原点周辺でテイラー (Taylor) 展開

$$\sin x \simeq x - \frac{x^3}{3!} + \frac{x^5}{5!} - \cdots$$

をすると，非線形微分方程式

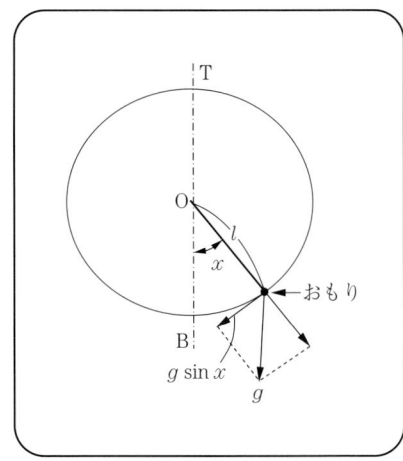

図 1.5　振り子の運動系

$$\ddot{x} + \omega_0^2\left(x - \frac{x^3}{3!} + \frac{x^5}{5!} - \cdots\right) = 0 \tag{1.56}$$

となる．式 (1.55) より右辺は 2π の周期関数であるから相平面上の軌道も 2π の周期を有する．以下に，式 (1.55) の解の振舞いを場合に分けて考える．

① $x \simeq 0$ の場合　　x が小振幅の場合を考えると，式 (1.55) は，調和振動子の運動方程式 (1.24) や LC 回路の方程式 (1.25) と同じ形式の線形微分方程式

$$\ddot{x} = -\omega_0^2 x \tag{1.57}$$

となる．これを直接積分すると，式 (1.29) と同一形式の軌道方程式

$$x^2 + \frac{\dot{x}^2}{\omega_0^2} = K^2 \tag{1.58}$$

を得る．ただし，K は積分定数である．$x, \dot{x}$ の時間関数は

$$x = x_0 \sin(\omega_0 t + \phi), \quad \dot{x} = x_0 \omega_0 \cos(\omega_0 t + \phi) \tag{1.59}$$

で与えられる．ただし，$\omega_0, T = 2\pi/\omega_0, \phi, x_0$ は，それぞれ角周波数，周期，初期位相，振幅と呼ばれる．なお，x_0, ϕ は初期条件 $x(0), \dot{x}(0)$ で決定される．

② $x = \pi$ の近傍の場合　　小振幅の $y = x - \pi$ を考えると，式 (1.55) は

$$\ddot{y} = \omega_0^2 y \tag{1.60}$$

と書き換えられ，これを積分すると，双曲線型の軌道方程式

$$y^2 - \frac{\dot{y}^2}{\omega_0^2} = K^2 \tag{1.61}$$

を得る．ただし，K は積分定数である．$y, \dot{y}$ の時間関数は次式で与えられる．

$$y = y_0 \sinh(\omega_0 t + \phi), \quad \dot{y} = y_0 \omega_0 \cosh(\omega_0 t + \phi) \tag{1.62}$$

③ $x = 0, \pi$ の近傍以外の場合　　式 (1.55) の積分であるエネルギー保存則

$$\frac{\dot{x}^2}{2} - \omega_0^2 \cos x = E \tag{1.63}$$

における力 $f(x) = -\omega_0^2 \sin x$ に対する解を求める前に，式 (1.55) の運動方程式と多項式

力の間の関係を示そう[12]．初期角速度 $\dot{x}(0) = 0$, 初期角 $x(0) = x_{max}(0 \leq x_{max} \leq \pi)$ で定まる，$E = -\omega_0^2 \cos x_{max}$ と $\cos x = 1 - 2\sin^2(x/2)$ を式 (1.63) に代入すると

$$\dot{x}^2 = 4\omega_0^2 \left(\sin^2 \frac{x_{max}}{2} - \sin^2 \frac{x}{2} \right) \tag{1.64}$$

$$\left. \begin{array}{l} \dot{X}^2 = \omega_0^2(1-X^2)(1-k^2X^2), \quad X = \dfrac{1}{k}\sin\dfrac{x}{2} \\ k = \sin\dfrac{x_{max}}{2}, \quad 0 \leq k \leq 1 \end{array} \right\} \tag{1.65}$$

と書き換えられる．これを微分すると三次の非線形力の運動方程式

$$\ddot{X} = \omega_0^2[-(1+k^2)X + 2k^2 X^3] \tag{1.66}$$

が得られる．これは，非線形微分方程式として有名な**ダフィング (Duffing) 方程式**

$$\ddot{x} + \alpha x + \beta x^3 = 0 \tag{1.67}$$

の力 $f(x) = -\alpha x - \beta x^3$ の $\alpha = \omega_0^2(1+k^2)$, $\beta = -2k^2\omega_0^2$ の場合に相当する．

力の非線形性は，β の正，零，負の場合に従い，おのおの**硬非線形**，**線形**，**軟非線形**と呼ばれ，図 **1.6** のように $|x| \gg 1$ に対する力と線形力との強弱に由来する．

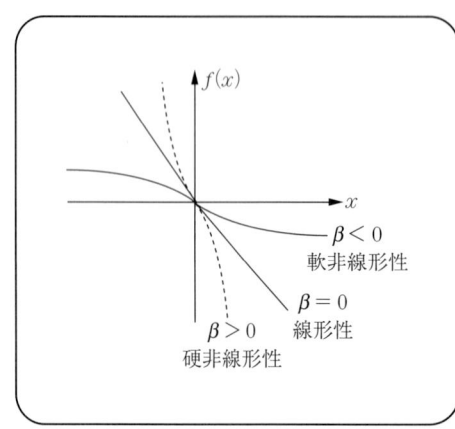

図 **1.6** 非線形力 $f(x)$ と変位 x との関係

次に，元に戻って式 (1.55) の解を求めよう．式 (1.65) より

$$\frac{dX}{dt} = \omega_0 \sqrt{(1-X^2)(1-k^2X^2)} \tag{1.68}$$

これを変数分離法に基づいて

$$\frac{dX}{\sqrt{(1-X^2)(1-k^2X^2)}} = \omega_0 dt \tag{1.69}$$

を積分すると**ヤコビ (Jacobi) のだ円積分**

$$F(x,k) = \int_0^x \frac{dx}{\sqrt{(1-x^2)(1-k^2x^2)}} = \omega_0 t \tag{1.70}$$

が自然に導入され，その逆関数である**だ円関数** $sn(x,k)$

$$sn^{-1}(x,k) = F(x,k), \quad 0 \leq x \leq 1 \tag{1.71}$$

を用いると $x = sn(\omega_0 t, k)$ となるので

$$X = \frac{1}{k}\sin\frac{x}{2}$$

より

$$x = 2\arcsin[k sn(\omega_0 t, k)] \tag{1.72}$$

を得る．図 **1.7** に式 (1.55) の解軌道である式 (1.58), (1.61) の相図を示す．

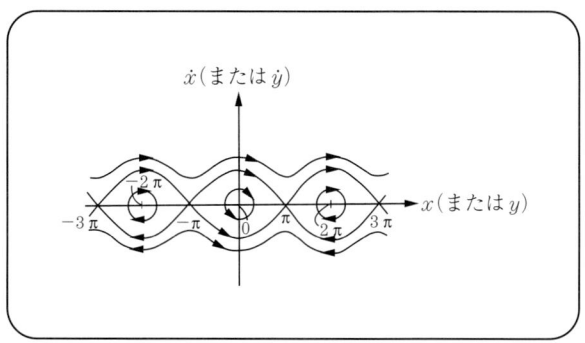

図 **1.7** 振り子の運動系の相図

〔**2**〕 **非線形減衰微分方程式** 前節の方程式では，空気抵抗や摩擦抵抗等の減衰項を無視したので，永久的周期振動が生じた．しかし，現実にはこのようなことは起こり得ない．

例 1.8 （減衰線形微分方程式） 式 (1.55) に減衰項を考慮した最も簡単な方程式

$$\ddot{x} + 2\gamma\dot{x} + \omega_0^2 x = 0 \tag{1.73}$$

は，図 **1.8** の LRC 回路による線形方程式

$$L\ddot{x} + R\dot{x} + \frac{1}{C}x = 0 \tag{1.74}$$

と同形である．ただし，$\dot{x}$ はループ電流である．式 (1.73) の解は

$$x(t) = a\, e^{\lambda_- t} + b\, e^{\lambda_+ t} \tag{1.75}$$

で与えられる．ただし，a, b は初期条件で定まる定数であり

$$\lambda_- = -\gamma - \sqrt{\gamma^2 - \omega_0^2}, \quad \lambda_+ = -\gamma + \sqrt{\gamma^2 - \omega_0^2} \tag{1.76}$$

である．解の式 (1.75) の時間変化は減衰係数 γ の大きさで全く異なる振舞いを示す．

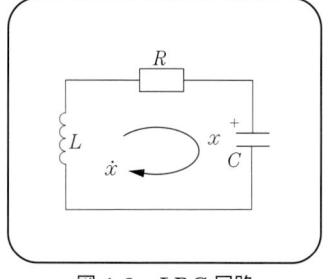

図 **1.8** LRC 回路

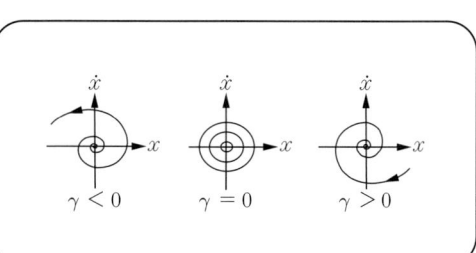

図 **1.9** γ の小さい LRC 回路の軌道

① 減衰係数が小さく，$\gamma^2 < \omega_0^2$ の場合　解は，初期条件で定まる定数 c, ψ を用いて
$$x(t) = c e^{-\gamma t} \sin(\omega_1 t + \psi) \tag{1.77}$$
となる．ただし，$\omega_1 = \sqrt{\omega_0^2 - \gamma^2}$ である．上式から
$$\dot{x}(t) = c\omega_0 e^{-\gamma t} \cos(\omega_1 t + \psi + \theta) \tag{1.78}$$
ただし，$\theta = \arctan(\gamma/\omega_1)$ である．図 1.9 に示すように，$x, \dot{x}$ の相平面での解は，振幅が $ce^{-\gamma t}, c\omega_0 e^{-\gamma t}$ であるので γ の符号により，振幅は時間とともに減少（または増大）しながら振動する軌道を描く．このことは，$\gamma = 0$ の場合の全エネルギー $E = (\dot{x}^2 + \omega_0^2 x^2)/2$ に対する式 (1.73) の軌道に沿った時間変化 $dE/dt = -2\gamma\dot{x}^2$ からも明らかである．

② 減衰係数が大きく，$\gamma^2 > \omega_0^2$ の場合　式 (1.75) の解の λ_-, λ_+ は式 (1.76) からいずれも実根となる．$x, \dot{x}$ は，振動項は含まないので，図 1.10 に示すように，γ の符号により，振幅は時間とともに減少（または，増大）する軌道を描く．図の直線の傾きは初期条件 $a = 0$ と $b = 0$ に対する解（おのおの $\dot{x} = \lambda_+ x, \dot{x} = \lambda_- x$）から明らかである．■

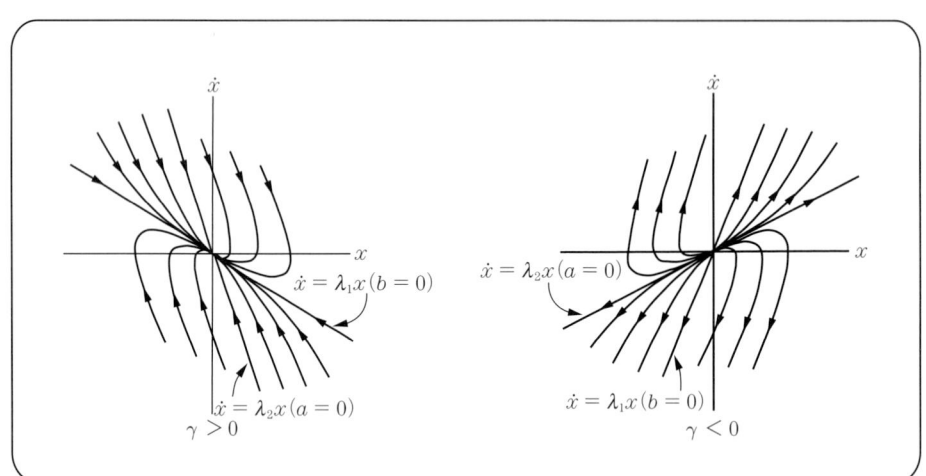

図 1.10　γ の大きい LRC 回路の軌道

例 1.9　（ファンデルポール (van der Pol) 方程式）　非線形の方程式
$$\ddot{x} - \varepsilon(1 - x^2)\dot{x} + x = 0 \tag{1.79}$$
は，無入力で減衰項を含むにもかかわらず，以下に示すように，**安定な周期軌道**（リミットサイクル（limit cyle）と呼ばれる）を有する．これは，最も有名な**自励方程式**の例であり，ファンデルポール方程式と呼ばれる．非線形抵抗は，x の大小により符号が正から負に移り変わるので，符号が**自動調節**されている．図 1.11 に，非線形抵抗特性 $F(x)$ とキャパシタン

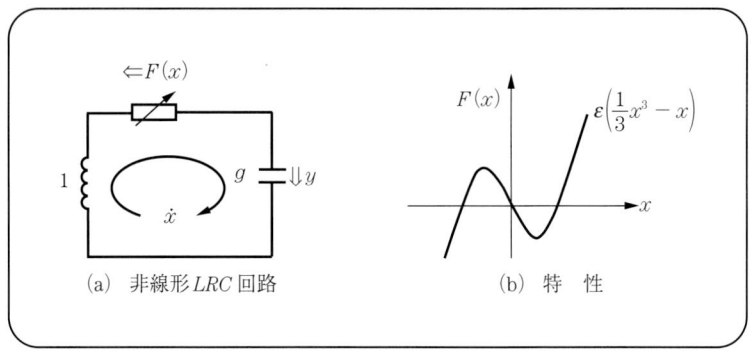

図 1.11 非線形 LRC 回路と特性

ス g を含む非線形 LRC 回路とその特性を示す．

ループ電流 $\dot{x}$，キャパシタンスの端子間電圧 y の回路方程式

$$\left.\begin{array}{l}\dot{x} = y - F(x) \\ \dot{y} = -\dfrac{x}{g}\end{array}\right\} \tag{1.80}$$

から

$$\ddot{x} + \frac{dF}{dx}\dot{x} + \frac{x}{g} = 0 \tag{1.81}$$

が得られる．

例えば

$$F(x) = \varepsilon\left(\frac{1}{3}x^3 - x\right)$$
$$g = 1$$

の場合，ファンデルポール方程式 (1.79) が得られる． ∎

上式の解の具体的形や解の定性的性質を知るには，おのおの数値積分法や後述の平衡点の解析，フーリエ級数展開や摂動法などによる近似解法に頼らざるを得ない．ε の大小に分けて，更に初期値をリミットサイクルの内側と外側に選んだ場合の 2 種類の解軌道の数値例をそれぞれ図 **1.12** に示す．特に，ε が大きい場合の振動はその時間波形から**弛張振動** (relaxation oscillation) と呼ばれている．ほかに，減衰項を考慮した非線形方程式や強制周期外力 $h(t)$ を含んだ方程式

$$\left.\begin{array}{l}\ddot{x} + 2\gamma\dot{x} + \omega_0^2 \sin x = 0 \\ \ddot{x} + 2\gamma\dot{x} + \omega_0^2 x^3 = 0\end{array}\right\} \tag{1.82}$$

$$\left.\begin{array}{l}\ddot{x} - \varepsilon(1-x^2)\dot{x} + x = h(t) \\ \ddot{x} + 2\gamma\dot{x} + \omega_0^2 x^3 = h(t)\end{array}\right\} \tag{1.83}$$

などが知られている．

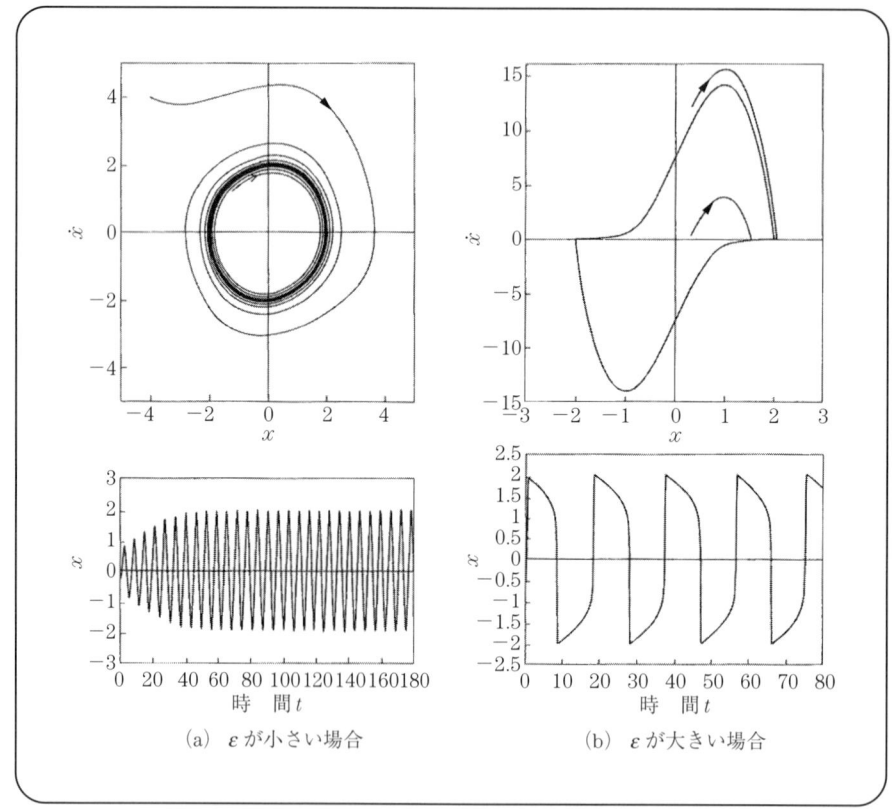

図 1.12　ファンデルポール方程式のリミットサイクル

1.2　平衡点と微小変位論

本節では，非線形微分方程式の**平衡点**とその**安定性**を論じる[1),5)]．

1.2.1　線形微分方程式と作用素の指数関数

〔1〕初期値問題　式 (1.7) を一般化した，$\boldsymbol{x} = (x_1, x_2, \cdots, x_n)^T$ の初期値問題

$$\frac{d\boldsymbol{x}}{dt} = A\boldsymbol{x}, \quad \boldsymbol{x}(0) = \boldsymbol{u}, \quad t \in R, \quad \boldsymbol{x} \in R^n \tag{1.84}$$

を考えよう．ただし，A は n 次元の行列である．上式の解 $\boldsymbol{x}(t)$ は R^n 上の曲線であり，$d\boldsymbol{x}/dt$ はその接ベクトルである．各成分 $x_i(t)$ が連続ならば，$\boldsymbol{x}(t)$ も $R \to R^n$ なる連続な写像とな

る．また，$R^n \to R^n$ の写像 A は R^n のベクトル場を与える．

方程式系を取り扱う場合には**行列理論**が有用である．行列理論は専門書にゆずるとして，必要な部分だけ例題を通して復習することとしよう．

例 1.10 例 1.1 の行列 A を係数行列とする初期値問題

$$\frac{d\boldsymbol{x}}{dt} = A\boldsymbol{x} = \begin{pmatrix} 4 & -5 \\ 2 & -3 \end{pmatrix} \boldsymbol{x}, \quad \boldsymbol{x}(0) = \boldsymbol{u} \tag{1.85}$$

を考えよう．上式の解の候補として，$\boldsymbol{x}(t) = e^{\lambda t}\boldsymbol{v}$ を選べば，$\dot{\boldsymbol{x}}(t) = \lambda e^{\lambda t}\boldsymbol{v} = \lambda\boldsymbol{x} = A\boldsymbol{x}$ が得られ，最後の二式は，未知パラメータ λ の決定問題が固有値問題

$$A\boldsymbol{x} = \lambda\boldsymbol{x} \tag{1.86}$$

に帰着できることを示している．上式の第 i 番目の固有値，固有ベクトルをおのおの $\lambda_i, \boldsymbol{v}_i$ ($i = 1, 2$) とすれば，初期値問題の一般解は，係数ベクトル $\boldsymbol{c} = (c_1, c_2)^T$ を用いて

$$\boldsymbol{x}(t) = c_1 e^{\lambda_1 t}\boldsymbol{v}_1 + c_2 e^{\lambda_2 t}\boldsymbol{v}_2$$

$$= P \begin{pmatrix} e^{\lambda_1 t} & 0 \\ 0 & e^{\lambda_2 t} \end{pmatrix} \boldsymbol{c} = P \begin{pmatrix} e^{\lambda_1 t} & 0 \\ 0 & e^{\lambda_2 t} \end{pmatrix} P^{-1}\boldsymbol{u} \tag{1.87}$$

と表される．ただし，初期値の条件 $\boldsymbol{u} = P\boldsymbol{c}$ を用いた．P は固有ベクトルで定まる行列

$$P = (\boldsymbol{v}_1, \boldsymbol{v}_2) \tag{1.88}$$

である．式 (1.87) は，以下のように簡潔な形で書き表される．行列 A が**完全に対角化可能**の場合には（ここでは簡単のため，これを仮定する．なお，行列の対角化を目指した行列の標準化の方法であるジョルダン形式による一般的な場合の議論は省略する），行列 P を用いて

$$A = PBP^{-1} \tag{1.89}$$

と対角行列 B に**相似変換**できることが知られている．

指数行列 e^{tA} の定義式

$$e^{tA} = \sum_{k=0}^{\infty} \frac{(tA)^k}{k!} \tag{1.90}$$

において A のべき乗 $A^k = PB^k P^{-1}$ を代入すると

$$e^{tA} = I + PBP^{-1}t + PB^2 P^{-1}\frac{t^2}{2!} + PB^3 P^{-1}\frac{t^3}{3!} + \cdots$$

$$= P\left(I + Bt + \frac{(Bt)^2}{2!} + \frac{(Bt)^3}{3!} + \cdots\right)P^{-1} = Pe^{tB}P^{-1} \tag{1.91}$$

が得られる．なお，式 (1.85) の独立な解を列ベクトルとする**基本解行列**

$$X(t) = (e^{\lambda_1 t}\boldsymbol{v}_1, e^{\lambda_2 t}\boldsymbol{v}_2) = Pe^{tB} \tag{1.92}$$

が定義される．$e^0 = I$，$X(0) = P$ より，式 (1.91) と式 (1.92) から指数行列の別定義

$$e^{tA} = X(t)X^{-1}(0) \tag{1.93}$$

も考えられる．式 (1.87) の対角行列は e^{tB} であるので，解 (式 (1.87)) は

$$\boldsymbol{x}(t) = Pe^{tB}P^{-1}\boldsymbol{u} = e^{tA}\boldsymbol{u} \tag{1.94}$$

で与えられる．あるいは上式が式 (1.84) の解であることは

$$\frac{de^{tA}}{dt}\boldsymbol{u} = \left[A\left(I + tA + \frac{(tA)^2}{2!} + \cdots\right)\right]\boldsymbol{u} = Ae^{tA}\boldsymbol{u} \tag{1.95}$$

と $\boldsymbol{x}(0) = \boldsymbol{u}$ からも確認できる．解の一意性は，1.1 節と同様に証明できる．∎

〔2〕 **初期値問題の流れ** 式 (1.84) の初期値問題の解 $e^{tA}\boldsymbol{u}$ は $\phi_t(\boldsymbol{u})$ と記される．$\phi_t(\boldsymbol{u})$ は，点 $\boldsymbol{u}$ が t 時間後に $\phi_t(\boldsymbol{u})$ に移動するという意味で微分方程式 (1.84) の**流れ**（flow）と呼ばれる．更に，基本的関係式

$$\phi_{s+t} = \phi_s \circ \phi_t \tag{1.96}$$

が成立する．なお，A の第 i 番目の固有ベクトル $\boldsymbol{v}_i$ の定数倍を選んだ場合の $\phi_t(c\boldsymbol{v}_i)$ は，

$$\phi_t(c\boldsymbol{v}_i) = \sum_{k=0}^{\infty}\frac{(tA)^k c\boldsymbol{v}_i}{k!} = c\sum_{k=0}^{\infty}\frac{(t\lambda_i)^k}{k!}\boldsymbol{v}_i = ce^{\lambda_i t}\boldsymbol{v}_i \tag{1.97}$$

から，ある固有ベクトルの定数倍を初期値とする解は，時間が経過してもその固有ベクトルの定数倍のままである．更に，A の固有値 λ_i の実部の符号の正，負に応じて $\lim_{t\to\infty}|\phi_t(c\boldsymbol{v}_i)|\to\infty$，$\lim_{t\to\infty}\phi_t(c\boldsymbol{v}_i)\to 0$ となるので，十分時間経過後の軌道は A の固有値の実部で支配される．A の次元を n とし，A の固有値の実部が正，負，零の固有値がおのおの n_u, n_s, n_c 個あるとする．それぞれの固有ベクトルを便宜上

$$\boldsymbol{v}_i(1 \leq i \leq n_u), \quad \boldsymbol{v}_i(n_u + 1 \leq i \leq n_u + n_s)$$

$$\boldsymbol{v}_i(n_u + n_s + 1 \leq i \leq n = n_u + n_s + n_c)$$

と記す．空間

$$E^u = \left\{\boldsymbol{x}\,\middle|\,\boldsymbol{x} = \sum_{1 \leq i \leq n_u} c_i \boldsymbol{v}_i\right\}$$

$$E^s = \left\{\boldsymbol{x}\,\middle|\,\boldsymbol{x} = \sum_{n_u+1 \leq i \leq n_u+n_s} c_i \boldsymbol{v}_i\right\}$$

$$E^c = \left\{\boldsymbol{x}\,\middle|\,\boldsymbol{x} = \sum_{n_u+n_s+1 \leq i \leq n} c_i \boldsymbol{v}_i\right\}$$

は，おのおの**不安定固有空間**，**安定固有空間**，**中心固有空間**と呼ばれる．固有空間上の点 $\boldsymbol{x}$ と任意の t の $\phi_t(\boldsymbol{x})$ もその空間に留まるので固有空間は**不変部分空間**である．

例 1.11 三次の行列 A の固有値が正の実根と負の実部をもった複素根からなるとする．R^3 が E^u, E^s に直和分解されることを図 **1.13** に示している．なお，図では複素根の虚部の符号は負であるとした．

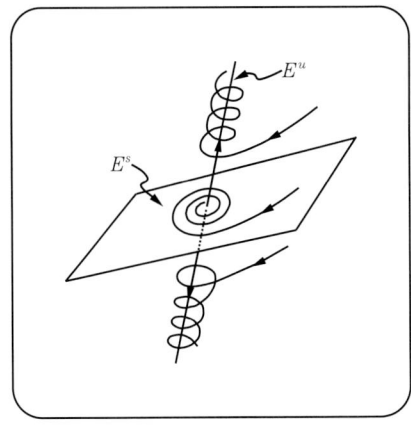

図 1.13 不安定固有空間 E^u と安定固有空間 E^s

以上をまとめると，行列 A の次数を n であるとして，初期値問題（式 (1.84)）

$$\frac{d\boldsymbol{x}}{dt} = A\boldsymbol{x}, \quad \boldsymbol{x}(0) = \boldsymbol{u} \tag{1.98}$$

の解は，A が A の固有ベクトル $\boldsymbol{v}_i$ を要素とする行列 P

$$P = (\boldsymbol{v}_1, \boldsymbol{v}_2, \cdots, \boldsymbol{v}_n) \tag{1.99}$$

を用いて $A = PBP^{-1}$ と対角化できる場合

$$\boldsymbol{x}(t) = e^{tA}\boldsymbol{u} = Pe^{tB}P^{-1}\boldsymbol{u} \tag{1.100}$$

で与えられる．ただし，e^{tB} は

$$e^{tB} = \begin{pmatrix} e^{\lambda_1 t} & 0 & \cdots & 0 \\ 0 & e^{\lambda_2 t} & 0 & \cdots \\ & \cdots & \cdots & \\ & \cdots & \cdots & \\ 0 & \cdots & 0 & e^{\lambda_n t} \end{pmatrix} \tag{1.101}$$

で表される対角行列である．

〔**3**〕**平 衡 点**　　式 (1.98) は非線形微分方程式の**平衡点**の**安定性**を議論する上で重要な役割を果たす[3),4]．$\boldsymbol{x}(t) \in R^n$ の時間変化が一階 n 変数微分方程式

$$\dot{\boldsymbol{x}} = \boldsymbol{f}(\boldsymbol{x}), \quad \boldsymbol{x}(0) = \boldsymbol{u} \tag{1.102}$$

に従うとする．ただし，写像 $\boldsymbol{f}(\boldsymbol{x}) = (f_1(x_1, \cdots, x_n), \cdots, f_n(x_1, \cdots, x_n))^T$ は $U \subset R^n$ 上で定義される滑らかな（C^∞ 級）ベクトル値関数であり，**ベクトル場**と呼ばれる．線形方程式 (1.84) の解にみならって，上式の軌道（解曲線）を

$$\boldsymbol{x}(t) = \phi_t(\boldsymbol{u}) \tag{1.103}$$

と記す．軌道の中で最も興味深いのが時間によって変化しない状態，すなわち**平衡状態**（あるいは**定常解**とも呼ばれる）である．これは

18　　1. 非線形振動論入門

$$f(x) = 0 \tag{1.104}$$

を満たす解 $x = \overline{x}$ として定義される．この解 $\overline{x}$ は，ベクトル場 f の**平衡点** (equilibrium point)（あるいは**不動点** (fixed point)，**零点** (zero)，**特異点** (singular point)）と呼ばれる．

平衡点の性質を特徴づけるのは，平衡点近傍の解軌道の振舞いである．

$$x = \overline{x} + z \tag{1.105}$$

とする．ただし，z は微小量のベクトル変数である．上式を式 (1.102) に代入して $\overline{x}$ の周りでテイラー展開すると，微分方程式

$$\dot{z} = Df(\overline{x})z + \frac{1}{2}Z_n^T Hf(\overline{x})Z_n + \cdots \tag{1.106}$$

が得られる．ただし

$$Z_n = (\overbrace{z, \cdots, z}^{n\text{個}}) \tag{1.107}$$

であり，$Df(x)$ はベクトル場 f の**ヤコビ** (Jacobi) **行列**

$$Df(x) = \begin{pmatrix} \dfrac{\partial f_1}{\partial x_1} & \dfrac{\partial f_1}{\partial x_2} & \cdots & \dfrac{\partial f_1}{\partial x_n} \\ \dfrac{\partial f_2}{\partial x_1} & \dfrac{\partial f_2}{\partial x_2} & \cdots & \dfrac{\partial f_2}{\partial x_n} \\ & \cdots & \cdots & \\ \dfrac{\partial f_n}{\partial x_1} & \dfrac{\partial f_n}{\partial x_2} & \cdots & \dfrac{\partial f_n}{\partial x_n} \end{pmatrix} \tag{1.108}$$

であり，$Hf(x)$ は対角ブロック行列

$$Hf(x) = \begin{pmatrix} Hf_1(x) & 0 & \cdots & 0 \\ 0 & Hf_2(x) & 0 & \cdots \\ & \cdots & \cdots & \\ 0 & \cdots & 0 & Hf_n(x) \end{pmatrix} \tag{1.109}$$

であり，その第 k ブロック行列 $Hf_k(x)$ は次式の**ヘシアン** (Hessian) **行列**である．

$$Hf_k(x) = \begin{pmatrix} \dfrac{\partial^2 f_k}{\partial x_1 \partial x_1} & \dfrac{\partial^2 f_k}{\partial x_1 \partial x_2} & \cdots & \dfrac{\partial^2 f_k}{\partial x_1 \partial x_n} \\ \dfrac{\partial^2 f_k}{\partial x_2 \partial x_1} & \dfrac{\partial^2 f_k}{\partial x_2 \partial x_2} & \cdots & \dfrac{\partial^2 f_k}{\partial x_2 \partial x_n} \\ & \cdots & \cdots & \\ \dfrac{\partial^2 f_k}{\partial x_n \partial x_1} & \dfrac{\partial^2 f_k}{\partial x_n \partial x_2} & \cdots & \dfrac{\partial^2 f_k}{\partial x_n \partial x_n} \end{pmatrix} \tag{1.110}$$

［前提］　式 (1.106) で微小量ベクトル z の二次以上の項が省略できる．

これが満たされる場合，線形微分方程式 (1.98) と同型の**線形化した微分方程式**

$$\dot{z} = Df(\overline{x})z, \quad z(0) = z_0 \tag{1.111}$$

が得られる．なお，式 (1.111) は，非線形微分方程式（式 (1.102)）の解 $\phi_t(u)$ を考察するために，上記前提下で導いた議論であるので，**局所理論**と呼ばれることがある．$\phi_t(u)$ は非線

形の流れ (nonlinear flow) と呼ばれ，一方，線形微分方程式 (1.111) の解

$$z(t) = \widehat{\phi}_t(\overline{x}) = e^{tD\boldsymbol{f}(\overline{x})} \cdot z_0 \qquad (1.112)$$

は線形の流れ (linear flow) と呼ばれる．

定義 1.1 (双曲型（非縮退）平衡点) 係数行列 $D\boldsymbol{f}(\overline{x})$ の固有値の実部がすべて非零であるとき，平衡点 $\overline{x}$ を双曲型（あるいは非縮退）であると呼ぶ．

定義 1.2 (平衡点の局所安定多様体/局所不安定多様体) 平衡点 $\overline{x} \in R^n$ とそのある近傍 $U \subset R^n$ に対し，空間 $W^s_{\mathrm{loc}}(\overline{x}), W^u_{\mathrm{loc}}(\overline{x})$

$$\left.\begin{array}{l} W^s_{\mathrm{loc}}(\overline{x}) = \{\boldsymbol{x} \in U | \lim_{t \to \infty} \phi_t(\boldsymbol{x}) \to \overline{x}, \phi_t(\boldsymbol{x}) \in U, \forall\, t \geqq 0\} \\ W^u_{\mathrm{loc}}(\overline{x}) = \{\boldsymbol{x} \in U | \lim_{t \to -\infty} \phi_t(\boldsymbol{x}) \to \overline{x}, \phi_t(\boldsymbol{x}) \in U, \forall\, t \leqq 0\} \end{array}\right\} \qquad (1.113)$$

をおのおの，平衡点 $\overline{x}$ の**局所安定多様体**，**局所不安定多様体**と呼ぶ．

なお，式 (1.102) の非線形微分方程式の平衡点が線形微分方程式（式 (1.111)）のそれで決定されることを保証しているのは次の二つの定理である[3]．

定理 1.1 (ハートマン–グロブマン (Hartman–Grobman) の定理)

式 (1.102) の非線形微分方程式の平衡点 $\overline{x}$ に対し，式 (1.111) のヤコビ行列 $D\boldsymbol{f}(\overline{x})$ の固有値がすべて双曲型であれば，$\overline{x}$ 近傍の非線形微分方程式 (1.102) の解 $\phi_t(\cdot)$ は，線形微分方程式 (1.111) の解 $\widehat{\phi}_t(\overline{x})$ で支配される（図 **1.14** に示すように，非線形の流れ $\phi_t(\cdot)$ を規定する $W^s_{\mathrm{loc}}(\overline{x})$, $W^u_{\mathrm{loc}}(\overline{x})$ と線形の流れ $\widehat{\phi}_t(\overline{x})$ を規定する E^s, E^u との間に**同相写像** $h(U)$ が存在する）．

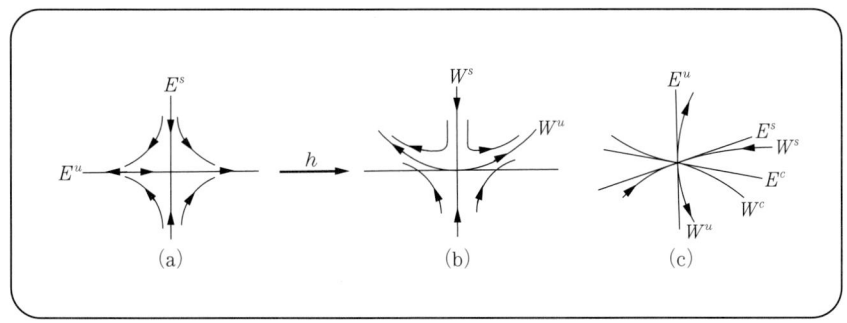

図 **1.14** ハートマン–グロブマンの定理

定理 1.2 (平衡点の中心多様体定理)

非線形微分方程式 (1.102) が双曲型平衡点 $\overline{x}$ を持つとすると，図 1.14 に示すように，$W^s_{\mathrm{loc}}(\overline{x}), W^u_{\mathrm{loc}}(\overline{x})$ が存在して，それらの次元は線形微分方程式 (1.111) の E^s, E^u の次元と一致し，しかも平衡点 $\overline{x}$ での**接空間**は E^s, E^u となる．

20   1. 非線形振動論入門

なお，同相写像の定義は次のとおりである．

定義 1.3（同相写像）　　R^n の開集合 U, V に対し，U から V へ写像する連続な関数が存在し，その逆関数も連続となるとき，それは**同相**（同型，homeomorphism）であるという．

更に，平衡点の局所安定多様体や不安定多様体は，次式のように（大域的，global）**安定多様体** $W^s(\overline{x})$，**不安定多様体** $W^u(\overline{x})$ に拡張することができる．

$$W^s(\overline{x}) = \bigcup_{t \leq 0} \phi_t(W^s_{\text{loc}}(\overline{x})), \quad W^u(\overline{x}) = \bigcup_{t \geq 0} \phi_t(W^u_{\text{loc}}(\overline{x})) \tag{1.114}$$

1.2.2　指数行列の性質

指数行列 e^{tA} の性質を列挙しよう[1),5)]．

① $B = P^{-1}AP$ ならば，$e^B = P^{-1}e^A P$

② $CD = DC$ ならば，$e^{C+D} = e^C \cdot e^D$

③ $e^{-C} = (e^C)^{-1}$

④ 次数 $n = 2$ の任意の行列 A は直交行列 P により以下のいずれかの行列 $B_i = P^{-1}AP$ に変換可能であり，おのおのの指数行列 e^{tB_i} は

$$\text{(a)} \quad B_1 = \begin{pmatrix} a & -b \\ b & a \end{pmatrix}, \quad e^{tB_1} = e^{at}\begin{pmatrix} \cos bt & -\sin bt \\ \sin bt & \cos bt \end{pmatrix} \tag{1.115}$$

$$\text{(b)} \quad B_2 = \begin{pmatrix} \lambda_1 & 0 \\ 0 & \lambda_2 \end{pmatrix}, \quad e^{tB_2} = \begin{pmatrix} e^{\lambda_1 t} & 0 \\ 0 & e^{\lambda_2 t} \end{pmatrix} \tag{1.116}$$

$$\text{(c)} \quad B_3 = \begin{pmatrix} \lambda & 0 \\ 1 & \lambda \end{pmatrix}, \quad e^{tB_3} = e^{\lambda t}\begin{pmatrix} 1 & 0 \\ t & 1 \end{pmatrix} \tag{1.117}$$

で与えられる．

⑤ $A\boldsymbol{x} = \alpha \boldsymbol{x}$ ならば，$e^A \boldsymbol{x} = e^\alpha \boldsymbol{x}$

⑥ $\text{Det}(e^A) = e^{\text{Tr} A}$

ただし，$\text{Det} A$，$\text{Tr} A$ は，それぞれ行列 A の行列式，トレースである．

上記の性質の前半①～③は簡単にいえるので省略し，後半④～⑤の証明を示す．

④ の証明

(a) 行列 B_1 を $B_1 = aI + D_1$ と互いに**可換な行列**に分解する．ただし，I は二次の単位行列で

$$D_1 = \begin{pmatrix} 0 & -b \\ b & 0 \end{pmatrix} \tag{1.118}$$

である．D_1 のべき乗はべき指数の偶数と奇数とに分けて

$$\left. \begin{aligned} D_1^{2n} &= \begin{pmatrix} (-1)^n b^{2n} & 0 \\ 0 & (-1)^n b^{2n} \end{pmatrix} \\ D_1^{2n+1} &= \begin{pmatrix} 0 & -(-1)^n b^{2n+1} \\ (-1)^n b^{2n+1} & 0 \end{pmatrix} \end{aligned} \right\} \tag{1.119}$$

と計算されるから

$$\begin{aligned} e^{D_1} &= \sum_{n=0}^{\infty} \frac{(-1)^n b^{2n}}{(2n)!} \begin{pmatrix} 1 & 0 \\ 0 & 1 \end{pmatrix} + \frac{(-1)^n b^{2n+1}}{(2n+1)!} \begin{pmatrix} 0 & -1 \\ 1 & 0 \end{pmatrix} \\ &= \begin{pmatrix} \cos b & 0 \\ 0 & \cos b \end{pmatrix} + \begin{pmatrix} 0 & -\sin b \\ \sin b & 0 \end{pmatrix} \end{aligned} \tag{1.120}$$

(b) 行列 B_2 は対角行列であるから明らかである．

(c) $B_3 = \lambda I + D_3$ と互いに可換な行列に分解する．ただし，D_3 はべき零行列

$$D_3 = \begin{pmatrix} 0 & 0 \\ 1 & 0 \end{pmatrix} \tag{1.121}$$

の性質 $D_3^2 = 0$ より

$$e^{D_3} = I + D_3 = \begin{pmatrix} 1 & 0 \\ 1 & 1 \end{pmatrix} \tag{1.122}$$

⑤ の証明

$$e^A \boldsymbol{x} = \lim_{n \to \infty} \left(\sum_{k=0}^{n} \frac{A^k \boldsymbol{x}}{k!} \right) = \lim_{n \to \infty} \left(\sum_{k=0}^{n} \frac{\alpha^k \boldsymbol{x}}{k!} \right) = e^{\alpha} \boldsymbol{x} \tag{1.123}$$

⑥ の証明　A が $A = PBP^{-1}$ のように対角化できるとすれば

$$\mathrm{Det}(e^A) = \mathrm{Det}\, e^{PBP^{-1}} = e^{\lambda_1 + \lambda_2 + \cdots + \lambda_n} = e^{\mathrm{Tr} A} \tag{1.124}$$

1.2.3　二次元微分方程式の分類

非線形微分方程式の解の振舞いを学ぶために，2 変数一階の微分方程式

$$\frac{dx}{dt} = f(x, y), \quad \frac{dy}{dt} = g(x, y) \tag{1.125}$$

を議論する[1),5)]．上式のように右辺に陽に時間 t が含まれていない系を**自律系**と呼ぶ．上式の平衡点を $\boldsymbol{x} = \overline{\boldsymbol{x}}$ とする．$\overline{\boldsymbol{x}}$ の周りでテイラー展開して

$$\boldsymbol{x} = \overline{\boldsymbol{x}} + (\zeta, \eta)^T \tag{1.126}$$

微小量 $(\zeta, \eta)^T$ の二次以上の項が省略可能の前提で，二次元の線形化微分方程式

$$\frac{d}{dt}\begin{pmatrix}\zeta\\\eta\end{pmatrix} = \begin{pmatrix}\frac{\partial f}{\partial x} & \frac{\partial f}{\partial y}\\ \frac{\partial g}{\partial x} & \frac{\partial g}{\partial y}\end{pmatrix}\bigg|_{\overline{\boldsymbol{x}}}\begin{pmatrix}\zeta\\\eta\end{pmatrix} = D\boldsymbol{f}(\overline{\boldsymbol{x}})\begin{pmatrix}\zeta\\\eta\end{pmatrix} \tag{1.127}$$

が得られる．ただし，$D\boldsymbol{f}(\boldsymbol{x})$ は，ベクトル場 $\boldsymbol{f} = (f,g)^T$ に対する**ヤコビ行列**

$$D\boldsymbol{f}(\boldsymbol{x}) = \begin{pmatrix}\frac{\partial f}{\partial x} & \frac{\partial f}{\partial y}\\ \frac{\partial g}{\partial x} & \frac{\partial g}{\partial y}\end{pmatrix} \tag{1.128}$$

である．式 (1.127) は，平衡点の近傍の解が線形微分方程式で決定されることを意味している．

前述のように，二次元の線形微分方程式

$$\frac{d\boldsymbol{x}}{dt} = A\boldsymbol{x} \tag{1.129}$$

は，変数変換 $\boldsymbol{x} = P\boldsymbol{y}$ により，二次元の線形微分方程式

$$\frac{d\boldsymbol{y}}{dt} = B\boldsymbol{y}, \quad B = P^{-1}AP \tag{1.130}$$

となる．微分方程式 (1.129)，(1.130) の平衡点は原点唯一であることは明か．この解を求めなくても「**解の定性的性質**」は，A の固有値で以下のように決定できる．A の特性多項式

$$\lambda^2 - (\operatorname{Tr} A)\lambda + \operatorname{Det} A = 0 \tag{1.131}$$

より A の固有値

$$\lambda_+ = \frac{\operatorname{Tr} A + \sqrt{\Delta}}{2}, \quad \lambda_- = \frac{\operatorname{Tr} A - \sqrt{\Delta}}{2}, \quad \Delta = (\operatorname{Tr} A)^2 - 4\operatorname{Det} A \tag{1.132}$$

が得られる．解 $\boldsymbol{y}(t)$ は

$$\boldsymbol{y}(t) = (c_1 e^{\lambda_+ t}, c_2 e^{\lambda_- t})^T \tag{1.133}$$

固有値が実数であるための必要十分条件は，$\Delta \geq 0$ であり，負の実部を持つための条件は，$\operatorname{Tr} A < 0$ である．負の実部を持つ平衡点は，**沈点**（または**吸収点**，シンク (sink)，アトラクタ (attractor) または後述の**周期アトラクタ**と区別するために，**ポイントアトラクタ（点アトラクタ）**）と呼ばれる．一方，正の実部を持つ平衡点は，**源点**（または**湧き出し点**，ソース (source)，リペラ (repellor)）と呼ばれる．以下に六つの場合に分けて議論する．

① $\operatorname{Det} A > 0$ でかつ $\operatorname{Tr} A = 0$（固有値が純虚数）の場合　　平衡点は**渦心点**（またはセンター (center)，**中心点**，**だ円点**）と呼ばれる．図 **1.15** に解軌道の一例を示す．

② $\operatorname{Det} A < 0$（符号の異なる実固有値）の場合　　y 平面での解軌道は，図 **1.16** に示すように，y_1 軸では原点に近づく向きであるが，y_2 軸では原点から遠ざかる向きになっているのに注意されたい．このような平衡点を**鞍点**（あるいは**鞍状点**，サドル (saddle)）と呼ぶ．なお，1.1 節の図 1.1，図 1.2 の平衡点 $\overline{\boldsymbol{x}} = \boldsymbol{0}$ や図 1.7 の平衡点 $x = \pm(2n+1)\pi, (n : 整数)$ はいずれも鞍点である．なお，時間 $t \to \infty$ とともに鞍点に収束する（または鞍点を通過する）軌道は，**セパラトリックス** (separatrix, **分水嶺**

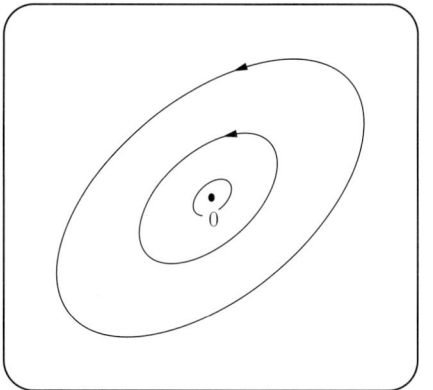

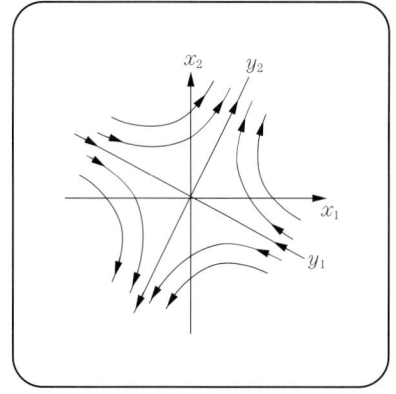

図 **1.15**　渦心点の解軌道

図 **1.16**　鞍点の解軌道

と呼ばれる．セパラトリックスは，それを知ると他の軌道が予測可能となるので，解の挙動を知るうえで重要な軌道である．

③　$\varDelta \geqq 0$ でかつ $\mathrm{Tr}\, A < 0$（二つの実固有値がともに負）の場合　　式 (1.133) と $\boldsymbol{x} = P\boldsymbol{y}$ から明かなように $\lim_{t\to\infty} \boldsymbol{x}(0) = \boldsymbol{0}$ が成立する．この場合の平衡点は**安定結節点**（または**安定ノード** (stable node)）と呼ばれる．図 **1.17** (a) に解軌道の例を示す．

(a)　安定結節点　　(b)　安定渦状点

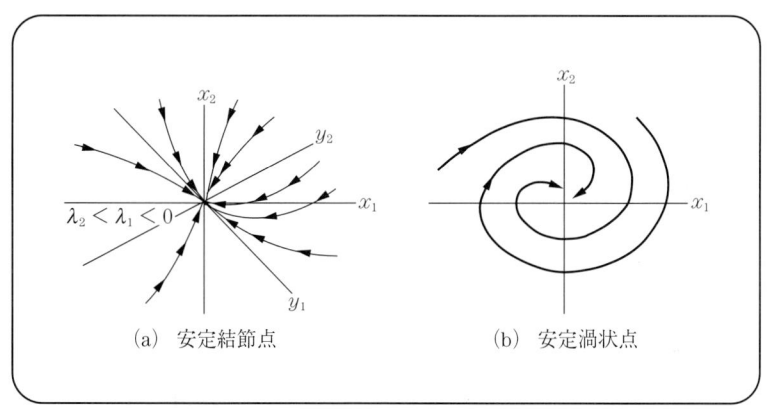

図 **1.17**　安定結節点，安定渦状点の解軌道

④　$\varDelta \geqq 0$ でかつ $\mathrm{Tr}\, A > 0$（二つの実固有値がともに正）の場合　　$\lim_{t\to\infty} \boldsymbol{x}(0) \to \infty$ が成立する．この場合の平衡点は**不安定結節点**（または**不安定ノード** (unstable node)）と呼ばれる．これは図 (a) の解軌道の時間の向きを逆にすれば得られる．

⑤　$\varDelta < 0$ でかつ $\mathrm{Tr}\, A < 0$（複素共役でその実部が負）の場合　　A の固有値に虚部があるので振動しながら $\lim_{t\to\infty} \boldsymbol{x}(0) = \boldsymbol{0}$ となる．この場合の平衡点は**安定渦状点**（または**安定フォーカス** (stable focus)，**安定スパイラル** (stable spiral)）と呼ばれる．図 (b) に解軌道の例を示す．

⑥ $\Delta < 0$ でかつ $\text{Tr}\, A > 0$（複素共役でその実部が正）の場合　A の固有値に虚部があるので振動しながら $\lim_{t \to \infty} \bm{x}(0) = \infty$ となる．この場合の平衡点は**不安定渦状点**（または**不安定フォーカス** (unstable focus)，**不安定スパイラル** (unstable spiral)）と呼ばれる．これは図 (b) の解軌道の時間の向きを逆にすれば得られる．

以上の結果，平衡点の分類図を図 **1.18** にまとめて示す．

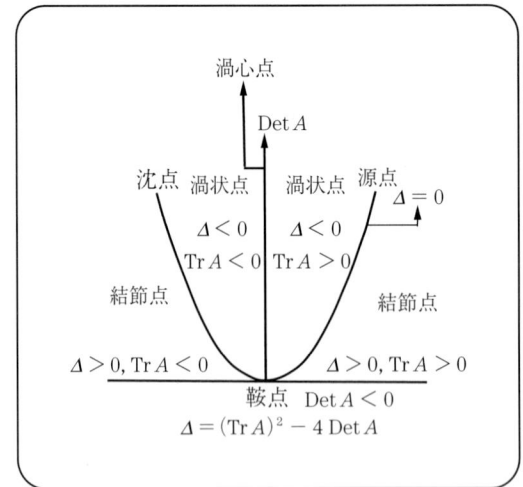

図 1.18　平衡点の分類図

1.2.4　非同次方程式

非同次（あるいは非自律）方程式の初期値問題
$$\frac{d\bm{x}}{dt} = A\bm{x} + \bm{b}(t), \quad \bm{x}(0) = \bm{u} \tag{1.134}$$
を考える．ただし，$A, \bm{b}(t)$ は，n 次元の行列，ベクトルである．**定数変化法**を利用して上式の解を求めよう．n 次元未知ベクトル $\bm{f}(t)$ を含んだ解の候補
$$\bm{x}(t) = e^{tA}\bm{f}(t) \tag{1.135}$$
を考える．その微分 $\dot{\bm{x}}(t) = A\bm{x} + e^{tA}\dot{\bm{f}}$ から $\dot{\bm{f}} = e^{-tA}\bm{b}(t)$ となるので
$$\bm{x}(t) = e^{tA}\left[\int_0^t e^{-sA}\bm{b}(s)ds + \bm{k}\right] \tag{1.136}$$
ただし，n 次元の積分定数ベクトル $\bm{k}$ は $\bm{k} = \bm{x}(0) = \bm{u}$ であるので，結局
$$\bm{x}(t) = e^{tA}\left[\int_0^t e^{-sA}\bm{b}(s)ds + \bm{u}\right] \tag{1.137}$$
第一項，第二項は，式 (1.134) の**特解**，**同次解**である．非同次方程式の定常解の振舞いも，A の固有値で支配される．

1.2.5 平衡点の安定性

非線形微分方程式
$$\frac{d\boldsymbol{x}}{dt} = \boldsymbol{f}(\boldsymbol{x}), \quad \boldsymbol{x} \in R^n \tag{1.138}$$
を考える.ただし,$\boldsymbol{f}$ は,開集合 $W \subset R^n \to R^n$ の C^1 級の写像である.平衡点を $\overline{\boldsymbol{x}} \in W$ とする.力学系の重要な概念である**平衡点のリャプノフ (Liapunov) の安定性**を考察する[1),5)].

〔1〕**リャプノフの安定性**　平衡点の安定性を列挙する (図 **1.19**).

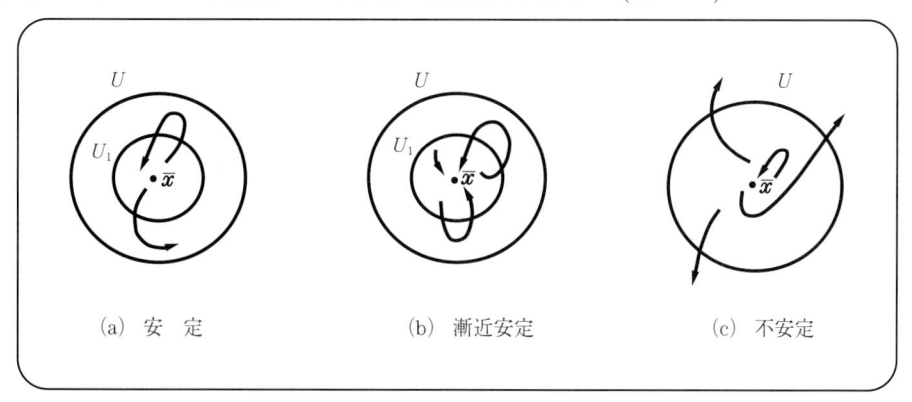

(a) 安定　　　(b) 漸近安定　　　(c) 不安定

図 1.19　平衡点の安定性

定義 1.4（安定平衡点）　$\overline{\boldsymbol{x}}$ の任意の近傍 $U \subset W$ に対して,$\overline{\boldsymbol{x}}$ を含むより小さなある近傍 U_1 を適切にとると,U_1 内の任意の初期値 $\boldsymbol{x}(0)$ に対する時間 $t \geqq 0$ の解 $\boldsymbol{x}(t)$ も常に U に留まるとき,$\overline{\boldsymbol{x}}$ は**安定** (stable) であるという.

定義 1.5（漸近安定平衡点）　安定平衡点の条件に加えて,$\displaystyle\lim_{t \to \infty} \boldsymbol{x}(t) = \overline{\boldsymbol{x}}$ を満たすある近傍 U_1 が適切にとれるとき,$\overline{\boldsymbol{x}}$ は**漸近安定** (asymptotically stable) であるという.

定義 1.6（不安定平衡点）　安定でない平衡点は**不安定** (unstable) である.すなわち,$\overline{\boldsymbol{x}}$ の適切な近傍 U があって,それに含まれる $\overline{\boldsymbol{x}}$ の任意の近傍 U_1 に対し,ある初期値 $\boldsymbol{x}(0) \in U_1$ に対して U にとどまらない解 $\boldsymbol{x}(t)$ が少なくとも一つ存在する場合,$\overline{\boldsymbol{x}}$ は**不安定**であるという.

例 1.12　源点は不安定であり,沈点は漸近安定である.安定であるが漸近安定ではない平衡点の例は,二次元の微分方程式 $\dot{\boldsymbol{x}} = A\boldsymbol{x}$ において $\overline{\boldsymbol{x}} = \boldsymbol{0}$ が渦心点の場合である.■

上記の定義から以下の命題は自明であろう.

① 式 (1.138) の平衡点 $\overline{\boldsymbol{x}}$ でのヤコビ行列を $D\boldsymbol{f}(\overline{\boldsymbol{x}})$ とする.$\overline{\boldsymbol{x}}$ が安定な平衡点であれば,$D\boldsymbol{f}(\overline{\boldsymbol{x}})$ の固有値はいずれも正の実部を持たない.

② 双曲型の平衡点は,不安定か漸近安定のいずれかに限られる.

③ 鞍点は不安定である.

26　1. 非線形振動論入門

〔2〕リャプノフ関数　非線形微分方程式

$$\frac{d\boldsymbol{x}}{dt} = \boldsymbol{f}(\boldsymbol{x}) \tag{1.139}$$

の平衡点 $\overline{\boldsymbol{x}}$ の安定性を調べる方法として，ヤコビ行列 $D\boldsymbol{f}(\overline{\boldsymbol{x}})$ の固有値や数値積分の解などが考えられるが，これらのほかに強力かつ有効な手段がリャプノフの方法である．

定理 1.3（リャプノフの安定性定理）

V は平衡点 $\overline{\boldsymbol{x}}$ を含むある近傍 U を R へ写像する微分可能な関数であるとする．更に，V（リャプノフ関数と呼ばれる）は以下の三つの条件

① $V(\overline{\boldsymbol{x}}) = 0$

② 任意の $\boldsymbol{x} \in U - \overline{\boldsymbol{x}}$ に対し $V(\boldsymbol{x}) > 0$

③ $dV(\overline{\boldsymbol{x}})/dt = 0$ でかつ任意の $\boldsymbol{x} \in U - \overline{\boldsymbol{x}}$ に対し以下のいずれかが成立する．

$$\text{(a)} \ \frac{dV(\boldsymbol{x})}{dt} \leq 0, \quad \text{(b)} \ \frac{dV(\boldsymbol{x})}{dt} < 0, \quad \text{(c)} \ \frac{dV(\boldsymbol{x})}{dt} > 0 \tag{1.140}$$

を満たすとする．このとき，③の条件 (a), (b), (c) に応じて平衡点 $\overline{\boldsymbol{x}}$ はおのおの**安定，漸近安定，不安定**である．特に，条件 (b) を満たす場合，V は**狭義のリャプノフ関数**と呼ばれる．なお，漸近安定であって，かつ近傍 U が n 次元空間全体 R^n にとれる（したがって，式 (1.139) のベクトル場 $\boldsymbol{f}(\boldsymbol{x})$ の定義域 W も $W = R^n$ となる）場合，$\overline{\boldsymbol{x}}$ は**大域的漸近安定** (globally asymptotically stable) であるという．

上記の③の条件中の関数 $V(\boldsymbol{x})$ の時間微分

$$\frac{dV(\boldsymbol{x})}{dt} = \sum_{i=1}^{n} \frac{\partial V}{\partial x_i} f_i(\boldsymbol{x}) = \operatorname{grad} V(\boldsymbol{x})^T \cdot \boldsymbol{f}(\boldsymbol{x}) \tag{1.141}$$

は $V(\boldsymbol{x})$ の式 (1.139) の解に沿った微分を表す．ただし，$\operatorname{grad} V(\boldsymbol{x})$ は V の勾配

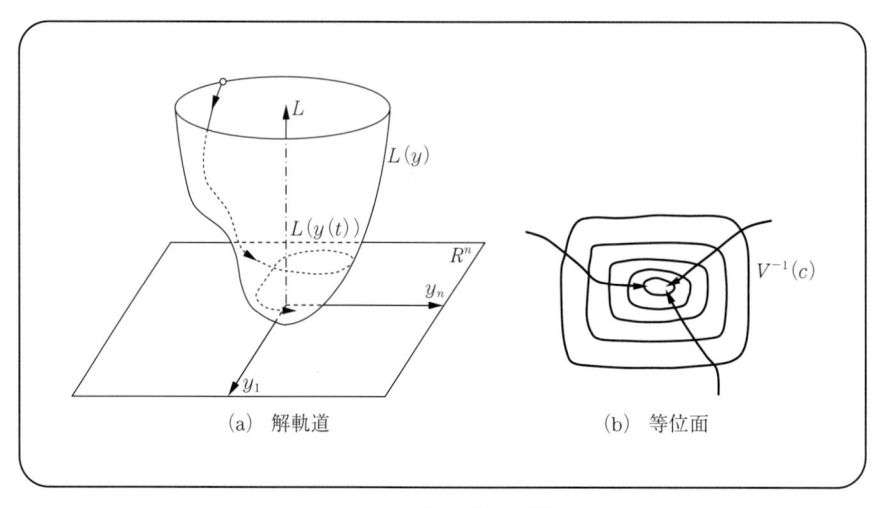

(a) 解軌道　　(b) 等位面

図 1.20　リャプノフ関数

$$\operatorname{grad} V(\boldsymbol{x}) = \left(\frac{\partial V(\boldsymbol{x})}{\partial x_1}, \cdots, \frac{\partial V(\boldsymbol{x})}{\partial x_n} \right)^T \tag{1.142}$$

である．上記の定理のリャプノフ関数 $V(\boldsymbol{x})$ の特徴を以下に列挙する．

① $V(\boldsymbol{x})$ を求める決まった方法はない．

② $V(\boldsymbol{x})$ は，$\operatorname{grad} V(\boldsymbol{x})$ から明らかなように，$\overline{\boldsymbol{x}}$ の近傍の解 $\boldsymbol{x}(t)$ に対しノルム（一種の距離）$|\boldsymbol{x}(t) - \overline{\boldsymbol{x}}|$ が t の減少関数となる R^n のノルム $|\cdot|$ の構成の一般化である．

③ 力学系，電気回路では，エネルギーがリャプノフ関数になり得る．

$V(\boldsymbol{x})$ の直感的理解を助けるために，図 **1.20** にリャプノフ関数の解軌道と等位面 $V^{-1}(c)$ を示す．すなわち，$\dot{V} < 0$ は，$V^{-1}(c)$ を横断するとき $V \leqq c$ である集合の内側へ向かい，再びそこから出られないことを意味している．

例 1.13　二階微分方程式

$$m\ddot{x} + k(x + x^3) = 0 \tag{1.143}$$

は連立微分方程式

$$\dot{x} = p,\ \dot{p} = \frac{-k}{m}(x + x^3) \tag{1.144}$$

と等価である．この全エネルギー

$$E(x, p) = \frac{1}{2}p^2 + \frac{k}{m}\left(\frac{x^2}{2} + \frac{x^4}{4} \right)$$

がリャプノフ関数であるための条件

① $E(0, 0) = 0$

任意の $(x, p) \neq (0, 0)$ に対し

② $E(x, p) > 0$

③ $\dfrac{d E(x, p)}{dt} = p\dot{p} + \dfrac{k}{m}(x + x^3)\dot{x} \equiv 0$

を満たすので，$E(x, p)$ はリャプノフ関数である．　■

例 1.14　ポテンシャル関数 $\psi(x)$ を持つ保存力場

$$m\ddot{x} = -\operatorname{grad}\psi(x) \tag{1.145}$$

は $\dot{x} = p,\ m\dot{p} = -\operatorname{grad}\psi(x)$ であるので，$\overline{x}$ を $\operatorname{grad}\psi(x) = 0$ を満たす点とすると平衡点は $(\overline{x}, 0)$ である．更に，$\psi(x)$ は $\overline{x}$ で極小値をとるとする．全エネルギー

$$E(x, p) = \frac{p^2}{2} + \frac{1}{m}\psi(x)$$

をもとにして構成した関数

$$V(x, p) = E(x, p) - E(\overline{x}, 0) = \frac{p^2}{2} + \frac{1}{m}(\psi(x) - \psi(\overline{x})) \tag{1.146}$$

はリャプノフ関数の条件

① $V(\overline{x}, 0) = 0,$

任意の $(x, p) \neq (0, 0)$ に対し

28　　1. 非線形振動論入門

② $E(x,p) > 0$
③ $\dfrac{dV(x,p)}{dt} = p\left[-\dfrac{1}{m}\mathrm{grad}\,\psi(x)\right] + \dfrac{1}{m}\dfrac{d\psi(x)}{dx}\dot{x} \equiv 0$

から，$V(x,p)$ はリャプノフ関数である．■

例 1.15 [3]　例 1.13 の微分方程式に減衰項 $r\dot{x}$（$r > 0$）を加えた方程式

$$m\ddot{x} + r\dot{x} + k(x + x^3) = 0 \tag{1.147}$$

は連立微分方程式

$$\dot{x} = p, \quad \dot{p} = \dfrac{-k}{m}(x + x^3) - \dfrac{r}{m}p \tag{1.148}$$

と等価である．上式で減衰項がない場合の全エネルギー

$$E(x,p) = \dfrac{1}{2}p^2 + \dfrac{k}{m}\left(\dfrac{x^2}{2} + \dfrac{x^4}{4}\right) \tag{1.149}$$

の時間微分を減衰項の影響を考慮に入れて計算すると

$$\dfrac{dE(x,p)}{dt} = -\dfrac{r}{m}p^2$$

から x 軸を除くすべての $(x,p) \neq (0,0)$ に対し，$\dot{E} < 0$ から E をそのままリャプノフ関数としては採用できない．そこで

$$V(x,p) = \dfrac{1}{2}p^2 + \dfrac{k}{m}\left(\dfrac{x^2}{2} + \dfrac{x^4}{4}\right) + \beta\left[xp + \left(\dfrac{r}{m}\right)\dfrac{x^2}{2}\right] \tag{1.150}$$

を考える．その微分は

$$\dot{V} = -\dfrac{r}{m}p^2 + \beta\left[\dot{x}p + x\dot{p} + \left(\dfrac{r}{m}\right)x\dot{x}\right]$$
$$= -\left(\dfrac{r}{m} - \beta\right)p^2 - \dfrac{\beta k}{m}(x^2 + x^4) \tag{1.151}$$

となる．$r > 0$ でかつ $\beta \ll 1$ ならば，すべての $(x,p) \neq (0,0)$ に対し $V > 0, \dot{V} < 0$ となるので，原点 $(0,0)$ は大域的に漸近安定な平衡点である．■

〔3〕**勾配系**　　$\boldsymbol{x} \in R^n$ のポテンシャル関数 $V(\boldsymbol{x})$ を持つ**勾配系の方程式**は

$$\dfrac{d\boldsymbol{x}}{dt} = -\mathrm{grad}\,V(\boldsymbol{x}) \tag{1.152}$$

で与えられる．$V(\boldsymbol{x})$ がリャプノフ関数になりえるか否かを調べよう．

$$\dfrac{dV(\boldsymbol{x})}{dt} = \sum_{i=1}^{n}\dfrac{\partial V}{\partial x_i}\dot{x}_i = -\mathrm{grad}\,V(\boldsymbol{x})^T \cdot \mathrm{grad}\,V(\boldsymbol{x}) \leq 0 \tag{1.153}$$

より，$\mathrm{grad}\,V(\boldsymbol{x}) = 0$ を満たす平衡点 $\overline{\boldsymbol{x}}$ が**孤立した極小点**（$\boldsymbol{x}$ のある近傍 U の $\boldsymbol{x} \neq \overline{\boldsymbol{x}}$ に対し，$V(\boldsymbol{x}) > V(\overline{\boldsymbol{x}})$ を満たす）ならば，V はリャプノフ関数であり，$\overline{\boldsymbol{x}}$ は漸近安定な平衡点である．

例 1.16 [1]　ポテンシャル $V(x_1, x_2) = x_1^2(x_1 - 1)^2 + x_2^2$ の勾配系の方程式

$$\dot{\boldsymbol{x}} = \boldsymbol{f}(\boldsymbol{x}) = -\mathrm{grad}\,V(\boldsymbol{x}) \tag{1.154}$$

は

$$\dot{x}_1 = -2x_1(x_1 - 1)(2x_1 - 1), \quad \dot{x}_2 = -2x_2 \tag{1.155}$$

1.2 平衡点と微小変位論

であるので，その平衡点は

$$\overline{\boldsymbol{x}}_1 = (0,0)^T, \quad \overline{\boldsymbol{x}}_2 = (0.5,0)^T, \quad \overline{\boldsymbol{x}}_3 = (1,0)^T \tag{1.156}$$

であり，ヤコビ行列は

$$D\boldsymbol{f}(\boldsymbol{x}) = \begin{pmatrix} -2(6x_1^2 - 6x_1 + 1) & 0 \\ 0 & -2 \end{pmatrix} \tag{1.157}$$

であるので，その平衡点での値はおのおの

$$\left. \begin{array}{l} D\boldsymbol{f}(\overline{\boldsymbol{x}}_1) = \begin{pmatrix} -2 & 0 \\ 0 & -2 \end{pmatrix} \\[2mm] D\boldsymbol{f}(\overline{\boldsymbol{x}}_2) = \begin{pmatrix} 1 & 0 \\ 0 & -2 \end{pmatrix} \\[2mm] D\boldsymbol{f}(\overline{\boldsymbol{x}}_3) = \begin{pmatrix} -2 & 0 \\ 0 & -2 \end{pmatrix} \end{array} \right\} \tag{1.158}$$

であるので，$\overline{\boldsymbol{x}}_1, \overline{\boldsymbol{x}}_3$ は沈点，$\overline{\boldsymbol{x}}_2$ は鞍点である．$V(x_1, x_2)$ を 1.1 節のハミルトニアンと見立てると，ハミルトニアン方程式（式 (1.37)）

$$\dot{x}_1 = \frac{\partial V(x_1, x_2)}{\partial x_2}, \quad \dot{x}_2 = -\frac{\partial V(x_1, x_2)}{\partial x_1} \tag{1.159}$$

の解軌道は，初期エネルギー $H = V = c$ の同一エネルギ面 $V^{-1}(c)$ を与える．この意味でその軌道は**ハミルトニアンの流れ**と呼ばれる．一方，勾配系の運動方程式の解軌道は**勾配の流れ**と呼ばれる．両者の流れが互いに直交するのは両者の運動方程式のベクトル間の内積

$$\left(\frac{\partial V(x_1, x_2)}{\partial x_2}, -\frac{\partial V(x_1, x_2)}{\partial x_1} \right)^T \cdot \left(\frac{\partial V(x_1, x_2)}{\partial x_1}, \frac{\partial V(x_1, x_2)}{\partial x_2} \right) = 0 \tag{1.160}$$

より明らかであろう．図 **1.21** に両者の流れを示す[1]．

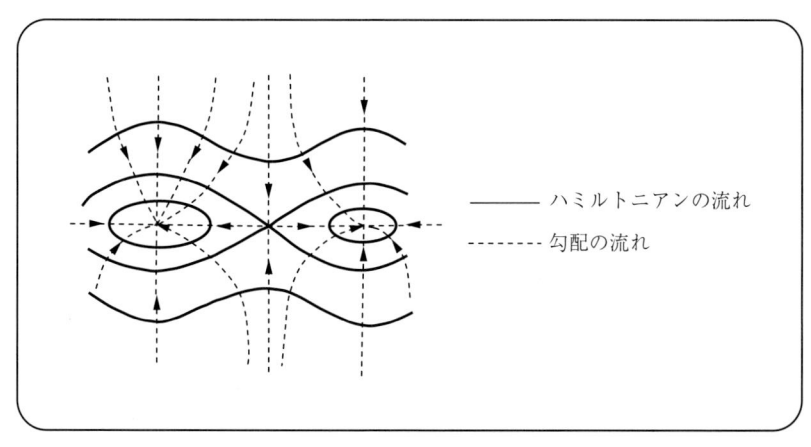

図 **1.21** ハミルトニアンの流れと勾配の流れ ■

なお，勾配系のヤコビ行列 $D\bm{f}(\bm{x})$ は対称行列であるので[†]，その固有値は実数である．

1.3 リミットサイクル，ポアンカレ写像，離散力学系

本節では，発振現象の数学的モデルと電気回路との関係に言及する．また，ポアンカレ写像による**離散力学系**を導入する[1),3),4),12)]．

1.3.1 ファンデルポール方程式と軌道安定性

非線形微分方程式の平衡状態（定常状態）は前述の平衡点に限らない．実際，前述のファンデルポール (Van der Pol) **方程式**は，発振，振動現象である**安定な周期解**を有し，すべての非自明な解はこの周期解に近づく．この性質は，非線形システム特有の現象である．

例 1.17（例 1.9 の続き）　1.2 節で与えたファンデルポール方程式（式 (1.79)）は

$$\dot{x} = y - \varepsilon\left(\frac{x^3}{3} - x\right), \quad \varepsilon \geqq 0, \quad \dot{y} = -x \tag{1.161}$$

で与えられる．原点 $\bm{x} = (0,0)^T$ は唯一の平衡点である．上式のヤコビ行列は

$$D\bm{f}(\bm{x}) = \begin{pmatrix} -\varepsilon(x^2-1) & 1 \\ -1 & 0 \end{pmatrix} \tag{1.162}$$

であるから，平衡点でのヤコビ行列 $D\bm{f}(\bm{0})$ から得られる特性方程式 $\lambda^2 - \varepsilon\lambda + 1 = 0$ から固有値

$$\lambda_{\pm} = \frac{\varepsilon \pm \sqrt{\varepsilon^2 - 4}}{2}$$

が得られる．以下の三つの場合に分けられる．

① $\varepsilon^2 \geqq 4$ の場合　　原点は不安定結節点である．
② $\varepsilon^2 < 4$ の場合　　原点は不安定渦状点である．
③ $\varepsilon = 0$ の場合　　原点は渦心点となる．非減衰線形振動の場合にあたる．　■

以下では上記②の場合を考える．このとき，以下の定理が知られている．

定理 1.4（ファンデルポール方程式の定理）
式 (1.161) の解の中に非自明な解が一つだけ存在し，平衡解以外のすべての解はこの周期

[†] 第 i,j 要素は，$\dfrac{\partial^2 V}{\partial x_i \partial x_j}$ である．

解に近づく．すなわち，この系は**振動**（または**発振**）する．

この周期解は**リミットサイクル** (limit cycle) または**周期アトラクタ**と呼ばれる．その安定性はポアンカレによる**軌道安定性**の定義に基づく．

定義 1.7 (軌道安定/軌道漸近安定性)　微分方程式

$$\dot{\boldsymbol{x}} = \boldsymbol{f}(\boldsymbol{x}) \tag{1.163}$$

の解を $\boldsymbol{u}(t), \boldsymbol{v}(t)$ とする．時間 $t \geqq 0$ に対する位相空間上でのこれらの軌跡をおのおの Γ, Γ' と記す．更に，位相空間上でのノルムを $|\cdot|$ で表す．任意の ε に対して，図 **1.22** (a) のように次の条件を満たすある $\delta(\varepsilon) > 0$ が存在する場合，軌道 Γ は**軌道安定**であると呼ばれる．

条件：一方の初期解 $\boldsymbol{u}(0)$ に対して，他方の解 $\boldsymbol{v}(\tau_0)$ が $|\boldsymbol{u}(0) - \boldsymbol{v}(\tau_0)| < \delta(\varepsilon)$ を満たす場合には，他の任意の時刻 t に関しても $|\boldsymbol{u}(t) - \boldsymbol{v}(\tau)| < \varepsilon$ となる時刻 $\tau = \tau(t)$ が存在する．軌道安定で更に，図 (b) のように $t \to \infty$ で Γ' が Γ に近づく場合，Γ は**軌道漸近安定**であると呼ばれる．

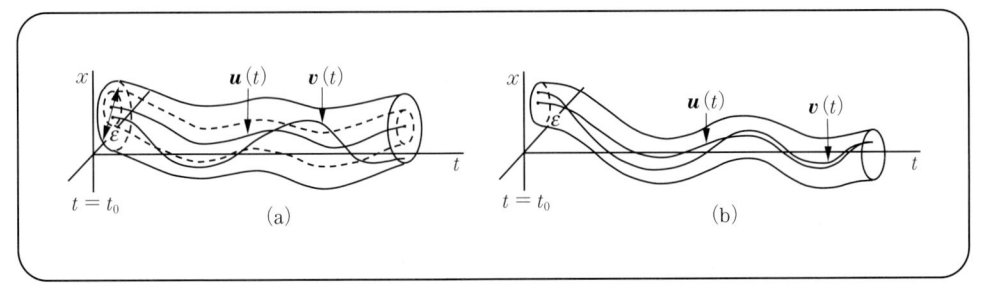

図 **1.22**　$\boldsymbol{u}(t), \boldsymbol{v}(t)$ で表される解軌道 Γ, Γ'

ここで，上記定理 1.4 の証明のあらすじを掲げておこう．

式 (1.161) のベクトル場

$$\boldsymbol{f}(x,y) = (f_1, f_2) = \left(y - \varepsilon\left(\frac{x^3}{3} - x\right), -x\right)^T$$

には歪対称性 $\boldsymbol{f}(-x, -y) = -\boldsymbol{f}(x, y)$ がある．図 **1.23** にベクトル場を示す．図中の曲線は $\dot{x} = f_1 = 0$，すなわち，$y = \varepsilon(x^3/3 - x)$ を表している．一方，$\dot{y} = f_2 = 0$ を表す曲線は y 軸そのものである．これらの両曲線で囲まれた領域をおのおの A, B, C, D とする．各領域においてベクトル場 $\boldsymbol{f}(\boldsymbol{x})$ の符号は一定である．上記のヤコビ行列の解析により，原点が不安定渦状点であること（場合2）から，ベクトルは原点を中心として時計回りの方向に回転する．曲線 $y = \varepsilon(x^3/3 - x)$ で $x > 0, x < 0$ の部分をおのおの g^+, g^- と記し，y 軸の $y > 0, y < 0$ の部分をおのおの y^+, y^- と記す．図 **1.24** に示すように，y^+ から y^+ へ写す写像を σ とする

図1.23 ファンデルポール方程式のベクトル場

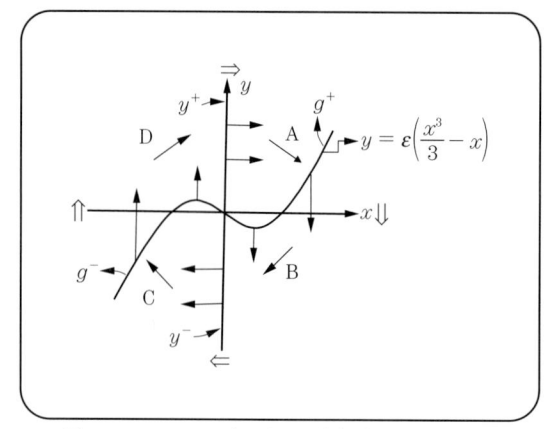

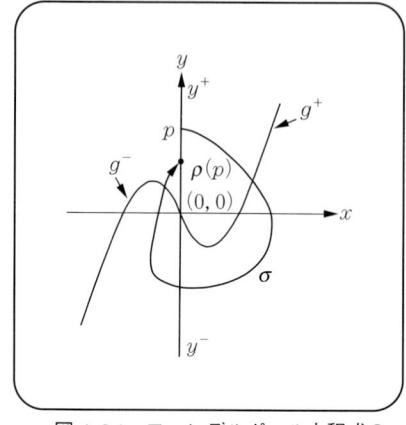

図1.24 ファンデルポール方程式の周期解の断面写像

と,図から明らかなように,$p \in y^+$ に対する写像 $\sigma(p)$ の交わる順序は,y^+, g^+, y^-, g^-, y^+ となる.σ は**断面写像**と呼ばれるが,これは後述のポアンカレ写像の一種であると考えられる.周期解の存在は,次式で表される写像 σ の**不動点問題**の存在に帰着される.

$$\sigma(p) = p, \quad p \in y^+ \tag{1.164}$$

ファンデルポール方程式は,非線形素子を含む電気回路から導いたものであるが,これを一般化した方程式が**リエナール (Liénard) 方程式**

$$\dot{x} = y - F(x), \quad \dot{y} = -g(x) \tag{1.165}$$

$$\ddot{x} + f(x)\dot{x} + g(x) = 0, \quad f(x) = \frac{dF(x)}{dx} \tag{1.166}$$

上式は,$f(x) = \varepsilon(x^2 - 1), g(x) = x$ の場合,ファンデルポール方程式 (1.79) と等しい.

定理 1.5 (リエナールの定理)

関数 $f(x), g(x)$ がおのおのいくつかの条件

① $f(x), g(x)$ は可積分でかつ C^1 級である.
② $f(-x) = f(x), g(-x) = -g(x)$ で,かつ $x \neq 0$ に対して $xg(x) > 0$ である.
③ 関数 $F(x) = \int_0^x f(y)dy$ と $G(x) = \int_0^x g(y)dy$ は $x \to \infty$ に対し ∞ に漸近する.
④ $F(x)$ は $x = \alpha > 0$ で一位の零点を有し,かつ $0 < x < \alpha$ に対して $F(x) < 0$, $x > \alpha$ に対して $F(x)$ は正で増加関数である.

を満たす場合,リエナール方程式は非自明な唯一周期解を有する.

議論を簡単にするために,$g(x) = x$ とおくと.$\overline{x} = (0, F(0))^T$ でのヤコビ行列

$$D\boldsymbol{f}(\overline{\boldsymbol{x}}) = \begin{pmatrix} -f(0) & 1 \\ -1 & 0 \end{pmatrix} \tag{1.167}$$

から特性方程式 $\lambda^2 + f(0)\lambda + 1 = 0$ が得られるので

$$\text{平衡点は} \begin{cases} \text{沈点である,} & f(0) > 0 \text{ のとき} \\ \text{源点である,} & f(0) < 0 \text{ のとき} \end{cases} \tag{1.168}$$

1.3.2 ポアンカレ写像

n 次元の微分方程式

$$\frac{d\boldsymbol{x}}{dt} = \boldsymbol{f}(\boldsymbol{x}), \quad \boldsymbol{x} \in R^n \tag{1.169}$$

の解を $\phi_t(\boldsymbol{x})$ で表し，位相空間 R^n 上の軌道を Γ で表す．更に，軌道が**横断的**に通過する (transverse) R^n の部分空間（$(n-1)$ 次元の**超平面**とも呼ばれる）を Σ で表す（横断的とは，任意の点 $\boldsymbol{x} \in \Sigma$ に対し，その点の Σ の法線ベクトル $\boldsymbol{n}(\boldsymbol{x})$ とベクトル場 $\boldsymbol{f}(\boldsymbol{x})$ が直交しないこと，すなわち，$\boldsymbol{n}(\boldsymbol{x})^T \cdot \boldsymbol{f}(\boldsymbol{x}) \neq 0$ を意味する）．Σ は**横断面**と呼ばれる．図 **1.25** は Σ と軌道の例である．

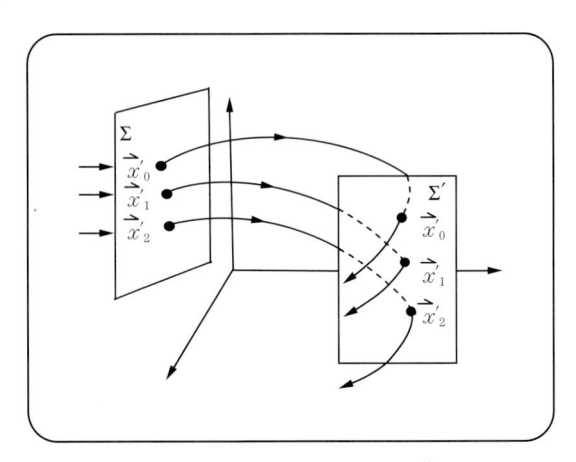

図 1.25 ポアンカレ断面と写像

ある軌道 Γ が Σ を通過する点を $\boldsymbol{x}$ とし，或時間経過後 τ に初めて別の横断面 Σ' を通過する点 $\phi_\tau(\boldsymbol{x})$ は，$\boldsymbol{x}$ を或時間経過 τ で Σ' の点に写す写像 $P_{\Sigma\Sigma';\tau}(\boldsymbol{x})$

$$\phi_\tau(\boldsymbol{x}) = P_{\Sigma\Sigma';\tau}(\boldsymbol{x}) \in \Sigma', \quad \boldsymbol{x} \in \Sigma \tag{1.170}$$

である．なお，$\tau = \tau(\boldsymbol{x})$ は点 $\boldsymbol{x}$ の関数である．上記写像は**ポアンカレ写像**（または初期回帰写像，first return map）と呼ばれ，その断面は**ポアンカレ断面**（あるいは**横断面**）と呼ばれる．通常 Σ と Σ' とは等しく選ばれる．なお，式 (1.169) が Σ のある部分集合 U に対して，Σ に M（整数）回だけ回帰して初めて最初の点 $\boldsymbol{p}_0 \in U$ に戻るようなある**閉軌道** Γ を有するとき

$$\overbrace{P_{\Sigma\Sigma;\tau_M} \circ \cdots \circ P_{\Sigma\Sigma;\tau_1}}^{M\,\text{回}}(\boldsymbol{p}_0) = \boldsymbol{p}_0 \in U, \quad U \subset \Sigma \tag{1.171}$$

となる周期点列 $\boldsymbol{p}_0, \cdots, \boldsymbol{p}_m = P_{\Sigma\Sigma;\tau_m}(\boldsymbol{p}_{m-1})$, $1 \leq m \leq M$, $\boldsymbol{p}_M = \boldsymbol{p}_0$ や初期通過時間列 $\tau_1, \cdots, \tau_M$ が存在するはずである．$T = \tau_1 + \cdots + \tau_M$ は周期となる．式 (1.169) の解 $\phi_t(\boldsymbol{x})$ の求解問題は，Σ 上で考えると，連立非線形差分方程式

$$\boldsymbol{p}_m = P_{\Sigma\Sigma;\tau_m}(\boldsymbol{p}_{m-1}), \quad 1 \leq m \leq M, \quad \boldsymbol{p}_M = \boldsymbol{p}_0 \tag{1.172}$$

を規定する写像 $P_{\Sigma\Sigma;\tau_1}, \cdots, P_{\Sigma\Sigma;\tau_M}$ の解のそれに帰着される．すなわち

$$P_{\Sigma\Sigma;T}(\boldsymbol{p}) = P_{\Sigma\Sigma;\tau_M} \circ \cdots \circ P_{\Sigma\Sigma;\tau_1}(\boldsymbol{p}) \in U, \quad \boldsymbol{p} \in U \tag{1.173}$$

とすれば，閉軌道 Γ が U の近傍に存在する条件は非線形差分方程式

$$\boldsymbol{p}_{k+1} = P_{\Sigma\Sigma;T}(\boldsymbol{p}_k) \in U, \quad \boldsymbol{p}_k \in U, k = 0, 1, \cdots \tag{1.174}$$

の解の存否問題に帰着される．もし，$\boldsymbol{p}_0$ が上式の解ならば，$\{\boldsymbol{p}_i = P_{\Sigma\Sigma;\tau_i}(\boldsymbol{p}_{i-1})\}_{i=1}^{M}$ も解である．図 1.26 は M 周期解のポアンカレ写像の例である．

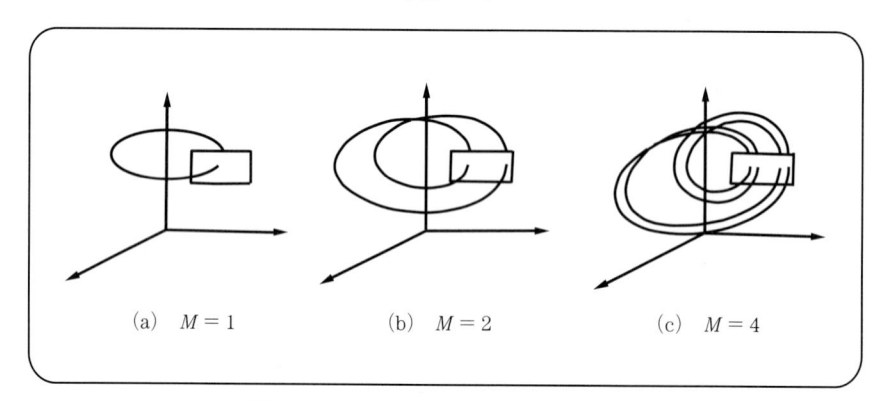

図 1.26 M 周期解のポアンカレ写像の例

写像 $P_{\Sigma\Sigma';\tau}(\cdot)$ を理解するために，具体例を取り上げることとしよう．

例 1.18（リミットサイクルの例[2]~[4]）　リミットサイクルを持つ微分方程式

$$\frac{dx}{dt} = y + x(1 - x^2 - y^2), \quad \frac{dy}{dt} = -x + y(1 - x^2 - y^2) \tag{1.175}$$

を考えよう．上式は，変数変換

$$r = \sqrt{x^2 + y^2}, \quad \theta = \arctan\frac{y}{x}$$

を行うと

$$\dot{r} = r^{-1}(x\dot{x} + y\dot{y}), \quad \dot{\theta} = r^{-2}(x\dot{y} - y\dot{x})$$

であるから

$$\frac{dr}{dt} = r(1 - r^2), \quad \frac{d\theta}{dt} = -1 \tag{1.176}$$

に書き換えられる．上式の解は，変数分離法を用いると

$$r = \frac{1}{\sqrt{1+ke^{-2t}}}, \quad \theta = \theta_0 - t \tag{1.177}$$

で与えられる．ただし，k, θ_0 は積分定数である．すなわち，式 (1.176) の解

$$\phi_t(r_0, \theta_0) = \left(\frac{1}{\sqrt{1+\left(\frac{1}{r_0^2}-1\right)e^{-2t}}}, \quad \theta_0 - t \right)^T \tag{1.178}$$

を得る．一方，周期を決定する初期通過時間は上記の変数変換を考慮すると，$T = 2\pi$ となるので，ポアンカレ写像は一次元非線形差分方程式の形で次式となる．

$$r_{m+1} = P_{\Sigma\Sigma;2\pi}(r_m), \quad P_{\Sigma\Sigma;2\pi}(r) = \frac{1}{\sqrt{1+\left(\frac{1}{r^2}-1\right)e^{-4\pi}}} \tag{1.179}$$

■

1.3.3　非自律系に対するポアンカレ写像

非線形微分方程式 (1.169) の周期的解軌道 Γ の振舞いを考察するために導入されたポアンカレ写像 $P_{\Sigma\Sigma';\tau}(\boldsymbol{x})$ は，周期 T の**周期的外力の微分方程式**

$$\frac{d\boldsymbol{x}}{dt} = \boldsymbol{f}(\boldsymbol{x}, t), \quad \boldsymbol{f}(\boldsymbol{x}, t) = \boldsymbol{f}(\boldsymbol{x}, t+T), \quad \boldsymbol{x} \in R^n \tag{1.180}$$

の解の振舞いを知るうえでも基本的手法であることを以下に述べよう[3),4)]．

時間 $t \in R^1$ を円周 S^1 に写像する写像

$$\theta(t) = \omega t \bmod 2\pi \in S^1, \quad \omega = \frac{T}{2\pi} \tag{1.181}$$

を導入すると，非自律系の方程式 (1.180) は $n+1$ 次元の自律の微分方程式系

$$\frac{d\boldsymbol{x}}{dt} = \boldsymbol{f}(\boldsymbol{x}, t), \quad \frac{d\theta}{dt} = \omega, \quad (\boldsymbol{x}, \theta)^T \in R^n \times S^1 \tag{1.182}$$

に書き換えられる．上式の解（流れ）を

$$\phi_t(\boldsymbol{x}(0), \theta_0) = (\boldsymbol{x}(t), \omega t + \theta_0 \bmod 2\pi)^T \tag{1.183}$$

と記述すると，ある位相角 $\bar{\theta} \in (0, 2\pi]$ のポアンカレ横断面

$$\Sigma(\bar{\theta}) = \{(\mathbf{x}(t), \theta(t)) \in R^n \times S^1 | \theta(t) = \bar{\theta}\} \tag{1.184}$$

が定義できる．解 $\phi_t(\boldsymbol{x}(0), \theta_0)$ がこの断面を横断的に通過することは，$\Sigma(\bar{\theta})$ の単位法線ベクトル $(0, 1)$ とベクトル場との内積 $(0, 1) \cdot (\boldsymbol{f}(\boldsymbol{x}, t), \omega) = \omega \neq 0$ より明らかである．したがって，式 (1.183)，(1.184) から t を消去すれば，ポアンカレ写像は

$$P_{\Sigma(\bar{\theta})\Sigma(\bar{\theta});2\pi}\left(\boldsymbol{x}\left(\frac{\bar{\theta}-\theta_0}{\omega}\right), \bar{\theta}\right) = \left(\boldsymbol{x}\left(\frac{\bar{\theta}-\theta_0+2\pi}{\omega}\right), \bar{\theta}\right) \tag{1.185}$$

となる．

36　　1. 非線形振動論入門

具体例を与えよう．

例 1.19　　周期外力の線形振動子の微分方程式[4]

$$\ddot{x} + 2\beta\dot{x} + x = \gamma\cos\omega t, \quad 0 \leq \beta < 1 \tag{1.186}$$

は

$$\left.\begin{array}{l}\begin{pmatrix}\dot{x}\\\dot{y}\end{pmatrix} = \begin{pmatrix}0 & 1\\-1 & -2\beta\end{pmatrix}\begin{pmatrix}x\\y\end{pmatrix} + \begin{pmatrix}0\\\gamma\cos\theta\end{pmatrix}\\ \dot{\theta} = \omega\end{array}\right\} \tag{1.187}$$

と等価である．ただし，$\theta(0) = 0$ とした．解 $x(t)$ は

$$x(t) = e^{-\beta t}(c_1\cos\omega_d t + c_2\sin\omega_d t) + A\cos\omega t + B\sin\omega t$$
$$\omega_d = \sqrt{1-\beta^2} \tag{1.188}$$

である．

A, B や c_1, c_2 は，おのおの ω, β, γ，初期値 $(x(0), y(0)) = (x_0, y_0)$ で定まる．ゆえに

$$y(t) = e^{-\beta t}\{-\beta(c_1\cos\omega_d t + c_2\sin\omega_d t) + \omega_d(-c_1\sin\omega_d t + c_2\cos\omega_d t)\}$$
$$-\omega(A\sin\omega t - B\cos\omega t) \tag{1.189}$$

となる．

周期は $T = 2\pi/\omega$ であるので，流れ $\phi_{\frac{2\pi}{\omega}}(x_m, y_m, \overline{\theta})$ からポアンカレ写像

$$P_{\Sigma(\overline{\theta})\Sigma(\overline{\theta});T}\begin{pmatrix}x_m\\y_m\end{pmatrix} = \begin{pmatrix}P_1(x_m, y_m)\\P_2(x_m, y_m)\end{pmatrix} \tag{1.190}$$

を求めることができる．ただし，簡単のため，$\overline{\theta} = 0$ と選ぼう．更に，計算を簡単にするために，共鳴時 ($\omega = \omega_d = \sqrt{1-\beta^2}$) の場合だけを考察する．この場合には，$\cos\omega_d T = \cos\omega T = 1, \sin\omega_d T = \sin\omega T = 0$ より，ポアンカレ写像，すなわち線形離散力学系

$$\begin{pmatrix}x_{m+1}\\y_{m+1}\end{pmatrix} = \begin{pmatrix}P_1(x_m, y_m)\\P_2(x_m, y_m)\end{pmatrix} = \begin{pmatrix}(x_m - A)e^{-\beta T} + A\\(y_m - \omega B)e^{-\beta T} + \omega B\end{pmatrix} \tag{1.191}$$

を構成できる．　■

以下に，ポアンカレ写像の有用性を述べておこう．

[ポアンカレ写像の有用性]　　非線形微分方程式の数値解の振舞いや種々の非線形現象のメカニズムを解析・理解する場合，ポアンカレ写像は，位相空間上での解軌道の振舞いを定量化するための，有効でかつ基本的な方法を与えている．実際，上記の例は，式 (1.171) の $M = 1$ の場合の不動点を考慮したが，M 周期解の場合でもポアンカレ写像をとれば，解軌道の振舞いが把握できる．参考までに**概周期** (quasi-periodic) の場合を**図 1.27** に示す．

概周期解の定義は，以下のとおりである．

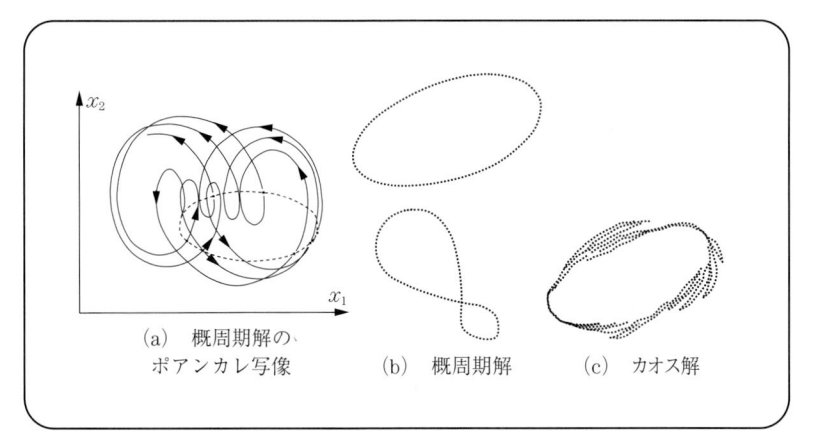

1.3 リミットサイクル，ポアンカレ写像，離散力学系

図 1.27 解軌道の振舞い（概周期の場合）[13]

定義 1.8（概周期解） r 個の互いに異なる角周波数 $\omega_i(i=1,\cdots,r)$ の周期解の和 $\bm{x}(t) \in R^n$ は

$$\bm{x}(t) = Re\{\Sigma_{i=1}^r \bm{x}_i e^{j\omega_i t}\}$$

で表される．ただし，$\bm{x}_i \in R^n$ は角周波数 $\omega_i (1 \leq i \leq r)$ の成分を表すフェーザ（すなわち，複素フーリエ係数）を要素とする複素数値の n 次元ベクトルである．$\omega_i (1 \leq i \leq r)$ が互いに簡単な整数比で表される場合，上式の $\bm{x}(t) \in R^n$ のポアンカレ断面 Σ での点列は有限個となるが，もし，そうでない場合は，Σ での点列は可算無限列をなす．

1.3.4 離散力学系

式 (1.172), (1.179), (1.191) で与えられるような**非線形差分方程式**

$$\bm{x}_{m+1} = G(\bm{x}_m), \quad m = 0, 1, \cdots \tag{1.192}$$

は，**離散力学系**と呼ばれる．式 (1.169) の連続時間の微分方程式は**連続力学系**と呼ばれる．ただし，G は R^n 値非線形ベクトル関数である．なお，1.2 節の線形微分方程式（式 (1.84)）

$$\frac{d}{dt}\bm{x} = A\bm{x}, \quad \bm{x}(0) = \bm{u} \tag{1.193}$$

の解（流れ）$\phi_t(\bm{u}) = e^{tA}\bm{u}$ も経過時間 t を定数 τ とおけば，線形離散力学系

$$\bm{x}_{m+1} = G(\bm{x}_m) = e^{\tau A} \cdot \bm{x}_m, \quad \bm{x}_0 = \bm{u}, \quad m = 0, 1, \cdots \tag{1.194}$$

を与える．一方，非線形微分方程式

$$\frac{d}{dt}\bm{x} = \bm{f}(\bm{x}), \quad \bm{x}(0) = \bm{u} \tag{1.195}$$

の解（非線形流れ）$\phi_t(\bm{u})$ も経過時間 t を定数 τ とすれば，非線形離散力学系

$$\boldsymbol{x}_{m+1} = G(\boldsymbol{x}_m) = \phi_\tau(\boldsymbol{x}_m), \quad m = 0, 1, \cdots, \boldsymbol{x}_0 = \boldsymbol{u} \tag{1.196}$$

を与える．流れ $\phi_t(\cdot)$ が C^r 級関数であれば，上式で規定される写像 $G(\cdot)$ は**微分同相写像**となることが知られている．

なお，微分同相写像の定義は以下のとおりである．

定義 1.9 （微分同相写像）　　R^n の開集合 U, V に対し，$U \to V$ の C^1 級の関数が存在し，その逆関数も C^1 級となるとき，それは**微分同相**（微分同型，diffeomorphism）であるという．

1.3.5　線形差分方程式

線形離散力学系である**線形差分方程式**を考える．一階の線形差分方程式

$$\boldsymbol{x}_{m+1} = A\boldsymbol{x}_m, \quad m = 0, 1, \cdots \tag{1.197}$$

の解は

$$\boldsymbol{x}_m = A^m \boldsymbol{x}_0, \quad m = 0, 1, \cdots \tag{1.198}$$

したがって，A の固有値 λ_i の固有ベクトル $\boldsymbol{v}_i$ を要素とする正則行列 $P = (\boldsymbol{v}_1, \boldsymbol{v}_2, \cdots, \boldsymbol{v}_n)$ で行列 A が対角行列 B に $A = PBP^{-1}$ と対角化できる場合には，上式から

$$\boldsymbol{x}_m = PB^m P^{-1} \boldsymbol{x}_0, \quad m = 0, 1, \cdots \tag{1.199}$$

初期値を固有ベクトルの一次結合 $\boldsymbol{x}_0 = P\boldsymbol{c}, \boldsymbol{c} = (c_1, \cdots, c_n)^T$ とすれば，式 (1.199) は

$$\boldsymbol{x}_m = PB^m \boldsymbol{c} = \sum_{i=1}^n c_i \lambda_i^m \boldsymbol{v}_i \tag{1.200}$$

となるので，差分方程式の定常解（$m \to \infty$）は，絶対値 $|\lambda_i|$ と 1 との大小関係で支配される．

一方，1 階の非同次線形差分方程式

$$\boldsymbol{x}_{m+1} = A\boldsymbol{x}_m + \boldsymbol{b}_m, \quad m = 0, 1, \cdots \tag{1.201}$$

の解は

$$\boldsymbol{x}_m = A^m \boldsymbol{x}_0 + \sum_{j=0}^{m-1} A^{m-j-1} \boldsymbol{b}_j, \quad m = 0, 1, \cdots \tag{1.202}$$

となるので，定常解は A の固有値 λ_i の絶対値と 1 との大小関係で支配される．

A の固有値 λ_i の絶対値が 1 より大きい（または小さい，等しい）固有値がおのおの m_u, m_s, m_c 個あるとして（$n = m_u + m_s + m_c$ が成り立つ），それぞれの固有ベクトルを便宜上 $\boldsymbol{v}_i (1 \leq i \leq m_u), \boldsymbol{v}_i (m_u + 1 \leq i \leq m_u + m_s), \boldsymbol{v}_i (m_u + m_s + 1 \leq i \leq n)$ とする．おのおのの固有ベクトルの一次結合で張られる空間を各々 E_d^u, E_d^s, E_d^c と記す（連続力学系のそれらは

E^u, E^s, E^c と記した)．A には零固有値や重複固有値はないと仮定すると，式 (1.200) より

$$\left.\begin{array}{l}\lim_{m\to-\infty}|\boldsymbol{x}_m|\to 0,\quad (\boldsymbol{x}_0\in E_d^u\text{ のとき})\\ \lim_{m\to\infty}|\boldsymbol{x}_m|\to 0,\quad (\boldsymbol{x}_0\in E_d^s\text{ のとき})\end{array}\right\} \tag{1.203}$$

が成立するので，1.3 節での線形流れ e^{tA} の場合のように，E_d^u, E_d^s, E_d^c は，おのおの**不安定固有空間，安定固有空間，中心固有空間**と呼ばれる．なお，式 (1.197) の平衡点は明らかに，原点唯一であり，その原点でこれらの固有空間が互いに交わっていることも自明であろう．

1.3.6 離散力学系の平衡点の安定性

前節では，n 次元の微分方程式

$$\frac{d\boldsymbol{x}}{dt}=\boldsymbol{f}(\boldsymbol{x}),\quad \boldsymbol{x}\in R^n \tag{1.204}$$

は，もし，$(n-1)$ 次元のポアンカレ断面 Σ で閉軌道 $\phi_t(\boldsymbol{x})$ が存在すれば，写像 $\boldsymbol{G}(\boldsymbol{p})=P_{\Sigma\Sigma;T}(\boldsymbol{p})$ で規定される非線形差分方程式の不動点問題

$$\boldsymbol{p}_{m+1}=\boldsymbol{G}(\boldsymbol{p}_m)\in U,\quad \boldsymbol{p}\in U, m=0,1,\cdots \tag{1.205}$$

に帰着されることを学んだ．ただし，$\boldsymbol{G}(\cdot)$ は微分同相写像であるとする．

上式には，M 個の異なる解 $\{\overline{\boldsymbol{p}}_i\}_{i=0}^{M-1}$ を有する場合があるが，議論を簡単にするために，唯一つの解 $\overline{\boldsymbol{p}}$ を持つと仮定する．**閉軌道の安定性**は，離散力学系の平衡点 $\overline{\boldsymbol{p}}$ の近傍 $\boldsymbol{p}_m=\overline{\boldsymbol{p}}+\boldsymbol{z}_m$ での線形化した線形差分方程式

$$\boldsymbol{z}_{m+1}=D\boldsymbol{G}(\overline{\boldsymbol{p}})\boldsymbol{z}_m,\quad m=0,1,\cdots \tag{1.206}$$

の解は

$$\boldsymbol{z}_m=(D\boldsymbol{G}(\overline{\boldsymbol{p}}))^m\boldsymbol{z}_0 \tag{1.207}$$

で，以下のように決定できる．

[**離散力学系の平衡点の双曲性**] 写像 $\boldsymbol{G}(\boldsymbol{p})$ の平衡点 $\overline{\boldsymbol{p}}$ でのヤコビ行列 $D\boldsymbol{G}(\overline{\boldsymbol{p}})$ に対し，すべての固有値の絶対値が 1 と異なる場合，平衡点 $\overline{\boldsymbol{p}}$ は**双曲型** (hyperbolic) であるという．

ヤコビ行列 $D\boldsymbol{G}(\overline{\boldsymbol{p}})$ の固有値による**双曲型平衡点** (hyperbolic fixed point) の分類およびその安定性は，以下のとおりである．

① すべての固有値の絶対値が 1 より小さいとき，平衡点は**沈点**であり，ゆえに**漸近安定**

② ある固有値の絶対値は 1 より小さいが，残りの固有値の絶対値は 1 より大きいとき，平衡点は**鞍点**であり，ゆえに**不安定**

③ ある固有値の絶対値が 1 より大きいとき，平衡点は**源点**であり，ゆえに**不安定**

例 1.20（例 1.18 の続き）　式 (1.179) で与えられる写像 $G=P_{\Sigma\Sigma;2\pi}(\cdot)$ の不動点，すなわち $r=P_{\Sigma\Sigma;2\pi}(r)$ の解は，$1-e^{-4\pi}\neq 0$ より，$r=1$ 唯一である．このことは，「式 (1.175)

の微分方程式は原点（原点は唯一の平衡点である）を中心とする半径 1 の円を周期解として持つ」ことを意味している．この周期解がリミットサイクルであるか否かを調べるためには，ポアンカレ写像 $P_{\Sigma\Sigma;2\pi}(r)$ のヤコビ行列（この場合はスカラ）

$$DP_{\Sigma\Sigma;2\pi}(r) = \frac{dP_{\Sigma\Sigma;2\pi}(r)}{dr}$$

の $r=1$ での値 $DP_{\Sigma\Sigma;2\pi}(1) = e^{-4\pi} < 1$ から，$r=1$ は漸近安定な不動点である．$r=1$ の安定性は，式 (1.176) を直接解かなくても $r(t)=1$ の近傍 $r(t)=1+\delta r(t)$ での線形化方程式

$$\frac{d\delta r(t)}{dt} = \frac{d}{dr}(r-r^3)\bigg|_{r=1} \delta r, \quad \frac{d\theta}{dt} = -1 \tag{1.208}$$

の解 $\phi_t(\delta r(0), \theta_0) = (e^{-2t}\delta r(0), \theta_0 - t)^T$ の $\delta r(t)$ 成分を周期 $T=2\pi$ の時間間隔ごとに標本化（サンプル）した離散時刻の解 $\delta r(m2\pi) = e^{-4\pi m}\delta r(0)$ からもその安定性は直接わかる．

この例 1.20 の場合，周期解の安定性は，1 変数の差分方程式の解のそれに帰着されたが，一般の場合には後述の**フロケ**（Floquet）**の理論**を援用しなければならない． ∎

例 1.21 （例 1.19 の続き[4]）　　式 (1.191) で与えられるポアンカレ写像の平衡点は明らかに $(x,y)=(A,\omega B)$ 唯一である．その点でのヤコビ行列

$$\begin{pmatrix} \dfrac{\partial P_1}{\partial x} & \dfrac{\partial P_1}{\partial y} \\ \dfrac{\partial P_2}{\partial x} & \dfrac{\partial P_2}{\partial y} \end{pmatrix}\bigg|_{(x,y)=(A,\omega B)} = \begin{pmatrix} e^{-\beta T} & 0 \\ 0 & e^{-\beta T} \end{pmatrix} \tag{1.209}$$

より明らかにポアンカレ写像の平衡点 $(A, \omega B)$ は，漸近安定である． ∎

なお，非線形差分方程式の解の安定性が，その平衡点近傍での線形化した線形差分方程式の解で決定されることは，非線形微分方程式の場合と同様に，すべての m に対し次式の写像に関する**局所安定多様体** $W^s_{d,loc}(\overline{x})$，**局所不安定多様体** $W^u_{d,loc}(\overline{x})$

$$\left.\begin{array}{l} W^s_{d,loc}(\overline{x}) = \{x|\lim_{m\to\infty} G^m(x) \to \overline{x}, \quad G^m(x) \in U\} \\ W^u_{d,loc}(\overline{x}) = \{x|\lim_{m\to\infty} G^{-m}(x) \to \overline{x}, \quad G^{-m}(x) \in U\} \end{array}\right\} \tag{1.210}$$

を導入することにより，以下に掲げる写像に対応する**ハートマン–グロブマン**（Hartman–Grobman）**の定理**と**不動点の中心多様体定理**とに基づく[3),4)]．

① **写像に関するハートマン–グロブマンの定理**　　写像 $G(\cdot)$ は双曲型平衡点 $\overline{x}$ を有する $R^n \to R^n$ の微分同相写像であるとする．$\overline{x}$ のある近傍 U に対して

$$h(G(z)) = DG(\overline{x})h(z), \quad z \in U \tag{1.211}$$

を満たす同相写像 $h(\cdot)$ が存在する．

② **写像に関する不動点の中心多様体定理**　　写像 $G(\cdot)$ は双曲型平衡点 $\overline{x}$ を有する $R^n \to R^n$ の微分同相写像であるとする．図 **1.28** に示すように，$W^s_{d,loc}(\overline{x}), W^u_{d,loc}(\overline{x})$ が存在して，それらの次元は，ヤコビ行列 $DG(\overline{x})$ の安定固有空間 E^s_d，不安定固有空間 E^u_d の次元と一致し，しかも平衡点 $\overline{x}$ での接空間は E^s_d, E^u_d そのものである．

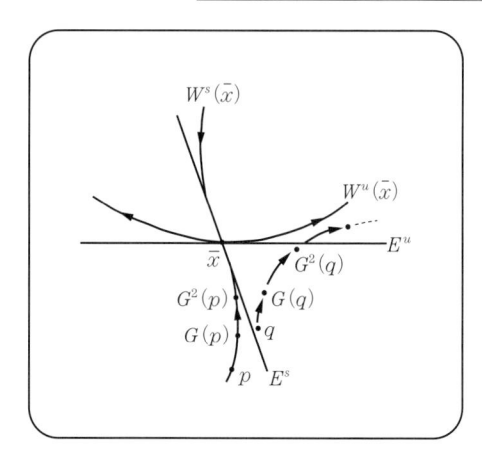

図 1.28 写像に関する $\overline{x}$ の中心多様体定理

更に，平衡点の局所安定多様体 $W^s_{\text{loc}}(\overline{x})$ や局所不安定多様体 $W^u_{\text{loc}}(\overline{x})$ は，次式の（大域的, global）**安定多様体** $W^s_d(\overline{x})$, **不安定多様体** $W^u_d(\overline{x})$ に拡張できる.

$$W^s_d(\overline{x}) = \bigcup_{m \geq 0} G^{-m}(W^s_{d,\text{loc}}(\overline{x})), \quad W^u_d(\overline{x}) = \bigcup_{m \geq 0} G^m(W^u_{d,\text{loc}}(\overline{x})) \tag{1.212}$$

1.3.7 周期係数の線形微分方程式

式 (1.204) に周期 T の**周期軌道** Γ が存在するとする．その解軌道を $\overline{x}(t)$ で表すと，その周期性より $\overline{x}(t) = \overline{x}(t+T)$ が成立する．ただし，初期値は $\overline{x}(0) = p \in U \subset \Sigma$ であるとする．式 (1.204) の解を周期軌道 $\overline{x}(t)$ の近傍 $x(t) = \overline{x}(t) + z(t)$ で線形化した線形微分方程式

$$\frac{d z}{d t} = D f(x)|_{x = \overline{x}(t)} \, z \tag{1.213}$$

のヤコビ行列 $Df(\overline{x}(t))$ は，軌道 $x(t)$ の周期性より周期 T の**周期行列**となる．周期係数の線形微分方程式の理論は，以下の**基本解行列**に関する**フロケの理論**に基づく[2),5)].

定義 1.10（基本解行列） n 次の周期 T の周期係数の線形微分方程式

$$\frac{d x}{d t} = A(t) x(t), \quad A(t) = A(t+T), \quad x \in R^n \tag{1.214}$$

の独立な解 $x_i(t) = (x_{1i}(t), x_{2i}(t), \cdots, x_{ni}(t))^T$ からなる**基本解行列**を

$$X(t) = (x_1(t), \cdots, x_n(t)) = \begin{bmatrix} x_{11}(t) & x_{12}(t) & \cdots & x_{1n}(t) \\ x_{21}(t) & x_{22}(t) & \cdots & x_{2n}(t) \\ \vdots & \vdots & & \vdots \\ x_{n1}(t) & x_{n2}(t) & \cdots & x_{nn}(t) \end{bmatrix}. \tag{1.215}$$

$X(t)$ には以下の性質があることを証明なしに掲げておく.

42　　1. 非線形振動論入門

① 行列に関する微分方程式
$$\frac{dX(t)}{dt} = A(t)X(t), \quad \mathrm{Det}\, X(t) \neq 0 \tag{1.216}$$
を満たすので，その解は次式で表される．
$$X(t) = e^{\int_0^t A(s)ds} \cdot X(0) \tag{1.217}$$

② 基本解行列 $X(t)$ の行列式 $\mathrm{Det}\, X(t)$（$\mathrm{Det}\, X(t)$ を $X(t)$ の**ロンスキー行列式**（Wronskian））は任意の時刻 t で非零である．なお，式 (1.214)〜(1.215) から得られる行列式 $\mathrm{Det}\, X(t)$ に関する微分方程式
$$\frac{d}{dt} \mathrm{Det}\, X(t) = \mathrm{Tr}\, A(t) \cdot \mathrm{Det}\, X(t) \tag{1.218}$$
の解
$$\mathrm{Det}\, X(t) = e^{\int_0^t \mathrm{Tr}\, A(s)ds} \cdot \mathrm{Det}\, X(0) \tag{1.219}$$
及び式 (1.217) より，直ちに指数行列に関する有用な次の恒等式が得られる．
$$\mathrm{Det}\, e^{\int_0^t A(s)ds} = e^{\int_0^t \mathrm{Tr}\, A(s)ds} \tag{1.220}$$

③ $X(t+T)$ も上式の基本解行列である．
④ 任意の正則定数行列を C とすると $X(t)C$ も上式の基本解行列である．
⑤ 任意の二つの基本解行列 $X(t), Y(t)$ があれば，$Y(t) = X(t)U$ となる正則定数行列 U が存在する．

性質③，⑤ より，$X(t+T)$ も行列方程式の基本解行列であるので，$X(t+T) = X(t)S$ となる正則行列 S が存在し，一方，他の基本解行列 $Y(t)$ に対しても $Y(t+T) = Y(t)\widehat{S}$ となる正則行列 $\widehat{S}$ が存在する．なお，行列 S は，以下のように行列 $A(t)$ で表される．すなわち，式 (1.217) の $X(t)$ において $t = T$ を代入した $X(T)$ を用いると，$\mathrm{Det}\, X(0) \neq 0$ から
$$S = X^{-1}(0) \cdot e^{\int_0^T A(s)ds} \cdot X(0) \tag{1.221}$$
$$\mathrm{Det}\, S = e^{\int_0^T \mathrm{Tr}\, A(s)ds} \tag{1.222}$$
また，$X(t), Y(t)$ 間には，$Y(t) = X(t)U$ なる関係があるので，結局 $S, \widehat{S}$ 間には相似関係
$$\widehat{S} = U^{-1}SU \tag{1.223}$$
が成立する．このことは，行列 S の固有値の集合 $\{\lambda_i(S)\}_{i=1}^n$ と $\widehat{S}$ のそれ $\{\lambda_i(\widehat{S})\}_{i=1}^n$ とが一致することを意味するので，両者の不変量である固有値 $\{\mu_i\}_{i=1}^n$ は $A(t)$（あるいは周期軌道 Γ）の**特性乗数**（characteristic multiplier）（あるいは，**フロケ根**，**フロケ乗数**）と呼ばれる．なお，固有値 1 の存在は，周期解 $\boldsymbol{x}(t)$ が $\boldsymbol{x}(t) = X(t)\boldsymbol{a}$ と表されることと，周期解の周期性 $\boldsymbol{x}(t) = X(t+T)\boldsymbol{a} = X(t)S\boldsymbol{a}$ とから得られる方程式 $S\boldsymbol{a} = \boldsymbol{a}$ から導かれる．また
$$S = e^{TR} \tag{1.224}$$
で定義される n 次の行列 R の固有値 $\{\nu_i\}_{i=1}^n$ は，$A(t)$（あるいは周期軌道 Γ）の**特性指数**

(characteristic exponents) と呼ばれる．なお，R の固有値 $\{\nu_i\}_{i=1}^n$ と e^{TR} のそれ $\{\mu_i\}_{i=1}^n$ との関係は指数行列の性質⑤により

$$\mu_i = e^{T\nu_i}, \quad i = 1, \cdots, n \tag{1.225}$$

で与えられる．また，両者の間に次の等価関係がある．

[特性指数と特性乗数との関係] x, y 軸をおのおの複素数 $z = x + jy$ の実部，虚部とする複素直交平面において左半平面全体（$x < 0$ の領域，上記の固有値の例でいえば，$\operatorname{Re}\nu_i < 0$）は

$$z = \sqrt{x^2 + y^2} e^{j \arctan \frac{y}{x}} \tag{1.226}$$

と表すと，極座標平面では単位円の内部（$|\mu_i| < 1$）に写される．直交座標系での虚軸は，極座標系では，単位円の円周上（$|\mu_i| = 1$）に写される．

基本解行列を用いると，次の有用な定理が得られる．

- -

定理 1.6（フロケの定理）

$X(t)$ を式 (1.214) の基本解行列とする．次式の周期行列

$$Z(t) = e^{tR} X^{-1}(t) \tag{1.227}$$

を用いて変数変換 $\boldsymbol{y}(t) = Z(t)\boldsymbol{x}(t)$ を行えば，式 (1.214) は

$$\frac{d\boldsymbol{y}}{dt} = R\boldsymbol{y} \tag{1.228}$$

に書き換えられる．

証明 $\dfrac{d\boldsymbol{x}}{dt} = \dfrac{dZ^{-1}}{dt}\boldsymbol{y} + Z^{-1}\dot{\boldsymbol{y}}$ から

$$Z^{-1}\dot{\boldsymbol{y}} = \left[A(t)Z^{-1}(t) - \frac{dZ^{-1}}{dt} \right] \boldsymbol{y} \tag{1.229}$$

が得られる．一方，(1.227) より，$Z^{-1}(t) = X(t)e^{-tR}$ となるので

$$\frac{dZ^{-1}}{dt} = \frac{dX}{dt} e^{-tR} - X(t) R e^{-tR} = A Z^{-1}(t) - Z^{-1}(t) R \tag{1.230}$$

式 (1.230) を式 (1.229) に代入することにより直ちに結論が得られる．

- -

フロケの定理は，上記変数変換から明らかなように，式 (1.214) の解 $x(t)$ の安定性と式 (1.228) の解 $y(t)$ のそれとが一致することを意味する．したがって，周期解の安定性は，特性指数（または特性乗数）で以下のように決定される．

[周期係数の微分方程式の解の安定性] 式 (1.214) の周期解は，R の固有値，特性指数 $\{\nu_i\}_{i=1}^n$ がすべて負の実部を持てば（S の固有値，特性乗数 $\{\mu_i\}_{i=1}^n$ の絶対値がすべて 1 より小さいならば），軌道漸近安定であり，一方，R の固有値の中で，正の実部を持つ固有値が少なくとも一つあれば（S の固有値の中で，絶対値が 1 より大きい固有値が少なくとも一つあれば），不安定である．参考のために図 **1.29** に二次元の場合のおのおのの固有値の配置図と安定性との関係を示す．

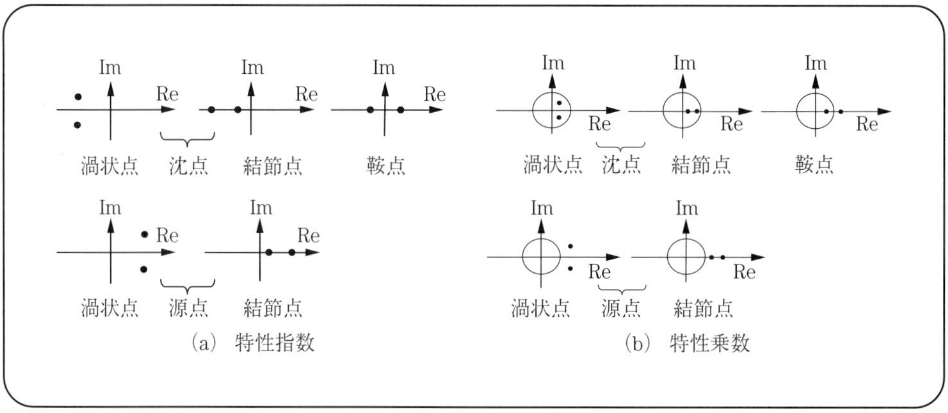

44   1. 非線形振動論入門

図 1.29 固有値の配置図と安定性

なお，同次方程式 (1.214) に外力 $b(t)$ が加わった非同次方程式の解も観察しておこう．

例 1.22

$$\frac{d\boldsymbol{x}}{dt} = A(t)\boldsymbol{x}(t) + \boldsymbol{b}(t), \quad A(t) = A(t+T) \tag{1.231}$$

の $\boldsymbol{b}(t) = 0$ の解は，前述のように，$\boldsymbol{x}(t) = X(t)\boldsymbol{a}$ と表現できる．$\boldsymbol{b}(t) \neq 0$ の解は，$\boldsymbol{a}$ を t の関数とみなして，定数変化法を用いると，以下のように得られる．すなわち，解 $\boldsymbol{x}(t) = X(t)\boldsymbol{a}(t)$ を式 (1.231) に代入して得られる関係式

$$X(t)\frac{d\boldsymbol{a}}{dt} = \boldsymbol{b}(t) \tag{1.232}$$

の解

$$\boldsymbol{a}(t) = \boldsymbol{a}(\tau) + \int_\tau^t X^{-1}(s)\boldsymbol{b}(s)ds \tag{1.233}$$

を利用して，$t = \tau$ での条件を考慮すると

$$\boldsymbol{x}(t) = X(t)\left[X^{-1}(\tau)\cdot\boldsymbol{x}(\tau) + \int_\tau^t X^{-1}(s)\boldsymbol{b}(s)ds\right] \tag{1.234}$$

が得られる．■

1.4 一般の回路の微分方程式

本節では，非線形のインダクタンスや静電容量を含む一般の電気回路の振舞いを記述するためのブレイトン–モーザー (Brayton–Moser) の方法と混合ポテンシャルに言及する．

1.4.1 キルヒホッフの法則とオームの法則

インダクタンス，抵抗，静電容量，電流源，電圧源等の回路素子からなる非線形の回路網 N を考えよう．素子は二つの**端点**を有する**枝**（**有向枝**）で表現され，接続関係のある素子は**図 1.30** に示すブリッジ回路のように枝の**端点**（または**節点**）で接続される．回路網はしばしばグラフを用いて表現される．回路素子の特性は，枝を流れる**枝電流** i と端点間の**電位差**（**枝電圧**）v とで表される．なお，回路網の解析手法は専門書にゆずるとして，ここでは，ブレイトン–モーザーが回路の振舞いを簡潔に記述するために導入した各種の**ポテンシャル**とこれらを用いた回路方程式の導入方法[14]を紹介するに必要な事項だけを復習する．回路網は，以下の**キルヒホッフ** (Kirchhoff) の**電流則**と**電圧則**，および**オーム** (Ohm) の**法則**に従う．

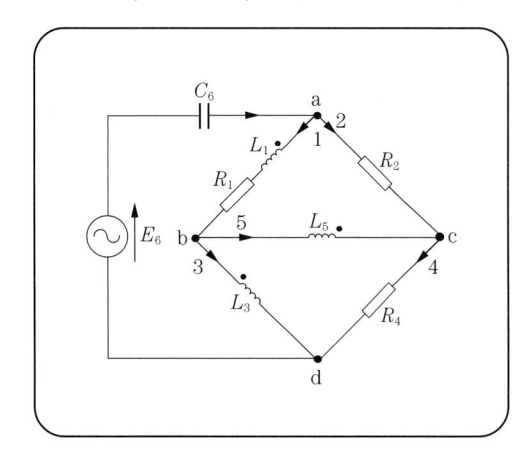

図 1.30 ブリッジ回路

① ［**キルヒホッフの電流則**］　回路の接続点に流入する電流量の和は常に零である．なお，"接続点" の概念を拡張して，図 1.31 のように "閉曲線 C で囲まれた枝（それらの枝の集合は**カットセット**と呼ばれる）に流入する電流量の和は常に零である" と一

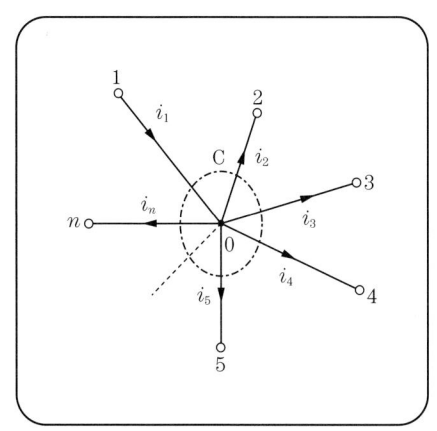

図 1.31 キルヒホッフの電流則 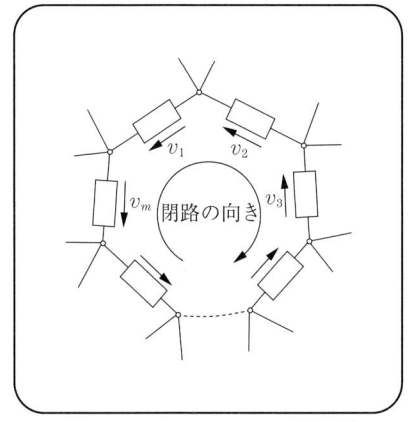　　図 1.32 キルヒホッフの電圧則

般化される．

② [**キルヒホッフの電圧則**]　図 **1.32** のように，回路の閉路（それを形成している枝の集合は**タイセット**と呼ばれる）に沿った枝電圧の和は零である．

③ [**オームの法則**]

(a) **抵　抗**　抵抗の枝の枝電圧 v_R と枝電流 i_R との間には，微分可能な関数 $f(\cdot)$ や $g(\cdot)$ を用いて次式の関係が成立する．

$$v_R = f(i_R), \quad i_R = g(v_R) \tag{1.235}$$

(b) **インダクタンス**　インダクタンスの枝の枝電圧 v_L と枝電流 i_L との間には次式の関係が成立する．

$$v_L = L\frac{di_L}{dt} \tag{1.236}$$

(c) **静電容量**　静電容量の枝の枝電圧 v_C と枝電流 i_C との間には次式の関係が成立する．

$$i_C = C\frac{dv_C}{dt} \tag{1.237}$$

なお，回路網での状態変数の取り方について以下のような注意が必要である．

[**注意**]（回路網での状態変数の選び方）　静電容量の電圧（または電荷）およびインダクタンスの電流（または磁束）を変数に選ぶと，回路を表す方程式は簡単になることが知られている．なお，これらの変数で回路の振舞いの記述に過不足がないとき，**回路網は完全**であるという．また，「インダクタンス及び定電圧源のみからなるカットセットを含まない」場合や「静電容量及び定電流源のみからなる閉路を含まない」場合には，完全な回路になる．更に，上記の変数の選択で不十分であるとき，図 **1.33** のように，素子に直列にインダクタンス L_{add} を挿入するか，あるいは素子と並列に静電容量 C_{add} を挿入した回路網に対して，上記の変数を導入した方程式系を構成し，L_{add}, C_{add} を零に極限操作すれば，回路網は記述できる．まず，いくつかの例題を通して上記のことを確認しておこう．

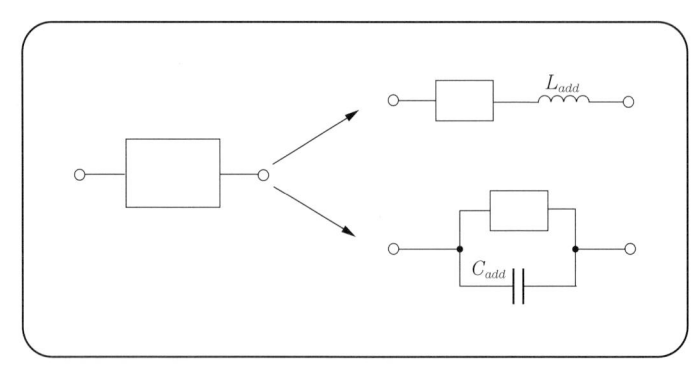

図 **1.33**　素子への L, C の追加

1.4 一般の回路の微分方程式

例 1.23 図 1.34 の電圧，電流に対して

$$i = i_C + i_n, \quad i_C = C\frac{dv}{dt}, \quad v = E - Ri, \quad i_n = g(v) \tag{1.238}$$

が成立し第 2～4 式を第 1 式に代入すると

$$\frac{dv}{dt} + \frac{v}{CR} + \frac{g(v)}{C} = \frac{E}{CR} \tag{1.239}$$

が得られるが，コンダクタンス特性 $i_n = g(v)$ が電圧制御型の場合，v に対し $g(v)$ は一般に多値になりうるので，上式のままでは不都合になることがある．一方，$i_n = g(v)$ の逆関数 $v = f(i_n)$ である**電流制御型**の場合を考慮して i_n についての方程式

$$\frac{-v + E}{R} = C\frac{dv}{dt} + i_n$$

に代入して得られる次の方程式も見通しのよい方程式とはいえない．

$$C\frac{df(i_n)}{di_n}\frac{di_n}{dt} + \frac{f(i_n)}{R} = \frac{E}{R} - i_n \tag{1.240}$$

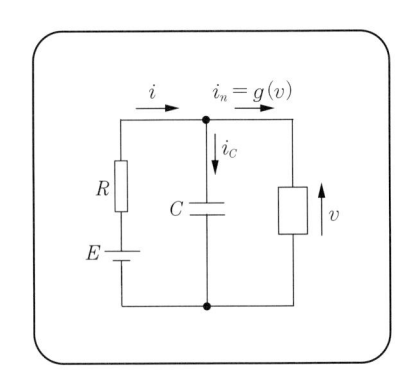

図 1.34　回路例 1

■

例 1.24 図 1.35 の電圧，電流に対して

$$i_L = i_n + C\frac{df(i_n)}{di_n} \cdot \frac{di_n}{dt}, \quad v = L\frac{di_L}{dt} + Ri_L + E \tag{1.241}$$

が得られるが，これらも見通しのよい方程式系とはいえない．一方，非線形抵抗特性 $i_n = g(v)$ を用いると，電圧や電流の微分の係数に非線形関数を含まない，以下の見通しのよい方程式系

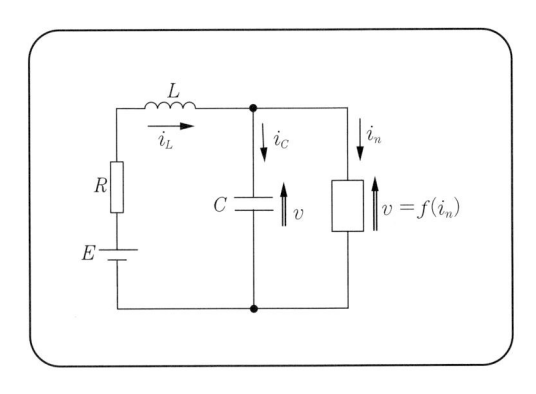

図 1.35　回路例 2

48　　1. 非線形振動論入門

$$C\frac{dv}{dt} = i_L - g(v), \quad L\frac{di_L}{dt} = -Ri_L - v - E \tag{1.242}$$

が得られる．

① p 個のインダクタンス $L_1, L_2, \cdots, L_p$ の枝電流をおのおの $i_1, i_2, \cdots, i_p$ とすると，枝電圧はおのおの次式となる．

$$L_1\frac{di_1}{dt}, \quad L_2\frac{di_2}{dt}, \cdots, L_p\frac{di_p}{dt}$$

② q 個の静電容量 $C_{p+1}, C_{p+2}, \cdots, C_{p+q}$ の枝電圧をおのおの $v_{p+1}, v_{p+2}, \cdots, v_{p+q}$ とすると，枝電流はおのおの次式となる．

$$C_{p+1}\frac{dv_{p+1}}{dt}, \quad C_{p+2}\frac{dv_{p+2}}{dt}, \cdots, C_{p+q}\frac{dv_{p+q}}{dt}$$

③ インダクタンスの枝電流 $i_1, i_2, \cdots, i_p$ と静電容量の枝電圧 $v_{p+1}, v_{p+2}, \cdots, v_{p+q}$ を変数とする**混合ポテンシャル** P

$$P = P(i_1, i_2, \cdots, i_p, v_{p+1}, v_{p+2}, \cdots, v_{p+q}) \tag{1.243}$$

は三種類のポテンシャルの和で

$$P = F - G + H \tag{1.244}$$

と分離される．ただし，F, G, H はおのおの

$$\left.\begin{array}{l}\text{電流ポテンシャル}: F = F(i_1, i_2, \cdots, i_p) \\ \text{電圧ポテンシャル}: G = G(v_{p+1}, v_{p+2}, \cdots, v_{p+q}) \\ \text{ループポテンシャル}: H = H(i_1, i_2, \cdots, i_p, v_{p+1}, v_{p+2}, \cdots, v_{p+q})\end{array}\right\} \tag{1.245}$$

である．　∎

まず，いくつかの素子例 k の電圧（電流）ポテンシャル $F_k(G_k)$ を与える（図 **1.36**）．

[**素子例 1**]　図 (a) の素子特性 $v = -Ri$ の線形抵抗

$$F_R = \int_0^i v\,di = -\frac{Ri^2}{2}, \quad G_R = \int_0^v i\,dv = -\frac{v^2}{2R} \tag{1.246}$$

[**素子例 2**]　図 (b) の素子特性 $-i = g(v)$ の電圧制御型非線形素子

$$F_N = -iv - G_N, \quad G_N = \int_0^v i\,dv = -\int_0^v g(v)\,dv \tag{1.247}$$

[**素子例 3**]　図 (c) の素子特性 $i = I$ の定電流源

$$G_S = \int_0^v I\,dv = Iv \tag{1.248}$$

[**素子例 4**]　図 (d) の素子特性 $-v = f(i)$ の電流制御型非線形素子

$$F_N = \int_0^i v\,di = -\int_0^i f(i)\,di, \quad G_N = -iv - F_N \tag{1.249}$$

[**素子例 5**]　図 (e) の素子特性 $v = E$ の定電圧源

$$F_S = \int_0^i E\,di = Ei \tag{1.250}$$

上記素子からなる回路全体の電流ポテンシャル F，電圧ポテンシャル G を

1.4 一般の回路の微分方程式

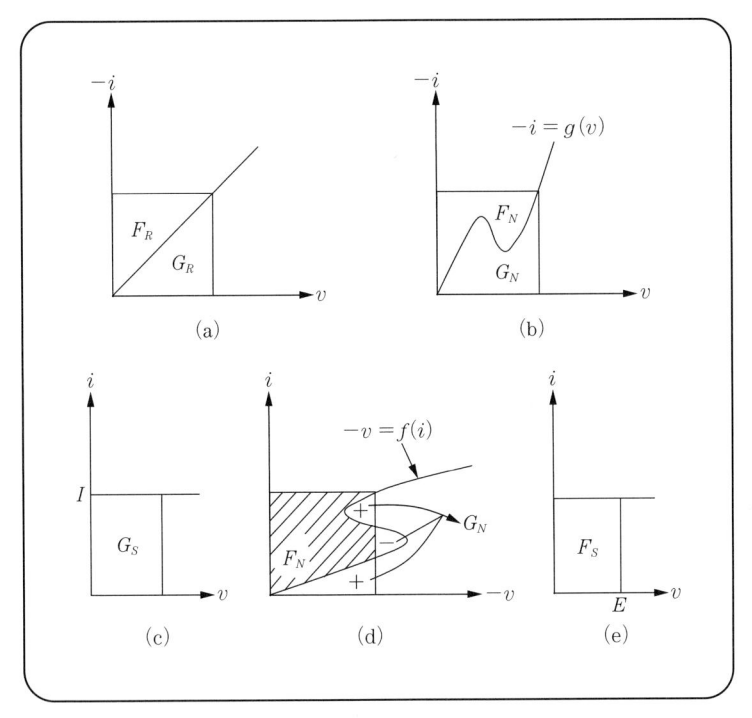

図 1.36 素 子 特 性

$$F = \sum_R F_R + \sum_N F_N + \sum_S F_S \\ G = \sum_R G_R + \sum_N G_N + \sum_S G_S \Biggr\} \quad (1.251)$$

で定義する．なお，和の記号 $\sum_R, \sum_N, \sum_S$ は，おのおの線形抵抗 R，非線形素子 N，電源 S のすべてについて加算することを意味する．これらの具体例を列挙しよう．

例 1.25 図 1.37 の回路 (回路例 3) では

$$F = -\frac{Ri^2}{2} + Ei - \int_0^i f(i)\,di, \quad G = 0, \quad H = 0 \quad (1.252) \blacksquare$$

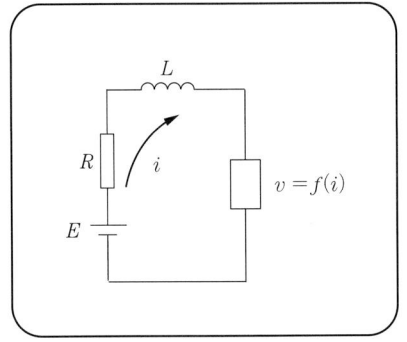

図 1.37 回 路 例 3

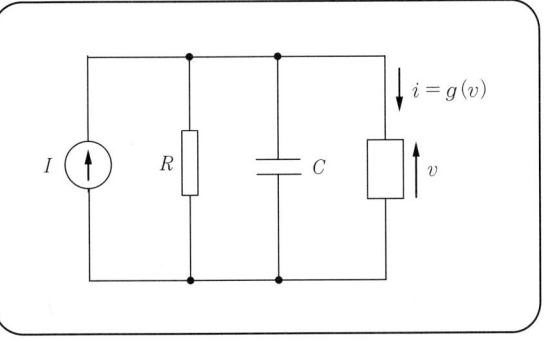

図 1.38 回 路 例 4

1. 非線形振動論入門

例 1.26　図 **1.38** の回路 (回路例 4) では
$$G = -\frac{v^2}{2R} + Iv - \int_0^v g(v)dv, \quad F = 0, \quad H = 0 \tag{1.253}$$ ■

次に，ループポテンシャル H を定義する．L_m の枝電流 $i_m(1 \leq m \leq p)$ と L_k を含むループを作り，ループ内の C_n の枝電圧 $v_n(p+1 \leq n \leq p+q)$ との積

$$H = i_m \cdot v_n \tag{1.254}$$

を定義する．以下にループポテンシャルの例を掲げておく．

例 1.27　図 **1.39** の回路例 5 では
$$F = Ei, \quad G = -\int_0^v g(v)dv, \quad H = -iv$$

から

$$P = Ei - \left(-\int_0^v g(v)dv\right) + (-iv) \tag{1.255}$$

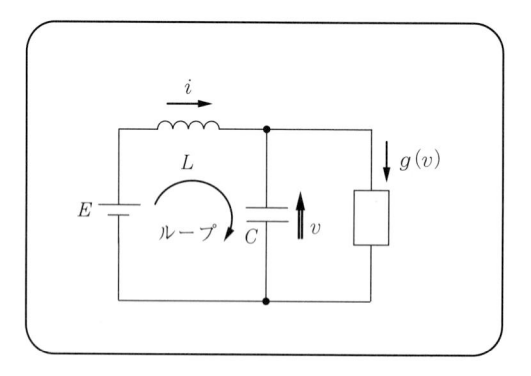

図 1.39 回路例 5

1.4.2　ブレイトン–モーザーの微分方程式

p 個のインダクタンスの枝電圧
$$L_m \frac{di_m}{dt}, \quad (1 \leq m \leq p)$$
および q 個の静電容量の枝電流
$$C_n \frac{dv_n}{dt}, \quad (p+1 \leq n \leq p+q)$$
はおのおの偏微分方程式

$$L_m \frac{di_m}{dt} = \frac{\partial P}{\partial i_m}, \quad (1 \leq m \leq p) \tag{1.256}$$

$$C_n \frac{dv_n}{dt} = -\frac{\partial P}{\partial v_n}, \quad (p+1 \leq n \leq p+q) \tag{1.257}$$

に従う．回路例 1〜3 に式 (1.256), (1.257) を適用すると

回路例 1 では，$G = H = 0$ より，$P = F$ から

$$L\frac{di}{dt} = \frac{\partial P}{\partial i} = E - Ri - f(i) \tag{1.258}$$

回路例 2 では，$F = H = 0$ より，$P = G$ から

$$C\frac{dv}{dt} = -\frac{\partial P}{\partial v} = -I + \frac{v}{R} + g(v) \tag{1.259}$$

回路例 3 では

$$P = Ei + \int_0^v g(v)dv - iv$$

より次式となる．

$$L\frac{di}{dt} = \frac{\partial P}{\partial i} = E - v, \quad C\frac{dv}{dt} = -\frac{\partial P}{\partial v} = -g(v) + i \tag{1.260}$$

例 1.28 図 1.40 (a) の回路 (回路例 6) の電流ポテンシャル，電圧ポテンシャルは

$$F = -\frac{R_1 i_1^2}{2} - \frac{R_2 i_2^2}{2} - \frac{R_3 i_3^2}{2} + E_1 i_1 + E_3 i_3$$

$$G = -\int_0^{v_4} g_1(v)dv - \int_0^{v_5} g_2(v)dv$$

一方，ループポテンシャルは，図 (b) のような枝番号に対し L_1, L_2, L_3 を含むループをとれば，これらのタイセットはおのおの $\{1, 4, 6, 9, 10\}, \{2, 6, 13\}, \{3, 12, 11, 6, 5\}$ であるので

$$H = i_1(-v_4 + v_6) + i_2(v_6) + i_3(-v_6 - v_5)$$

となり

$$P = -\frac{R_1 i_1^2}{2} - \frac{R_2 i_2^2}{2} - \frac{R_3 i_3^2}{2} + E_1 i_1 + E_3 i_3 + \int_0^{v_4} g_1(v)dv + \int_0^{v_5} g_2(v)dv$$
$$+ i_1(-v_4 + v_6) + i_2(v_6) + i_3(-v_6 - v_5) \tag{1.261}$$

結局，次式が得られる．

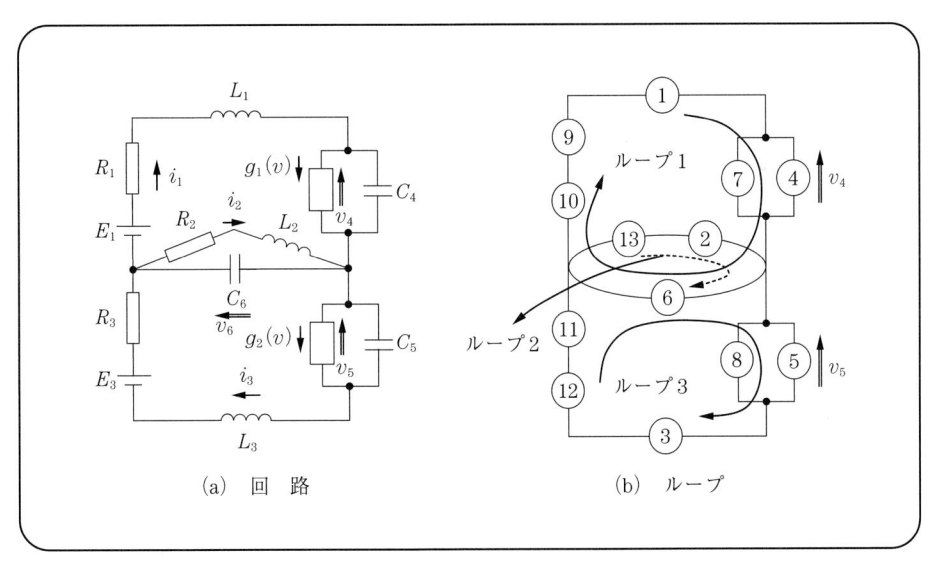

図 1.40 回路例 6

52   1. 非線形振動論入門

$$\left.\begin{aligned}
L_1 \frac{di_1}{dt} &= -R_1 i_1 + E_1 - v_4 + v_6, & L_2 \frac{di_2}{dt} &= -R_2 i_2 + v_6 \\
L_3 \frac{di_3}{dt} &= -R_3 i_3 + E_3 - v_6 - v_5, & C_4 \frac{dv_4}{dt} &= -g_1(v_4) + i_1 \\
C_5 \frac{dv_5}{dt} &= -g_2(v_5) + i_3, & C_6 \frac{dv_6}{dt} &= -i_1 - i_2 + i_3
\end{aligned}\right\} \quad (1.262)$$

1.5 非線形力学系の定性的理論

本節では，非線形力学系の現象を大局的に把握するための**ポアンカレ–ベンディクソン** (Poincaré–Bendixson) **の定理**とパラメータの変化により系の定性的性質が変化する**分岐**を学ぶ[2),3),11),12)]．

1.5.1 ポアンカレ–ベンディクソンの定理

リミットサイクルの存在に関する定性的判定法であるベンディクソンの定理やポアンカレ–ベンディクソンの定理を紹介する[5)]．1.3.3 項と同様に，再び 2 変数一階の微分方程式系

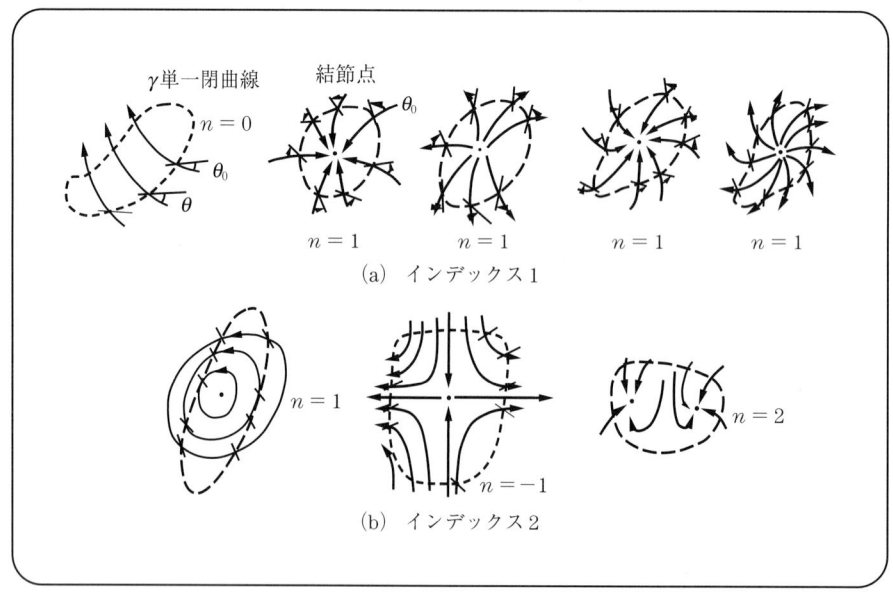

図 1.41 ポアンカレのインデックス

$$\frac{dx}{dt} = f(x,y), \quad \frac{dy}{dt} = g(x,y) \tag{1.263}$$

を考察する．図 **1.41** のように[2]，平面 R^2 上の任意の閉曲線 C に対し，式 (1.263) のベクトル場 $\boldsymbol{f}(x,y) = (f(x,y), g(x,y))$ で定まる解軌道 (x,y) と C 上の，ある点 A とのなす角度を θ とする（x 軸を基準として反時計方向に計る）．点 A から出発して，反時計回りに C に沿って 1 周して点 A に戻ったときの角度の総変化量である，2π の整数倍（回転数）は

$$I(C) = \frac{1}{2\pi} \int_C d\theta \tag{1.264}$$

であるが，解 (x,y) は $g(x,y)dx = f(x,y)dy$ を満たし，$\tan\theta = dy/dx$ より

$$I(C) = \frac{1}{2\pi} \int_C d\left(\arctan\left[\frac{g(x,y)}{f(x,y)}\right]\right) = \frac{1}{2\pi} \cdot \int_C \left(\frac{f\,dg - g\,df}{f^2 + g^2}\right) \tag{1.265}$$

と計算される．

$I(C)$ は**ポアンカレのインデックス**と呼ばれ，以下の定理が知られている．

定理 1.7（ポアンカレのインデックスに関する定理）

① 閉曲線 C の内部に式 (1.263) の平衡点がない場合，$I(C) = 0$ である．

② C の内部に式 (1.263) の唯一の平衡点があり，それが，安定/不安定結節点，安定/不安定渦状点，渦心点のいずれかである場合，$I(C) = 1$ である．

③ C の内部に式 (1.263) の唯一の平衡点が鞍状点である場合，$I(C) = -1$ である．

④ 閉曲線 C が式 (1.263) の閉軌道 Γ そのものであれば，$I(C) = 1$ である．

なお，この定理は，図 1.41 の幾何学的方法によっても理解できる．

$\widehat{C}$ を閉曲線 C の平衡点を通過することなく，C を連続変形して得られた（C の内部に含まれた平衡点，閉軌道と同じものを含む）別の閉曲線とすれば

$$I(\widehat{C}) = I(C) \tag{1.266}$$

が成立することは直観的に理解できる．したがって，$I(C)$ は，C の内部にある平衡点の種類だけによる．この意味で $I(C)$ は**位相幾何学的不変量**と呼ばれる．

次に，図 (b) のように閉曲線 C の内部に複数個の式 (1.263) の平衡点を含む場合を考えると，おのおのの平衡点 s_i のインデックスを $I(C_i)$ とすれば，$I(C)$ はそれらの和

$$I(C) = \sum_{s_i} I(C_i) \tag{1.267}$$

で与えられる[12]．なお，図 (b) は，2 個の結節点 s_1, s_2 を含む閉曲線 C とこれらを含まない閉曲線 $\widehat{C}$ を表している．また，以下の重要な命題も直ちに得られる．

「閉軌道の存在の必要条件」 式 (1.263) の閉軌道 Γ の内部には少なくとも一つの平衡点を含むとする．平衡点が唯一であれば，その点は，結節点，渦状点または，渦心点に限られる．また，平衡点がすべて双曲的であれば，その数は，奇数，例えば $2n+1$ で，その中の n 個が

鞍状点であり，残りの $n+1$ は結節点，渦状点のいずれかである．

また，特に，閉曲線 C が式 (1.263) の閉軌道 Γ そのものである場合には

$$\int_\Gamma (fdy - gdx) = 0 \tag{1.268}$$

が成立するので，C で囲まれた内部領域を S で表すとすると，グリーン (Green) の定理

$$\int_C (fdy - gdx) = \iint_S \left(\frac{\partial f}{\partial x} + \frac{\partial g}{\partial y} \right) dxdy \tag{1.269}$$

から以下の重要な定理が得られる．

定理 1.8（ベンディクソンの否定定理）

式 (1.263) の系がある領域 $D \subset R^2$ で

$$J(x,y) = \frac{\partial f}{\partial x} + \frac{\partial g}{\partial y} \tag{1.270}$$

が恒等的には零ではなく，定符号であれば，D 内に閉軌道は存在しない．

上記は，式 (1.263) の系が閉軌道を有するための必要条件として，$J(x,y)$ の符号がある領域 $\Omega \subset R^2$ で変化しなければならないことを意味している．

定理 1.9（ポアンカレ–ベンディクソンの定理）

式 (1.263) の系が図 **1.42** のような**環状有界領域** $D \subset R^2$ の内部及び境界に平衡点を持たず，解軌道が D の内部に向いていれば，D の内部に少なくとも一つの安定なリミットサイクルが存在する．

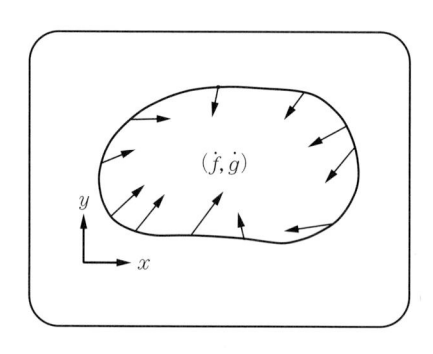

図 1.42 ポアンカレ–ベンディクソンの定理

なお，十分時間経過後の解軌道の**極限集合**は，正の時間（または負の時間）に応じて，ω 極限集合（α 極限集合）と呼ばれる．

定義 1.11（R^2 上の極限集合） R^2 上の極限集合は次の各点を結ぶ解軌道に限られる．
①平衡点，②閉軌道，③平衡点

なお，異なる平衡点を結ぶ軌道は**ヘテロクリニック軌道** (heteroclinic orbit)，同一のそれは**ホモクリニック軌道** (homoclinic orbit) と呼ばれる．また，複数個のヘテロクリニック軌道が閉曲線を形成する軌道はホモクリニック周期軌道 (homoclinic cycle orbit) と呼ばれる（図 1.43）．

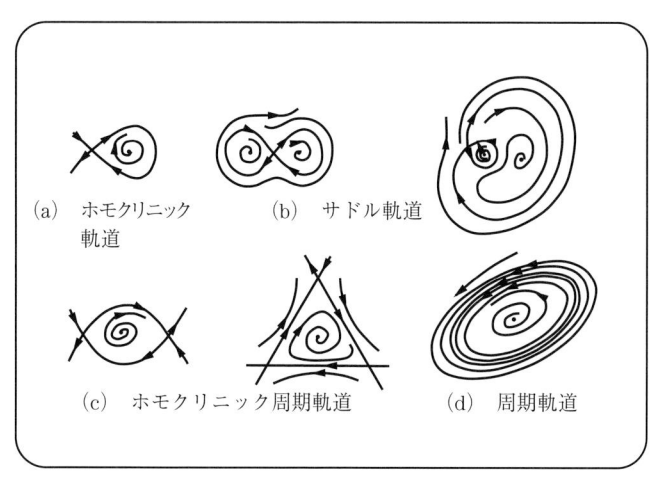

図 1.43 各種の極限集合[3]

1.5.2 分　　　岐

1.3 節で学んだように，微分方程式

$$\frac{d\bm{x}}{dt} = \bm{f}(\bm{x}) \tag{1.271}$$

の平衡点 $\overline{\bm{x}}$ の安定性は，その点の近傍 $\bm{x} = \overline{\bm{x}} + \bm{z}$ で線形化した線形微分方程式

$$\frac{d\bm{z}}{dt} = D\bm{f}(\overline{\bm{x}})\bm{z} \tag{1.272}$$

のヤコビ行列 $D\bm{f}(\overline{\bm{x}})$ の固有値 λ_i の実部の正負で決定されるので，固有値が純虚数となる点が**分岐点**となる．一般に，上記微分方程式のベクトル場 $\bm{f}(\bm{x})$ にある制御パラメータ μ があって，純虚数の前後で制御できる，すなわち $\partial\mathrm{Re}\lambda/\partial\mu \neq 0$ の場合には，μ の値により，平衡点の安定性が突然変化する（**分岐**が起こる）．

以下では，単一の制御パラメータ μ を含む簡単な微分方程式系において，平衡点の定性的性質が μ の値で変化する以下の四種類の分岐現象を考察しよう[13]．

例 1.29　サドル–ノード分岐

$$\frac{dx}{dt} = f(x,\mu) = \mu - x^2 \tag{1.273}$$

式 (1.273) の平衡点 $\overline{x}$ は，$\overline{x}^2 = \mu$ を満たすので

$$\overline{x} = \left\{\begin{array}{cc} 存在せず, & \mu < 0 \\ +\sqrt{\mu},\ -\sqrt{\mu}, & \mu \geqq 0 \end{array}\right\} \tag{1.274}$$

56　1. 非線形振動論入門

$\mu > 0$ の場合の平衡点の安定性は，ヤコビ行列（この場合一変数であるので，ベクトル場 $f(x,\mu)$ の x に関する偏微分 $f_x(x,\mu)$）の符号で決定できる．$f_x(x,\mu) = -2x$ であるので，平衡点 $\overline{x} = \sqrt{\mu}$ は安定，一方，$\overline{x} = -\sqrt{\mu}$ は不安定である．図 **1.44** (a) に安定平衡点，不安定平衡点をおのおの実線，破線で示している (**分岐図**と呼ばれる)．したがって，ベクトル場 $f(x,\mu)$ の平衡点 $(\overline{x},\overline{\mu}) = (0,0)$ が分岐点である．この分岐は**サドル–ノード** (saddle–node) **分岐**と呼ばれる．

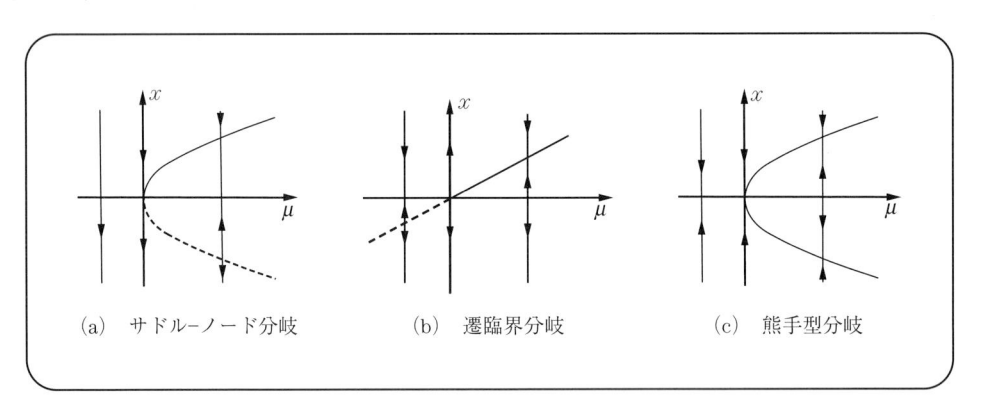

(a) サドル–ノード分岐　　(b) 遷臨界分岐　　(c) 熊手型分岐

図 **1.44**　分 岐 現 象

例 1.30　遷臨界分岐

$$\frac{dx}{dt} = f(x,\mu) = \mu x - x^2 \tag{1.275}$$

式 (1.275) の平衡点は $\overline{x} = 0, \mu$ であり，$f_x(x,\mu) = \mu - 2x$ であるので，平衡点の安定性を図 (b) に示す．平衡点 $(\overline{x},\overline{\mu}) = (0,0)$ が分岐点であり，この分岐は**遷臨界** (transcritical) **分岐**と呼ばれる．

例 1.31　熊手型分岐

$$\frac{dx}{dt} = f(x,\mu) = \mu x - x^3 \tag{1.276}$$

式 (1.276) の平衡点 $\overline{x}$ は

$$\overline{x} = \left\{ \begin{array}{cc} 0, & \mu < 0 \\ -\sqrt{\mu}, 0, \sqrt{\mu}, & \mu \geqq 0 \end{array} \right\} \tag{1.277}$$

であり，$f_x(0,\mu) = \mu, f_x(\pm\sqrt{\mu},\mu) = -2\mu^2$ であるので，平衡点の安定性を図 (c) に示す．平衡点 $(\overline{x},\overline{\mu}) = (0,0)$ が分岐点であり，この分岐は**熊手型** (pitchfork) **分岐**と呼ばれる．

例 1.32　ホップ分岐

$$\frac{dr}{dt} = f(r,\mu) = \mu r - r^3 \tag{1.278}$$

式 (1.278) の解 $r = r(t)$ は，変数分離法において部分分数展開

$$\mu^{-1}\left(\frac{r}{r^2 - \mu} - \frac{1}{r}\right)dr = -dt$$

より

$$r^2(t) = \frac{-\mu r_0^2 e^{2\mu t}}{r_0^2(1-e^{2\mu t})-\mu}, \quad r_0 = r(0) \tag{1.279}$$

が得られるので

$$\lim_{t\to\infty} r^2(t) = 0, \quad \mu \leqq 0, \text{ または } \mu, \quad \mu > 0 \tag{1.280}$$

なお,式 (1.278) は,変数変換 $r = \sqrt{x^2+y^2}$, $\theta = \tan^{-1}(y/x)$,すなわち,$x = r\cos\theta$,$y = r\sin\theta$ とおいて,$d\theta/dt = \omega$, $\theta_0 = \theta(0)$ と仮定すれば,x,y に関する 2 変数一階微分方程式系

$$\frac{dx}{dt} = -\omega y + x\{\mu - (x^2+y^2)\}, \quad \frac{dy}{dt} = \omega x + y\{\mu - (x^2+y^2)\} \tag{1.281}$$

が得られる.式 (1.281) において複素数値化 $z = x + jy$ すれば,z に関する複素係数の**ギンツブルグ–ランダウ（Ginzburg–Landau）型微分方程式**

$$\frac{dz}{dt} = (\mu + j\omega)z - |z|^2 z \tag{1.282}$$

が得られる.$x - y$ 平面の原点 $\bar{z} = (\bar{x}, \bar{y}) = (0,0)$ は式 (1.278) の平衡点であり,$\omega \neq 0$ の場合は渦状点,$\omega = 0$ の場合は結節点であり,それらの安定性は,式 (1.281) のヤコビ行列

$$D\boldsymbol{f}(\bar{x},\bar{y}) = \begin{pmatrix} \mu & -\omega \\ \omega & \mu \end{pmatrix} \tag{1.283}$$

の固有値 $\lambda_\pm = \mu \pm j\omega$（ただし,複号同順）で決定される.すなわち,$\mu > 0, \mu < 0$ に応じて,不安定,安定となる.平衡点 $(\bar{x},\bar{y},\bar{\mu}) = (0,0,0)$ が分岐点である.式 (1.279) 及び変数変換式から明らかなように,式 (1.281) の任意の解 $(x(t),y(t))$ が十分時間経過後に,半径 $\sqrt{\mu}$ の真円の安定な周期軌道（リミットサイクル）に収束することは,例 1.19 と同様に,以下のように確認できる.式 (1.278) の解 $\phi_t(r_0,\theta_0)$ は式 (1.279) より

$$\phi_t(r_0,\theta_0) = \left(\sqrt{\mu}\left[1+\left(\frac{\mu}{r_0^2}-1\right)e^{-2\mu t}\right]^{-1/2}, \theta_0 + \omega t\right)$$

周期 2π から $\phi_t(r_0,\theta_0)$ はポアンカレ写像

$$r_{n+1} = P(r_n), \quad P(r) = \frac{\sqrt{\mu}}{\sqrt{1+e^{-4\pi\mu}\left(\frac{\mu}{r_0^{-2}}-1\right)}} \tag{1.284}$$

を与え,上式の不動点は,$\mu \neq 0$ であれば,$r = \sqrt{\mu}$ 唯一つであり,その安定性は,上式のヤコビ行列 $\partial P/\partial r = e^{-4\pi\mu}\sqrt{\mu - r^2(1-e^{4\pi\mu})}$ より,$\mu > 0$ であれば,周期解は軌道漸近安定である.もちろん,元の式 (1.278) のベクトル場 $f(r)$ の微分 $f_r(\sqrt{\mu},\mu) = -2\mu$ からもわかる.この分岐は,**図 1.45** (a) のように,μ の値に応じて安定な平衡点から不安定な平衡点へと変化すると同時に,漸近安定な周期軌道が生じる典型例として,**ホップ (Hopf) 分岐**と呼ばれる. ∎

次に,上記四種類の分岐例で,時間 t を $-t$ と置き換え,すなわち,時間の向きを逆にとり,更に制御パラメータ μ を $-\mu$ と置き換えれば,例 1.24～1.27 の順序に応じて微分方程

58　　1. 非線形振動論入門

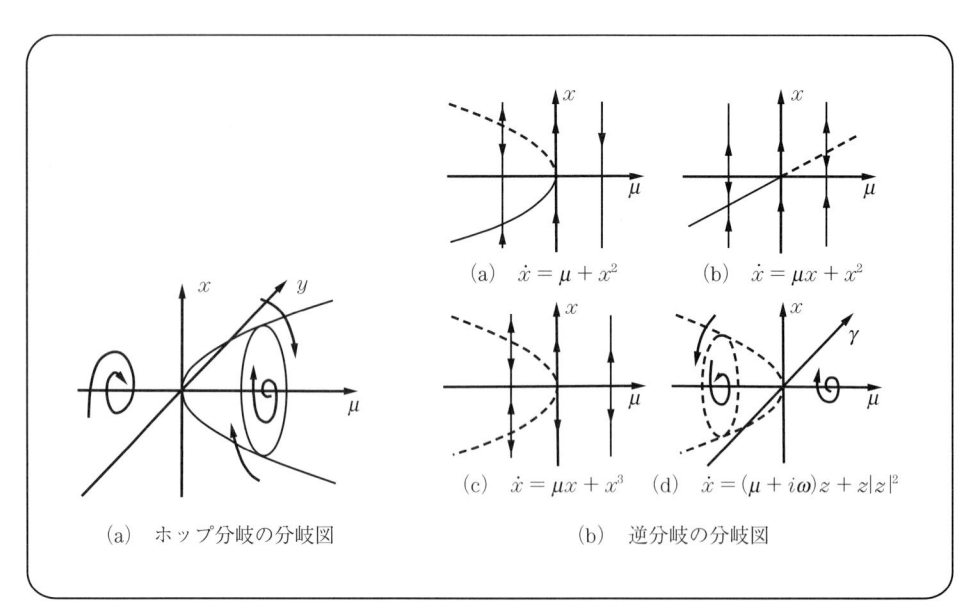

(a) $\dot{x} = \mu + x^2$　　(b) $\dot{x} = \mu x + x^2$

(c) $\dot{x} = \mu x + x^3$　　(d) $\dot{z} = (\mu + i\omega)z + z|z|^2$

(a) ホップ分岐の分岐図　　(b) 逆分岐の分岐図

図 1.45　分　岐　図

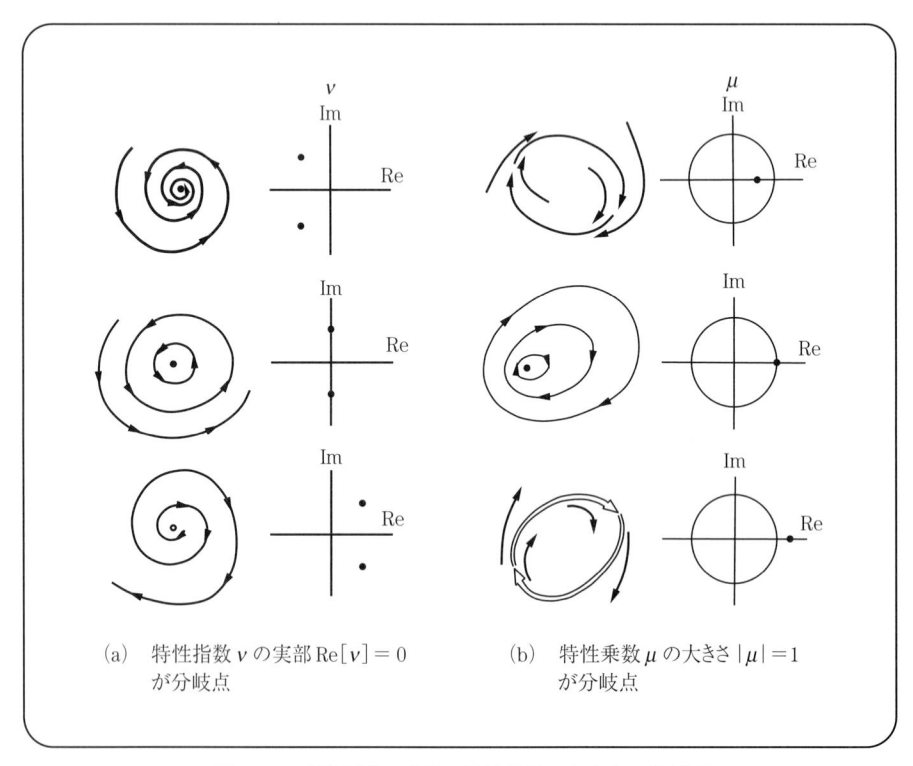

(a) 特性指数 ν の実部 $\mathrm{Re}[\nu] = 0$ が分岐点　　(b) 特性乗数 μ の大きさ $|\mu| = 1$ が分岐点

図 1.46　特性指数の実部，特性乗数の大きさの分岐図

$$\left.\begin{array}{ll} \dfrac{dx}{dt} = f(x,\mu) = \mu + x^2, & \dfrac{dx}{dt} = f(x,\mu) = \mu x + x^2 \\[2mm] \dfrac{dx}{dt} = f(x,\mu) = \mu x + x^3, & \dfrac{dz}{dt} = (\mu + j\omega)z + |z|^2 z \end{array}\right\} \quad (1.285)$$

が得られ，おのおのの分岐は，**逆分岐（臨界下分岐）**と呼ばれる．これらの状況を図 (b) に示す[13]．なお，上記の議論では二次元の場合であるが，高次元の場合でも起こり得る場合の数が増えるだけであり，二次元のジョルダンブロックで考えれば基本的には同一である[11],[13]．

また，式 (1.271) の微分方程式に周期 T の周期軌道 $\overline{\boldsymbol{x}}(t)$ がある場合には，その軌道の近傍 $\boldsymbol{x}(t) = \overline{\boldsymbol{x}}(t) + \boldsymbol{z}(t)$ で線形化した線形微分方程式

$$\frac{d\boldsymbol{z}}{dt} = D\boldsymbol{f}(\overline{\boldsymbol{x}}(t))\boldsymbol{z} \tag{1.286}$$

の周期 T の周期的係数行列 $D\boldsymbol{f}(\overline{\boldsymbol{x}}(t))$ の固有値の絶対値と 1 との大小関係で決定された．したがって，特性指数の実部が 0 となる点（特性乗数の絶対値が 1 となる点）が分岐点である．これらを図 **1.46** に示す．この状況は，平衡点の場合と同様である．これらのほかに分岐には多様な分岐が存在することが知られているが，詳しくは専門書，例えば，豊富な図で力学系が理解できる Abraham–Shaw の教科書[11]を参考にされたい．なお，非線形差分方程式に現れる分岐については，2 章で述べることとする．

1.6 非線形微分方程式の近似解法

非線形微分方程式

$$\frac{d^2 x}{dt^2} + x = \mu f\left(x, \frac{dx}{dt}, t\right) \tag{1.287}$$

はパラメータ μ の値が小さい場合（$\mu \ll 1$），線形系（$\mu = 0$）

$$\frac{d^2 x}{dt^2} + x = 0 \tag{1.288}$$

の場合の解である正弦波に近い振舞いを生じる．本節では，$\mu \ll 1$ の場合の解の振舞いを把握するための平均化法及び等価線形化法を紹介する[5],[10]．

式 (1.287) の右辺 $f(\cdot)$ に時間 t の項が陽に存在しない場合（**自律的** (autonomus) と呼ぶ）と，含まれる場合（**非自律的** (nonautonomus) と呼ぶ）に分けて平均化法を紹介する．

〔1〕**自　律　系**　式 (1.287) は

$$\frac{dx}{dt} = y, \quad \frac{dy}{dt} = -x + \mu f(x, y) \tag{1.289}$$

と書き換えられる．$\mu = 0$ の場合の線形解

60　　1. 非線形振動論入門

$$x = a\cos t + b\sin t, \quad y = -a\sin t + b\cos t \tag{1.290}$$

を基にして $\mu \neq 0$ の場合の解として，定数変化法の解

$$x = a(t)\cos t + b(t)\sin t, \quad y = -a(t)\sin t + b(t)\cos t \tag{1.291}$$

を考える．上式より $\dot{x} = y$ となるためには

$$\frac{d\,a(t)}{dt}\cos t + \frac{d\,b(t)}{dt}\sin t = 0 \tag{1.292}$$

が成立しなければならない．ただし，$\dot{x}$ は x の時間微分を表す．一方

$$\ddot{x} = \dot{y} = -\dot{a}(t)\sin t + \dot{b}(t)\cos t - x \tag{1.293}$$

を式 (1.287) に代入すると

$$-\dot{a}\sin t + \dot{b}\cos t = \mu f(a\cos t + b\sin t, -a\sin t + b\cos t) \tag{1.294}$$

が得られる．式 (1.292), (1.294) から得られる $\dot{a}, \dot{b}$ に関する連立一次方程式

$$\begin{pmatrix} \cos t & \sin t \\ -\sin t & \cos t \end{pmatrix} \begin{pmatrix} \dot{a} \\ \dot{b} \end{pmatrix} = \begin{pmatrix} 0 \\ \mu f \end{pmatrix} \tag{1.295}$$

の解

$$\dot{a} = -\mu f \sin t, \quad \dot{b} = \mu f \cos t \tag{1.296}$$

を得る．したがって，$\mu \ll 1$ のとき，$a(t), b(t)$ の時間変化も小さい．なぜならば

$$|a(t_2) - a(t_1)| \leq \mu \left| \int_{t_1}^{t_2} f \sin t\, dt \right| \leq \mu \int_0^{2\pi} |f|\, dt \tag{1.297}$$

から明かである．ゆえに，式 (1.296) 右辺をそれらの 1 周期分の平均値に代替した微分方程式

$$\dot{\widehat{a}} = -\frac{\mu}{2\pi}\int_0^{2\pi} f\sin t\, dt, \quad \dot{\widehat{b}} = \frac{\mu}{2\pi}\int_0^{2\pi} f\cos t\, dt \tag{1.298}$$

を考えよう．

$$\widehat{a} = \rho\cos\theta, \quad \widehat{b} = \rho\sin\theta, \quad \rho > 0 \tag{1.299}$$

を導入する．すなわち，式 (1.291) の $a(t), b(t)$ として $\widehat{a}, \widehat{b}$ を採用し

$$x = \rho\cos(t - \theta), \quad y = -\rho\sin(t - \theta) \tag{1.300}$$

を考察する．式 (1.299) の時間微分から

$$\dot{\widehat{a}} = \dot\rho\cos\theta - \dot\theta\widehat{b}, \quad \dot{\widehat{b}} = \dot\rho\sin\theta + \dot\theta\widehat{a} \tag{1.301}$$

が得られ，これと式 (1.298) から $\dot\rho, \dot\theta$ に関する連立一次方程式

$$\begin{pmatrix} \cos\theta & -\widehat{b} \\ \sin\theta & \widehat{a} \end{pmatrix} \begin{pmatrix} \dot\rho \\ \dot\theta \end{pmatrix} = \begin{pmatrix} -\dfrac{\mu}{2\pi}\int_0^{2\pi} f\sin t\,dt \\ \dfrac{\mu}{2\pi}\int_0^{2\pi} f\cos t\,dt \end{pmatrix} \tag{1.302}$$

の解は，$\varphi = t - \theta$ と置くと

$$\left.\begin{aligned} \dot\rho &= -\frac{\mu}{2\pi}\int f(\rho\cos\varphi, -\rho\sin\varphi)\sin\varphi\,d\varphi, \\ \dot\theta &= \frac{\mu}{2\pi\rho}\int f(\rho\cos\varphi, -\rho\sin\varphi)\cos\varphi\,d\varphi \end{aligned}\right\} \tag{1.303}$$

と計算される．上式右辺の積分の項をそれぞれ

$$\left.\begin{aligned} g_1(\rho) &\stackrel{\text{def}}{=} \frac{1}{2\pi} \int f(\rho\cos\varphi, -\rho\sin\varphi) \sin\varphi \, d\varphi, \\ f_1(\rho) &\stackrel{\text{def}}{=} \frac{1}{2\pi} \int f(\rho\cos\varphi, -\rho\sin\varphi) \cos\varphi \, d\varphi \end{aligned}\right\} \quad (1.304)$$

と置くと，式 (1.303) の定常状態の解

$$\theta = \frac{\mu}{2\rho} f_1(\rho) t + \theta_0$$

から

$$x = \rho \cos\left\{ \left(1 - \frac{\mu}{2\rho} f_1(\rho)\right) t - \theta_0 \right\} \quad (1.305)$$

ただし，θ_0 は積分定数である．なお，この方法は以下に示す**等価線形化法**と同一である．すなわち，近似解として，式 (1.300) を採用する．このとき，式 (1.304) から明らかなように式 (1.287) の $f(x, dx/dt)$ の基本周波数成分 $F_1 \stackrel{\text{def}}{=} f_1(\rho)\cos(t-\theta) + g_1(\rho)\sin(t-\theta)$ は

$$F_1 = \frac{1}{\rho}\left\{ f_1(\rho) x - g_1(\rho) \frac{dx}{dt} \right\} \quad (1.306)$$

と表される．式 (1.300) が式 (1.287) の解であるとすることは，式 (1.287) は

$$\frac{d^2 x}{dt^2} + x = \mu F_1 \quad (1.307)$$

となるので，$F_1 = 0$ すなわち $f_1(\rho) = 0, g_1(\rho) = 0$ を意味する．これらと定常状態の解 θ から ρ, θ が決定される．また，解の安定性は以下のように議論できる．式 (1.303)，式 (1.304) のおのおのの第一式から明らかなように，次式を満たす $\rho = \rho_0$ は安定である．

$$\frac{d g_1(\rho)}{d\rho}\bigg|_{\rho = \rho_0} > 0$$

〔2〕非自律系　　固有角周波数 ω_0，強制外力角周波数 ω_p の非自律系非線形微分方程式

$$\frac{d^2 x}{dt^2} + \omega_0^2 x = \mu f\left(x, \omega_0 \frac{dx}{dt}, \omega_p t\right) \quad (1.308)$$

を考察する．$\omega_0 \simeq \omega_p$ と仮定し

$$\tau \stackrel{\text{def}}{=} \omega_p t, \quad \delta \stackrel{\text{def}}{=} \frac{\omega_p^2 - \omega_0^2}{\mu \omega_p^2} \quad (1.309)$$

とおくと式 (1.308) は

$$\frac{d^2 x}{d\tau^2} + x = \mu\left\{ \delta x + \frac{1}{\omega_p^2} f\left(x, \frac{dx}{d\tau}, \tau\right) \right\} \stackrel{\text{def}}{=} \mu F\left(x, \frac{dx}{d\tau}, \tau\right) \quad (1.310)$$

と書き換えられる．$\mu = 0$ の解 $x = \rho\cos(\tau + \theta)$ を基にして，定数変化法による $\mu \neq 0$ の解

$$x = \rho(\tau) \cos(\tau + \theta(\tau)), \quad \frac{dx}{d\tau} = -\rho(\tau) \sin(\tau + \theta(\tau)) \quad (1.311)$$

を求めよう．式 (1.311) より

$$\frac{d\rho}{d\tau} \cos(\tau + \theta) - \rho \sin(\tau + \theta) \frac{d\theta}{d\tau} = 0 \quad (1.312)$$

が得られる．一方，式 (1.311) を式 (1.310) に代入すると

$$\frac{d^2 x}{d\tau^2} + x = -\frac{d\rho}{d\tau} \sin(\tau + \theta) - \rho \cos(\tau + \theta) \frac{d\theta}{d\tau} = \mu F\left(x, \frac{dx}{d\tau}, \tau\right) \quad (1.313)$$

であるので，式 (1.312), (1.313) から $\varphi \stackrel{\text{def}}{=} \tau + \theta$ とおくと，$\dot{\rho}, \dot{\theta}$ に関する連立一次方程式

$$\begin{pmatrix} \cos\varphi & -\rho\sin\varphi \\ -\sin\varphi & -\rho\cos\varphi \end{pmatrix} \begin{pmatrix} \dot{\rho} \\ \dot{\theta} \end{pmatrix} = \begin{pmatrix} 0 \\ \mu F \end{pmatrix} \tag{1.314}$$

の解

$$\dot{\rho} = -\mu F \sin\varphi, \quad \dot{\theta} = -\frac{\mu}{\rho} F \cos\varphi \tag{1.315}$$

が得られる．自律系の場合と同様に，ρ, θ の時間変化は小さいとして上式右辺をこれらの 1 周期分の平均値に代替した微分方程式

$$\dot{\bar{\rho}} = -\frac{\mu}{2\pi}\int_0^{2\pi} F\sin\varphi\, d\varphi \stackrel{\text{def}}{=} \mu P(\rho;\delta),$$

$$\dot{\bar{\theta}} = -\frac{\mu}{2\pi}\int_0^{2\pi} F\cos\varphi\, d\varphi \stackrel{\text{def}}{=} \mu Q(\rho;\delta) \tag{1.316}$$

の定常状態の解 $\rho = \rho_0, \theta = \theta_0$ を式 (1.311) に代入できる．なお，上式で θ_0 を消去して得られる関係式 $R(\rho_0;\delta) = 0$ は，しばしば**共振曲線**と呼ばれる．

☕ 談 話 室 ☕

聴覚理論と非線形科学　私達に最も身近な例で非線形科学の研究の起源を挙げるとすると，音の高さ（ピッチ）が何によって決まるかという 19 世紀半ばの**ゼーベック (Seebeck)** と**オーム (Ohm)** との論争であろう．ゼーベック (1841, 1843) は，サイレンで作った空気の衝撃波に対してはその発生間隔に応じた高さが聴かれることを実験的に示して**時間説**を主張した．一方，オーム (1843) は「f 〔Hz〕の高さを聴くとき，刺激音の中に正弦波成分 $\sin 2\pi ft$ が必ず存在する」という**オームの純音（オームの法則）**を主張するとともに，発表間もないフーリエ (Fourier) 理論を援用して**周波数説**を主張した．これを受けて，ゼーベックはサイレンを工夫して正弦波成分をほとんど含まない刺激音に対しても，それを含む場合と高さは同じであることを観察し，オームに反論した．これに対し，オームは聴覚的錯覚と説明したが，実質的には彼の敗北であった．一方，複数個の純音を同時に入力すると**結合音**と呼ばれる他の音が聴こえることは 18 世紀のころから知られていた．これらの音の存在は，その周波数を含む狭帯域雑音による**マスキング**や，その周波数近傍の純音とのうなりなどの知覚で確認できるので，結合音は，耳の機械的振動に含まれるものと考えられている．なお，うなりの知覚が消失するように，第三番目の音として結合音と同一の周波数の純音のレベルや位相を調節して重畳し，消失できたときのレベルや位相をおのおの結合音のレベルや位相とみなす．このように，非線形現象の解明のために線形システム的手段を援用していることは興味深い．もちろん結合音の存在は聴覚末梢系が非線形システムであることを意味する．ヘルムホルツ (Helmholtz)

(1856, 1863) は,「耳は一種の周波数分析器である」とする知覚モデルを提案するとともに,結合音は過剰入力に対する中耳での非線形歪で説明できるとした.この説は広く支持されている.その後,非線形特性の形やその発生場所のほか,最近では内耳の感覚細胞である有毛細胞自身の運動や耳自発性放射音などの能動性が議論の対象になっている.

本章のまとめ

❶ **線形微分方程式の基本形とその解**

$$\dot{x} = ax, x(0) = u \text{ の解} : x(t) = ue^{at}$$

$$\dot{\boldsymbol{x}} = A\boldsymbol{x}, \boldsymbol{x}(0) = \boldsymbol{u} \text{ の解} : \boldsymbol{x}(t) = e^{tA}\boldsymbol{u}$$

$$\dot{X} = AX, X(0) = U \text{ の解} : X(t) = e^{tA}U$$

❷ **微分方程式の解の安定性判別**　a や A の固有値の実部 $\mathrm{Re}[\lambda(A)]$ の符号の正/負に応じて不安定/不安定に判別される.

❸ **線形差分方程式の基本形とその解**

$$x_{n+1} = ax_n, x_0 = u \text{ の解} : x_n = ua^n$$

$$\boldsymbol{x}_{n+1} = A\boldsymbol{x}_n, \boldsymbol{x}(0) = \boldsymbol{u} \text{ の解} : \boldsymbol{x}_n = A^n\boldsymbol{u}$$

❹ **差分方程式の解の安定性判別**　a や A の固有値の大きさ $|\lambda(A)|$ が 1 より大きいか/小さいかに応じて不安定/安定に判別される.

❺ **非線形微分方程式の基本形とその平衡解・安定性**　微分方程式 $d\boldsymbol{x}/dx = \boldsymbol{f}(\boldsymbol{x})$ の平衡点は $\boldsymbol{f}(\boldsymbol{x}) = \boldsymbol{0}$ を満たす解 $\boldsymbol{x} = \overline{\boldsymbol{x}}$ であり,その安定性は線形微分方程式 $\dot{\boldsymbol{z}} = Df(\overline{\boldsymbol{x}})\boldsymbol{z}$ の解 $\boldsymbol{z} = e^{tDf(\overline{\boldsymbol{x}})}\boldsymbol{z}_0$ のそれで定まる.ただし,$Df(\overline{\boldsymbol{x}})$ は $\boldsymbol{f}(\boldsymbol{x})$ のヤコビ行列である.

❻ **ハミルトニアンとリャプノフ関数**　ハミルトン方程式

$$\dot{x} = \frac{\partial H(x,p)}{\partial p}, \quad \dot{p} = -\frac{\partial H(x,p)}{\partial x}$$

はハミルトニアン $H(x,p)$ に対する軌道に沿った時間変化が零となる条件

$$\frac{dH(x,p)}{dt} = 0 \text{ (エネルギー保存則)}$$

が成立するための十分条件であり,$H(x,p)$ は系の全エネルギーを意味する.エネルギー関数を一般化したリャプノフ関数 $V(\boldsymbol{x})$ は

$$\frac{d\boldsymbol{x}}{dx} = \boldsymbol{f}(\boldsymbol{x})$$

の平衡点 $\overline{\boldsymbol{x}}$ の安定性判別に有用である.$V(\overline{\boldsymbol{x}}) \geq 0$ を満たすとき,$dV(\boldsymbol{x})/dt$ が非正,負,正であるのに応じて,安定,漸近安定,不安定に大別される.

●理解度の確認●

問 1.1 線形微分方程式の解法と行列の対角化，固有値，固有ベクトル

(**1**) 微分方程式系
$$\begin{pmatrix} x_1' \\ x_2' \end{pmatrix} = \begin{pmatrix} 5x_1 + 3x_2 \\ -6x_1 - 4x_2 \end{pmatrix} = \begin{pmatrix} 5 & 3 \\ -6 & -4 \end{pmatrix} \begin{pmatrix} x_1 \\ x_2 \end{pmatrix}$$
の解を求めよ．ただし，初期値 $(x_1(0), x_2(0)) = (u_1, u_2)$ とする．

(**2**) 微分方程式系
$$\begin{pmatrix} x_1' \\ x_2' \end{pmatrix} = \begin{pmatrix} x_1 \\ x_1 + x_2 \end{pmatrix} = \begin{pmatrix} 1 & 0 \\ 1 & 1 \end{pmatrix} \begin{pmatrix} x_1 \\ x_2 \end{pmatrix}$$
の解を求めよ．

(**3**) 微分方程式
$$\boldsymbol{x}' = A\boldsymbol{x}, \ \boldsymbol{x}(0) = \boldsymbol{u}$$
の解を求めよ．ただし，行列
$$A = \begin{pmatrix} 1 & -1 \\ 1 & 3 \end{pmatrix}$$

問 1.2 微分方程式の変数分離法や定数変化法による解法と指数行列の計算　微分方程式系
$$\begin{pmatrix} x_1' \\ x_2' \end{pmatrix} = \begin{pmatrix} 0 & -1 \\ 1 & 0 \end{pmatrix} \cdot \begin{pmatrix} x_1 \\ x_2 \end{pmatrix} + \begin{pmatrix} 0 \\ t \end{pmatrix}$$
の解を求めよ．ただし，初期値 $(x_1(0), x_2(0)) = (u_1, u_2)$ とする．

問 1.3 リャプノフ関数と微分，偏微分の相違　微分方程式
$$\begin{pmatrix} x' \\ y' \\ z' \end{pmatrix} = \begin{pmatrix} 2y(z-2) \\ -x(z-1) \\ xy \end{pmatrix}$$
の平衡点 $(\overline{x}, \overline{y}, \overline{z}) = (0, 0, 0)$ の安定性を議論するために $(\overline{x}, \overline{y}, \overline{z})$ のリャプノフ関数
$$V(x, y, z) = ax^2 + by^2 + cz^2$$
を定めよ．

2 離散系のカオス

　本章では，まず，カオスの定義，分岐現象や二次元カオス，記号力学系を取り上げる．次に，カオスを特徴づける不変測度や諸統計量を述べる．

2.1 カオスの定義

決定論的力学系にみられる不規則でかつ複雑な軌道は**カオス**と総称される．前章で述べたように，三次以上の高次元力学系の振舞いはポアンカレ写像により，二次以下の低次元系のそれに帰着させることができる．カオスを呈する最も簡単な力学系は，一次元差分方程式

$$x_{m+1} = \tau(x_m), \quad x_m \in I, m = 0, 1, \cdots \tag{2.1}$$

で記述される**離散時間の区間力学系**である．ただし，$\tau(\cdot)$ は区間 I から I への**非線形写像（変換）**であり，$x_m = \tau^m(x_0), (m = 0, 1, \cdots)$ と記す．数列 $\{x_m\}_{m=0}^{\infty}$ は乱雑な振舞いを呈する場合があるので，擬似乱数の分野の術語にみならって，x_0 を数列の**種** (seed) と呼ぶ．

カオスの研究は，区間力学系について精力的になされた．区間力学系は，その構造の単純さのため，**カオス（一次元カオス，区間力学系のカオスと呼ばれる）**を呈する特殊な例であるとして，**高次元カオス**を呈する系への一般化としてはふさわしくないと当初考えられていた．しかし，一次元カオスでもその構造や発生機構は非常に複雑であり，ある種の**普遍性**が成立するので，その重要性が再認識されている．

カオスの優れた解説は既に数多くあり[3),12),15)~22)]，今更カオスの紹介をするまでもないが，カオスを専門的に学びたい研究者にとって好適な優れた成書[23)~26)]が最近出版されている．**カオス**という命名は，リー–ヨーク (Li and Yorke, 1975)[27)] によるが，力学系のカオスの定義は，論文や書物により少しずつ異なる．中でも比較的初期のものとして，Oono–Osikawa (1980)[28)] による定義がよく整理されて最も基本的であるので，これをまず紹介しよう．

彼らは，連続写像 $\tau(\cdot)$ の式 (2.1) のカオスの物理的・直観的性質を以下のように列挙した．

(OO1)： $\tau(\cdot)$ は**混合的** (mixing)（定義は後述）である．これは，数列 $\{x_m\}_{m=0}^{\infty}$ の遅れ時間 k の**自己相関関数**

$$\rho(k) = \lim_{N \to \infty} \frac{1}{N} \sum_{k=1}^{N-1} (x_m - \overline{x})(x_{m+d} - \overline{x}) \tag{2.2}$$

が $\lim_{k \to \infty} \rho(k) \to 0$ を満たすこと及び**パワースペクトル**

$$S(\nu) = \sum_{k=-\infty}^{\infty} \rho(k) z^{-k}, \quad z = e^{j2\pi\nu}, \quad 0 < \nu < 1 \tag{2.3}$$

に周期性成分の線スペクトル成分を含まないことなどで定義される．ただし

$$\overline{x} = \lim_{N \to \infty} \frac{1}{N} \sum_{k=1}^{N-1} x_m$$

(OO2): ホモクリニック点 (homoclinic point)（定義は後述）が存在する．

(OO2'): 十分な回数折り畳まれた (folded) 及び引き延ばされた (expanded) 構造を有する軌道が観察される．

(OO3): 任意の長い周期の周期解が存在しかつ自分自身や他の周期解が繰り返される周期解が（非可算）無限個存在する．

(OO4): ベルヌイ系（定義は後述）との自然な対応が存在する．

(OO5): 不変測度 μ と同様，不規則解の複雑度の指標である**コルモゴロフ–シナイ**（Kolmogorov–Sinai, KS と略す）**エントロピー** $h(\mu, \tau)$ は正である（不変測度や KS エントロピーなどは後述）．

彼らは，上記の (OO1)～(OO5) に対する数学的定式化を行った．その結果，(OO1), (OO2), (OO2'), (OO4), (OO5) は互いに等価であり，リー–ヨークが採用したカオスの定義である (OO3) は，これらから導かれるとの結論を得た．更に，(OO4) で定義されるカオスを**形式的カオス** (formal chaos) と呼び，このカオスは一般に**観測可能**ではないことを注意するとともに，以下で定義するような**可観測カオス** (observable chaos) の概念を導入した[28),29)]．

定義 2.1 （可観測カオス）　ルベーグ測度 $m(A) > 0$ となる集合 A が存在し，かつ A の任意の点 x に対し，x を初期値とする解の経験的分布関数

$$\mu(y, x) = \lim_{N \to \infty} \frac{1}{N} \sum_{m=0}^{N-1} \delta(y - \tau^m(x)) \tag{2.4}$$

は x と無関係な不変測度 μ を与え，更に正の KS エントロピーを有するならば，カオスは可観測であると呼ぶ．

彼らは，(OO1)～(OO5) の**多次元系のカオス**へそのまま一般化できない反例を与えた．

次に，他によるカオスの定義を列挙しよう．

Devaney (1986)[15)] による定義は，次の性質で特徴づけられる．

(D1): τ は**初期値に関する鋭敏な依存性** (sensitive dependence on initial conditions)（近接した異なる初期値の解は，時間とともに互いに指数関数的に離れる）を有する．

(D2): τ は "位相的に推移的" である（カオス的系は部分系に分割できない）．（なお，**推移性**は，エルゴート性に対応する測度論での概念である）

(D3): 周期解は区間 I 上で稠密である（(D3) は (OO3) と等価である）．

Ott (1981)[16)] による定義は以下のとおりである．

(O1): τ は初期値に対する鋭敏な依存性を有する．

(O2)： 自己相関関数は遅れ時間の増大とともに0に収束する．

(O3)： 解は非周期的である．

Schuster (1989)[17] による定義は以下のとおりである．

(S1)： 解の時間的振舞いがカオス的である．

(S2)： パワースペクトルに広帯域の雑音成分を含む．

(S3)： 自己相関関数が急速に減衰する．

(S4)： ポアンカレ写像の空間が点で塗りつぶされる．

Berge, Pomeau and Vidal (1984)[18] による定義は単純に

(B)： パワースペクトルが線スペクトルの存否にかかわらず連続スペクトルを含む．

とした．これは応用上簡便な判定法である，

なお，差分方程式の不規則解を**カオス**と命名したリー–ヨークの論文 (1975)[27] "Period three implies chaos" での定義は次節で掲げる．

以上のように，カオスの定義は研究者によりまちまちであるが，理工学の立場からは，雑音によるカオスの**ある種**の**安定性**と密接な関係にある可観測カオスが最も重要であろう．

最後に，高橋陽一郎によるカオスの分類を紹介しよう[21],[29]．

写像 τ のリャプノフ指数，位相エントロピー，コルモゴロフ–シナイエントロピーをおのおの $\lambda(\tau), h_T(\tau), h(\mu;\tau)$ とする（これらの定義は後述の式 (2.16), (2.52), (2.143) 参照）．μ がルベーグ測度に関して絶対連続ならば

$$\lambda(\tau) = h(\mu;\tau) \tag{2.5}$$

が成立する．このとき，カオスは次のように分類され，それは，平衡統計力学におけるギブズ (Gibbs) の変分原理に準じて理解することができる．

$$\left.\begin{array}{l} h_T(\tau) = 0 \cdots \ \textbf{秩序状態} \quad \cdots \textbf{2 のべき乗周期解} \\ h_T(\tau) > 0 \cdots \ \textbf{位相的カオス} \ \cdots \begin{cases} \lambda(\tau) < 0 \cdots \text{窓（潜在的カオス）} \\ \lambda(\tau) \geqq 0 \cdots \text{可観測カオス} \end{cases} \end{array}\right\} \tag{2.6}$$

2.2 分岐と記号力学系

非線形写像の典型例として**ロジスティック (logistic) 写像**を取り上げ，そのパラメータ値による**周期解**の出現・消滅，カオスへ至る過程である**分岐現象**及び**周期解の安定性**や階

2.2 分岐と記号力学系　69

層構造を観察する．次に，乱雑な 2 値系列を生成するベルヌイシフト写像やテント写像の振舞いを考察する．また，非線形写像とベルヌイ写像との**位相共役関係**を与える**同相写像**及びその一般化である**記号力学系**がカオスの理解に不可欠な手段であることを学ぶ．

2.2.1　周 期 倍 加 分 岐

例 2.1　May (1976)[32)] は区間 $I = [0,1]$ から I への写像である，差分方程式

$$x_{m+1} = Q_\nu(x_m) = \nu x_m(1 - x_m), \quad x_m \in (0,1], \quad 0 < \nu \le 4 \tag{2.7}$$

の解を数値実験した．$Q_\nu(\cdot)$ は，**ロジスティック写像**と呼ばれている．任意の初期値 x_0 に対し，x_m の $m \to \infty$ の挙動はパラメータ ν により著しく異なることを以下に示す．

1.4.4 項の議論から明らかなように，写像 $\tau(\cdot)$ に対し

$$\tau^p(x) = \tau \circ \tau^{p-1}(x) = x \tag{2.8}$$

を満たす点 $x = \overline{x}_{p,j} (1 \le j \le p)$ は $\tau(\cdot)$ の **p 周期点**である．p 重写像 $\tau^p(\cdot)$ の微係数（連続力学系でのヤコビ行列のスカラ版）を

$$g(x; \tau^p) = \frac{d\tau^p}{dx}$$

とすると

$$|g(\overline{x}_{p,j}; \tau^p)| < 1 (|g(\overline{x}_{p,j}; \tau^p)| > 1) \text{ のとき，} \overline{x}_{p,j} (i \le j \le p) \text{ は安定 (不安定)} \tag{2.9}$$

となる．

パラメータ ν を含む写像 $\tau_\nu(\cdot)$ は，$|g(\overline{x}_{p,j}; \tau_\nu^p)| = 1$ を満たす**分岐点** ν で大別できる．

① $g(\overline{x}_{p,j}; \tau_\nu^p) = 1$ の場合（**接線** (tangent) **分岐**と呼ばれる）

② $g(\overline{x}_{p,j}; \tau_\nu^p) = -1$ の場合（**熊手型** (pitchfork) **分岐**または**周期倍加** (period–doubling) **分岐**と呼ばれる．図 **2.1** 参照）

$\nu > 0$ のとき，二つの 1 周期点 $\overline{x}_{1,0} = 0, \overline{x}_{1,1} = 1 - 1/\nu$ は $g(x; Q_\nu) = \nu(1 - 2x)$ より，まず

① $0 < \nu \le \nu_0 = 1$ のとき，安定な 1 周期点 $\overline{x}_{1,0}$ へ単調減少

② $\nu_0 \le \nu \le \nu_1 = 3$ のとき，安定な 1 周期点 $\overline{x}_{1,1}$ へ収束

次に，$\nu > 3$ では不動点 $\overline{x}_{1,1}$ が**不安定化**し，$Q_\nu^2(\cdot) \stackrel{\text{def}}{=} Q_\nu \circ Q_\nu(\cdot)$ の不動点の四次方程式

$$-\nu^3 x^4 + 2\nu^3 x^3 - (\nu^2 + \nu^3)x^2 + \nu^2 x = x \tag{2.10}$$

の解，すなわち 2 周期点 $\overline{x}_{2,1}, \overline{x}_{2,2}$ が生まれる．$\overline{x}_{1,0}, \overline{x}_{1,1}$ もこの解であるので

$$x^2 - \frac{\nu + 1}{\nu}x + \frac{\nu + 1}{\nu^2} = 0 \tag{2.11}$$

の解として

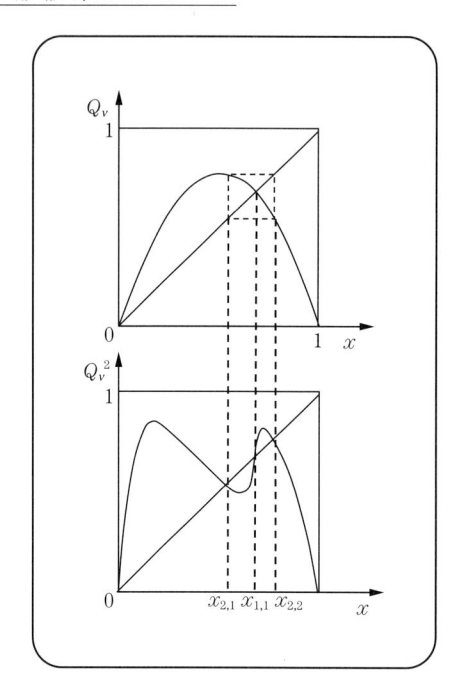

図 2.1　熊手型分岐の説明図

$$\overline{x}_{2,1} = \frac{1}{2\nu} \cdot (\nu + 1 - \sqrt{\nu^2 - 2\nu - 3})$$
$$\overline{x}_{2,2} = \frac{1}{2\nu} \cdot (\nu + 1 + \sqrt{\nu^2 - 2\nu - 3}) \tag{2.12}$$

が得られる．**微分連鎖則** (chain rule) より

$$\frac{d\tau^p(\overline{x}_{p,j})}{dx} = \prod_{i=1}^{p} \frac{d\tau(\overline{x}_{p,i})}{dx}, \quad 1 \leq j \leq p \tag{2.13}$$

であるので，分岐点は

$$g(\overline{x}_{2,j}; \tau_\nu^2) = -1, (j=1,2), \qquad g(\overline{x}_{2,j}; \tau_\nu^2) = 1, (j=1,2) \tag{2.14}$$

の解として，おのおの $\nu_1 = 3, \nu_2 = 1 + \sqrt{6}$ が得られる．したがって

②-2　$\nu_1 < \nu \leq \nu_2$ のとき，安定な 2 周期点 $\overline{x}_{2,i}(i=1,2)$ に収束する

ことがわかる．$\nu > \nu_2$ に対して $\overline{x}_{2,1}, \overline{x}_{2,2}$ が同時に不安定化して 4 周期解 $\overline{x}_{4,j}, (1 \leq j \leq 4)$ が生じる．$\overline{x}_{4,j}, (1 \leq j \leq 4)$ は，16 次方程式 $Q_\nu^4(x) - x = 0$ の解であるが，その自明な解 $\overline{x}_{1,0}, \overline{x}_{1,1}, \overline{x}_{2,1}, \overline{x}_{2,2}$ で割っても 12 次方程式であるので，陽な求解は困難である．同様に，$g(\overline{x}_{2^{n-1},j}; Q_\nu^{2^{n-1}}) = -1$ となる $\nu = \nu_n$ では，安定な 2^{n-1} 周期点 $\overline{x}_{2^{n-1},j}, (1 \leq j \leq 2^{n-1})$ が一斉に不安定となり，同時に安定な 2^n 周期点 $\overline{x}_{2^n,j}(1 \leq j \leq 2^n)$ が新たに生じるので，

②-n　$\nu_n < \nu \leq \nu_{n+1}$ のとき，安定な $\overline{x}_{2^n,i}(1 \leq i \leq 2^n)$ に収束する

ことがわかる．これらの分岐は**周期倍加** (period–doubling) **分岐**である．図 **2.2** は，$\nu_1 = 3$ 近傍での不動点から 2 周期解が生じる状況を示したものである．なお，実線（破線）は，安定な（不安定な）周期点を表す．図 **2.3** は，$\nu \in [2.9, 4]$ の分岐図である（2.9 から 4 までの約

2.2 分岐と記号力学系

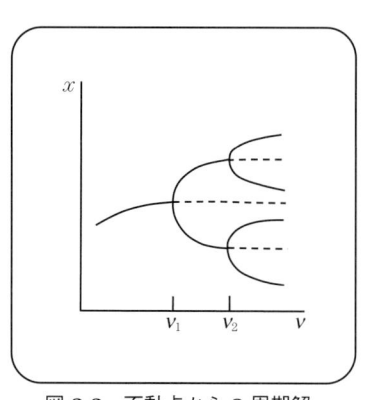

図 2.2 不動点から 2 周期解が生じる状況

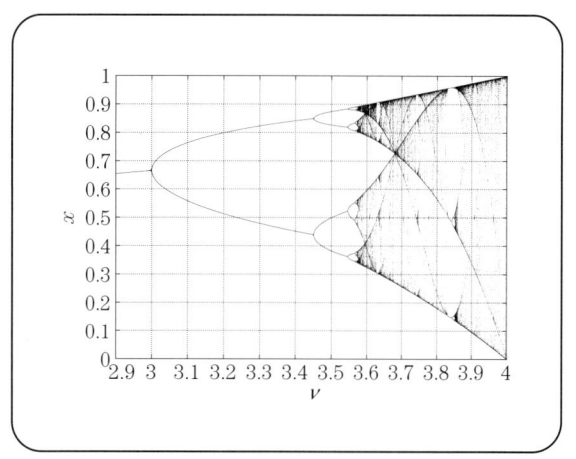

図 2.3 ロジスティック写像の分岐図

200 個の異なる各 ν に対して，初期値を 0.5 に取り，500 単位時間の過渡状態経過後の 500 単位時間の解の軌道を示した）．図 2.4 はその概念図である．

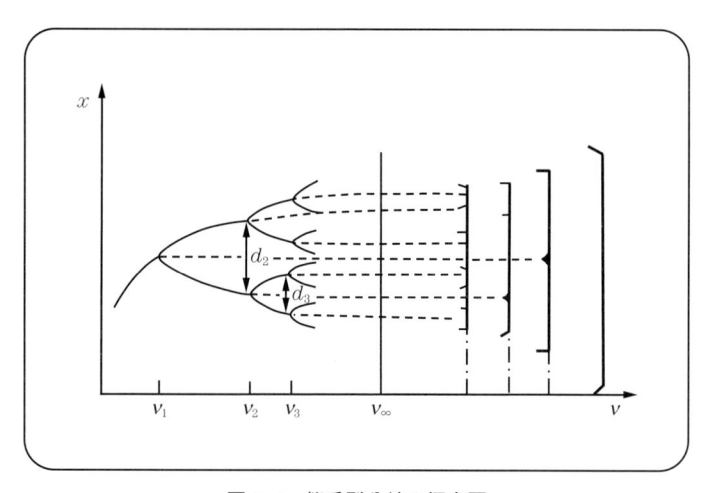

図 2.4 熊手型分岐の概念図

図 2.4 の左半分（同図の右半分については後述）のように，分岐点 ν_n におけるある周期点と他のそれとの差を d_n とする $(n \geq 2)$．分岐点 ν_n や距離 d_n は，n が十分大きいとき

$$\frac{\nu_n - \nu_{n-1}}{\nu_{n+1} - \nu_n} \simeq \delta, \quad \delta = 4.669\,201 \cdots$$

$$\frac{d_n}{d_{n+1}} \simeq \alpha, \quad \alpha = 2.502\,907 \cdots \tag{2.15}$$

を満たすことが知られている[33),34)]．周期倍加分岐や上の関係式は写像 $\tau(\cdot)$ の取り方に関係なく**普遍的に**成立する．δ や α は**ファイゲンバウム (Feigenbaum) 定数**と呼ばれている．すなわち，図から明らかなように，2^n 周期の分岐図を ν 方向に δ^{-1} 倍，x 方向に α^{-1} 倍相似

的に縮小すると 2^{n+1} 周期の分岐図とほぼ一致し，分岐図には**階層構造**が存在する．分岐が無限回続いた点は $\{\nu_n\}$ の集積点 $\nu_\infty = 3.569\,945\cdots$ で与えられる．この点では**無限個の周期点**が存在する．

ν が ν_∞ を過ぎると，**カオス挙動**が始まる．$1 < \nu < \nu_\infty$, $\nu_\infty < \nu \leq 4$ を満たす ν の領域は，おのおの**分岐領域**（または **2 のべき乗周期領域**），**カオス領域**と呼ばれる．近接した 2 点から出発した二つの軌道の時刻 $n \to \infty$ でのかい離度，**リャプノフ指数** (Lyapunov number)

$$\lambda(\tau) = \lim_{N \to \infty} \frac{1}{N} \cdot \log \left| \frac{d\tau^N(x_0)}{dx} \right| = \lim_{N \to \infty} \frac{1}{N} \cdot \sum_{i=0}^{N-1} \log |\tau'(x_i)| \tag{2.16}$$

はカオスを特徴づける重要な量の一つであり，これにより上記両領域は以下のように，簡単に特徴づけられる[13),17)]．

① $\nu < \nu_\infty$ の分岐領域では，$\lambda(\tau) < 0$

② $\nu > \nu_\infty$ のカオス領域では，ほとんどの ν に対し $\lambda(\tau) > 0$, 次の二つのいずれかの場合に分けられる．

(a) 周期点が存在し，$\lambda(\tau) < 0$

(b) 非周期的ではあるが有界な軌道を与える初期値 x_0 が非可算個存在し，$\lambda(\tau) > 0$

しかもこれらは，ν の値に非常に鋭敏に生じ，両者の場合が複雑に入り交じるので，与えられた ν に対し数値実験でいずれの場合であるかを区別するのは容易ではない．**図 2.5** では，カオス領域の $\nu = 3.83$ 付近で 3 周期点がはっきり読み取れる．安定な周期 p 点を与えるパラメータ領域は**周期 p の窓** (period–p window) と呼ばれている．周期 p の窓は $g(\overline{x}_{p,i}, Q_\nu^p) = 1$ となる値（$p = 3$ のとき，$\nu = 1 + \sqrt{8}$）に対して生じる**接線** (tangent) **分岐**により発生する（その名称の由来は，**図 2.6** に示すように，$Q_\nu^3(\cdot)$ が対角線と接することにより，3 周期解が生まれることにある．なお，$\nu = 1 + \sqrt{8}$ は，3 周期解 $\overline{x}_{3,j}\ (1 \leq j \leq 3)$ がいずれも条件式

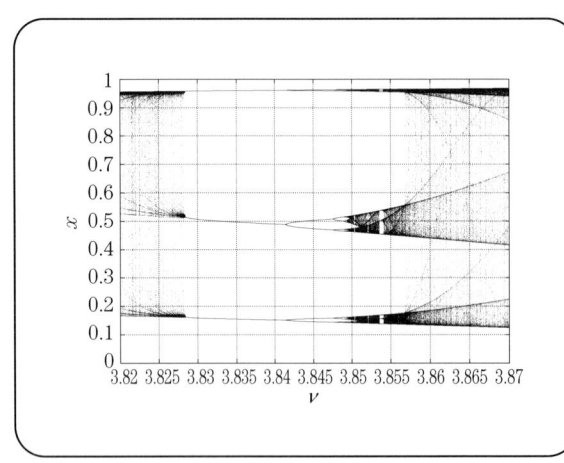

図 2.5　3 周期点の分岐図の拡大図

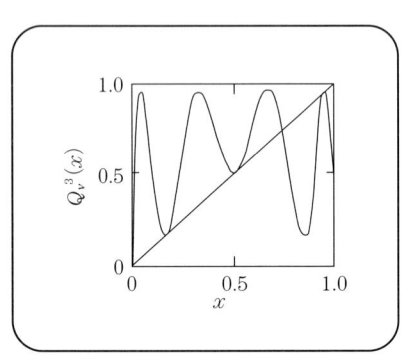

図 2.6　接線分岐の説明図

2.2 分岐と記号力学系

$Q_\nu^3(x) = x$ の重根であることから得られる).

また，分岐領域で見られた周期倍加分岐現象は，カオス領域での安定な周期 p 点から出発しても生じ，同様な階層構造が見られる．図 2.5 は 3 周期解の生じる ν 付近の分岐図である．パラメータの変化とともに，p, $p \cdot 2$, $p \cdot 2^2$ 周期が出現しその分岐点の ν 値に関しても式 (2.15) と同じ定数 δ が存在する．カオス領域における分岐の様子は非常に複雑であるので，数値計算でその構造を完全に確認するのは容易でない．しかし，周期解の階層構造やカオスへの分岐の理解には，以下に述べる**記号力学系**は強力な武器となる[3),17),19)]．記号力学系を紹介する前に，その基礎となる二つの最も簡単な離散力学系を観察しよう． ■

2.2.2 ベルヌイシフト写像とコイン投げ

例 2.2 まず，一次元カオスを呈する最も簡単で有名な**ベルヌイシフト写像** (Bernoulli shift)，**2 進展開写像** (dyadic map) (図 **2.7** (a) 参照)

$$\tau_B(x) = 2x \bmod 1 = \begin{cases} 2x, & 0 \leq x \leq \dfrac{1}{2} \\ 2x - 1, & \dfrac{1}{2} < x < 1 \end{cases} \tag{2.17}$$

を考えよう．

(a) ベルヌイシフト写像　　(b) テント写像

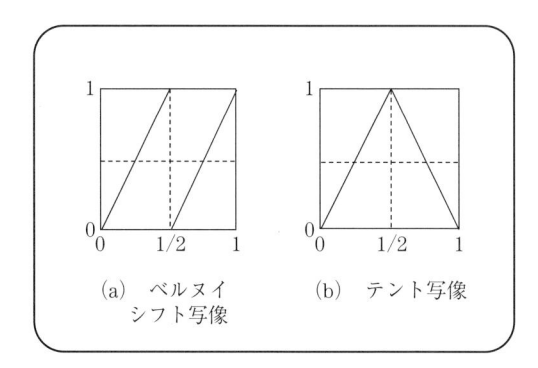

図 2.7　ベルヌイシフト写像とテント写像

x を 2 進展開

$$x = 0.b_1 b_2 b_3 \cdots, \quad b_i \in \{0, 1\}, \quad i = 1, 2, \cdots \tag{2.18}$$

するとしよう．なお，$x = j/2^k$ となる整数 j, k が存在するような **2 進有理小数** x の場合，展開の項数は有限個であるが，そのような j, k が存在しない場合，展開項数は無限となり，有理数 x の場合，循環小数となり，一方，無理数 x の場合，循環しない無限小数である．ただし，$(0.11)_2, (0.101)_2$ のような有限小数の場合でもそれぞれ無限小数表現

$$(0.11)_2 = (0.10111\cdots)_2, \quad (0.101)_2 = (0.100111\cdots)_2 \tag{2.19}$$

が可能であるが，ここでは，左辺の有限小数の表式を採用することとする．

明らかなように，$\tau_B(x)$ の 2 進展開は

$$\tau_B(x) = 0.b_2 b_3 b_4 \cdots b_i \in \{0,1\}, \quad i = 2,3,\cdots \tag{2.20}$$

であるので，$\tau_B(x)$ は x の 2 進展開の左 1 ビットシフトに対応する． ■

定義 2.2（シフト写像） Σ_2 を 2 値の無限系列からなる集合とする．左 1 ビットシフトを表す 2 値系列 $\boldsymbol{b} = \{b_i\}_{i=1}^{\infty} \in \Sigma_2$ 上の作用素 $\sigma(\cdot)$

$$\sigma(\boldsymbol{b}) = (b_2 b_3 \cdots) \in \Sigma_2, \quad \boldsymbol{b} = (b_1 b_2 b_3 \cdots) \in \Sigma_2 \tag{2.21}$$

は，シフト写像と呼ばれる．

例 2.3 なお，ベルヌイ写像とともに有名な**テント写像**（図 2.7(b) 参照）

$$\tau_T(x) = \begin{cases} 2x, & 0 \leq x < \dfrac{1}{2} \\ 2-2x, & \dfrac{1}{2} < x < 1 \end{cases} \tag{2.22}$$

に対して，2 値系列 $\{a_k\}_{k=1}^{\infty}$ を

$$a_k = \begin{cases} 0, & T^k(x) < \dfrac{1}{2} \\ 1, & T^k(x) > \dfrac{1}{2} \end{cases} \tag{2.23}$$

と対応させるとすると，初期値 $x = 0.b_1 b_2 b_3 \cdots$ と

$$a_1 = b_1, \quad a_k = b_k + b_{k+1} \bmod 2 \tag{2.24}$$

の関係が成立することが知られている． ■

例 2.4（例 2.1 の続き） ウラム–ノイマン (Ulam–Neumann, 1947)[35] は，$\nu = 4$ のロジスティック写像と呼ばれる二次の写像

$$L(x) = Q_4(x) = 4x(1-x) \tag{2.25}$$

が図 **2.8**，図 **2.9** に示すようにテント写像と**同相写像**

$$h(x) = \frac{2}{\pi} \cdot \sin^{-1} x \tag{2.26}$$

を通して**位相同型**の関係にあるので，解の振舞いが乱雑であることを明らかにするとともに，区間上の解の出現頻度である**不変測度**（定義は後述）$\mu(dx)$ は

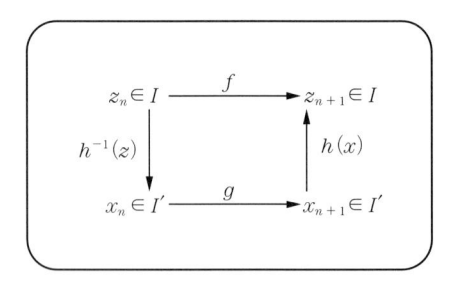

図 **2.8** 位相同型の関係

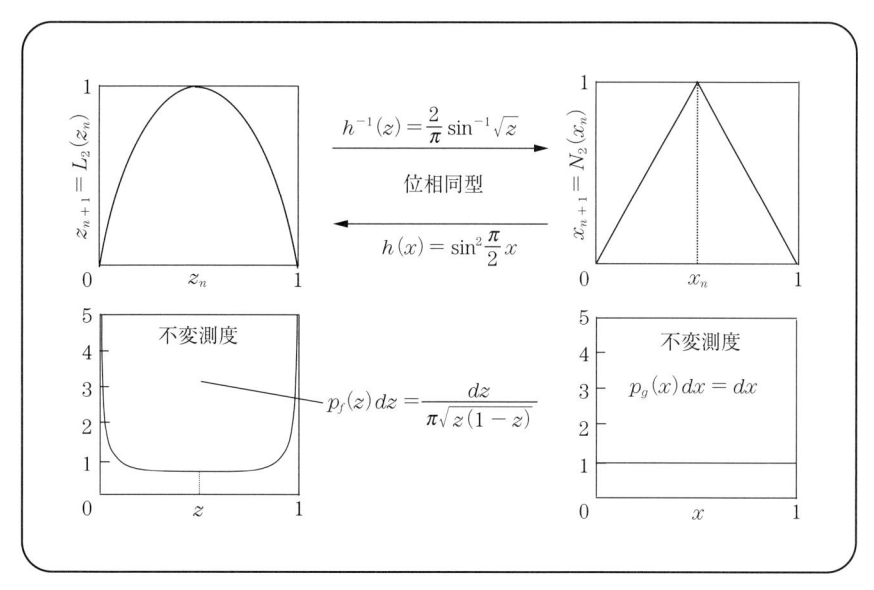

図 2.9 テント写像とロジスティック写像の位相同型の関係

$$\mu(dx) = f^*(x)dx = \frac{dx}{\pi\sqrt{x(1-x)}} \tag{2.27}$$

で与えられ，テント写像のそれと異なり，一様分布でないことを明らかにした．なお，位相同型の定義は以下で与えられる． ∎

定義 2.3（位相同型） 写像 f と g とが位相同型（または位相共役関係）とは図 2.8 に示すように

$$f = h \circ g \circ h^{-1} \tag{2.28}$$

を満足する 1 対 1 写像

$$z_n = h(x_n), \quad n = 0, 1, \cdots \tag{2.29}$$

が存在することである[36]．なお，写像

$$z_{n+1} = f(z_n), \quad z_n \in I, \, x_{n+1} = g(x_n), \quad x_n \in I', \quad n = 0, 1, \cdots \tag{2.30}$$

の不変測度をおのおの $p_f(z)\,dz$, $p_g(x)\,dx$ とすれば，**確率保存則**

$$p_f(z)\,dz = p_g(x)\,dx \tag{2.31}$$

から

$$p_f(z) = p_g(h^{-1}(z)) \cdot \left|\frac{d\,h^{-1}(z)}{d\,z}\right| = \frac{p_g(h^{-1}(z))}{|h'(h^{-1}(z))|} \tag{2.32}$$

が成立する．ただし，上式では次式に示す逆関数の微分公式を用いた．

$$(h^{-1})'(x) = \frac{1}{h'(h^{-1}(x))} \tag{2.33}$$

ベルヌイシフト写像 $B(\cdot)$, テント写像 $T(\cdot)$, 二次の非線形写像 $Q_4(\cdot)$ などの定義式から明らかなように, これらの写像にはカオスを生じさせるために必要な二つの基本操作である**引き延ばし** (stretching) と**折り畳み** (folding) の機構の存在が読み取れる[3),17),18)]. ベルヌイシフト写像は, 以下の性質を有するので[17)], 最も乱雑な系列を生成し得る写像であると考えられ, この場合の解を**真にカオス的**あるいは **pure chaos**[3),18),36)] と呼ぶにふさわしい.

[ベルヌイシフト写像の性質]

① $0,1$ をコインの表, 裏に対応させるとすると, 典型的な**ランダムな過程（確率現象）**であるコイン投げの試行 $\{b_k\}_{k=1}^\infty$ が, それと 1 対 1 に対応する点 $x = 0.b_1 b_2 \cdots \in I$ に対する決定論的規則（ここでは式 (2.17)）による軌道と $1/2$ との大小比較で模擬できることを意味している. すなわち, 2値系列 $\{b_k\}_{k=1}^\infty$ は

$$b_k = \begin{cases} 0, & B^k(x) < \dfrac{1}{2} \\ 1, & B^k(x) > \dfrac{1}{2} \end{cases} \tag{2.34}$$

この意味で 2 値系列 $\{b_k\}_{k=0}^\infty$ は無限回の**公平なコイン投げ**, すなわち, **公平なベルヌイ試行** (Bernoulli trial) $B_2(1/2, 1/2)$ と等価である[7)]. なお, 独立な q 値記号列 $\{s_k\}_{k=0}^\infty, (s_k \in \{0, 1, \cdots, q-1\})$ を生成する力学系はしばしば

$$B_q(p_1, p_2, \cdots, p_q), \quad \sum_{i=1}^q p_i = 1 \tag{2.35}$$

と略記され, これは**ベルヌイ系** (Bernoulli system) と呼ばれる[37)].

② 写像 $B(\cdot)$ は, カオスの基本的特徴である**軌道不安定性**を有する. すなわち, おのおのの 2 進展開の第 n ビットまで等しいが第 $(n+1)$ ビットで初めて相異なる二つの実数値 y_0, z_0 に対し, $\{B^i(y_0)\}_{i=n+1}^\infty$ と $\{B^i(z_0)\}_{i=n+1}^\infty$ とは, 相異なる振舞いを示す.

③ $B(\cdot)$ は, エルゴード性が成立する**決定論的系**の典型例である. すなわち, y_0 と第 n ビットまで相等しい無理数 z_0 を初期値とする解 $\{B^i(z_0)\}_{i=0}^\infty$ は, y_0 近傍を無限回訪れ, そのような z_0 は無限個存在する.

このように, あるクラスの写像の軌道はランダムな過程と関係づけることができる. これの一般化が, 次節の**記号力学系** (symbolic dynamics) である.

2.2.3　記号力学系

例 2.5（例 2.1 の続き）　二次の非線形連続写像

$$Q_\nu(x) = \nu x(1-x), \quad x \in I = [0,1] \tag{2.36}$$

に対し $\nu > 2 + \sqrt{5}$ の場合の解の振舞いが Feigenbaum (1978)[33)] により詳細に調べられてい

2.2 分岐と記号力学系

る（なお，$\nu > 2 + \sqrt{5}$ は，$x \in I \cap Q_\nu^{-1}(I)$ に対して $|Q'_\nu(x)| > \lambda$ となる $\lambda > 1$ が存在する条件である）．ほとんどあらゆる初期値 $x \in I$ に対して軌道は，I から消失し，$-\infty$ へと発散してしまうが，I の点の中には写像を施しても I に留まるような**不変な点の集合** Λ が存在する．この不変集合 Λ は**記号力学系**を用いることにより，以下のように記述できる．

2 値変数 $s_k \in \{0, 1\}$ を

$$s_k = 0, x_k \in I_0, \text{または } 1, \quad x_k \in I_1 \tag{2.37}$$

で定義する．ただし，I_0, I_1 は，図 **2.10** のように，$I \cap Q_\nu^{-1}(I)$ の二つの閉区間である．

$$I_0 = \left[0, \frac{1}{2} \cdot \left(1 - \sqrt{1 - \frac{4}{\nu}}\right)\right], \quad I_1 = \left[\frac{1}{2} \cdot \left(1 + \sqrt{1 - \frac{4}{\nu}}\right), 1\right] \tag{2.38}$$

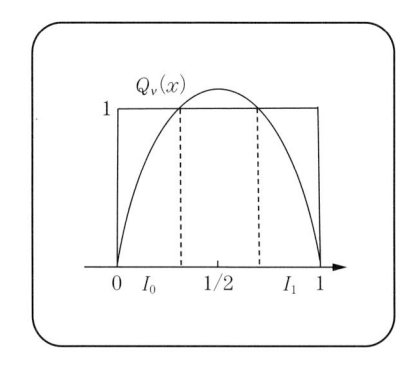

図 **2.10** 写像 $Q_\nu(\cdot)$ と区間 $I \cap Q_\nu^{-1}(I)$ の二つの閉区間 I_0, I_1

x の**旅程** (itinerary) と呼ばれる 2 値系列 $S(x) = \{s_k\}_{k=0}^{\infty}$ に対して，長さ $n+1$ の記号列 $s_0 s_1 \cdots s_n$ を生成する初期値 x の集合

$$I_{s_0 s_1 \cdots s_n} = \{x \in I | x \in I_{s_0}, Q_\nu(x) \in I_{s_1}, \cdots, Q_\nu^n(x) \in I_{s_n}\} \tag{2.39}$$

$$= I_{s_0} \cap Q_\nu^{-1}(I_{s_1}) \cap \cdots \cap Q_\nu^{-n}(I_{s_n}) \tag{2.40}$$

を定義しよう．

これは，$n+1$ 次の**シリンダ**（cylinder）と呼ばれる．これが，$n \to \infty$ とともに，**入れ子構造**を有する非空集合であることを示そう．まず

$$I_{s_0 s_1 \cdots s_n} = I_{s_0} \cap Q_\nu^{-1}(I_{s_1 s_2 \cdots s_n}) \tag{2.41}$$

であるので，帰納法より，これは非空集合であると仮定してよい．$Q_\nu^{-1}(I_{s_1 s_2 \cdots s_n})$ は，二つの閉区間（一方は I_0 内に，他方は I_1 内にある）からなるので，$I_{s_0 s_1 \cdots s_n}$ は単一の閉区間からなる非空集合である．しかも

$$I_{s_0 s_1 \cdots s_n} = I_{s_0 s_1 s_2 \cdots s_{n-1}} \cap Q_\nu^{-n}(I_{s_n}) \subset I_{s_0 s_1 s_2 \cdots s_{n-1}} \tag{2.42}$$

が成立するので，$\bigcap_{n \geq 0} I_{s_0 s_1 \cdots s_n}$ は入れ子構造を有する．$x \in \bigcap_{n \geq 0} I_{s_0 s_1 \cdots s_n}$ であれば，$x \in I_{s_0}, Q_\nu(x) \in I_{s_1}, \cdots, Q_\nu(x)^n \in I_{s_n}, \cdots$ が成立する．ゆえに

2. 離散系のカオス

$$\Lambda = \bigcap_{n\geq 0}^{\infty} I_{s_0 s_1 \cdots s_n} \tag{2.43}$$

中の異なる 2 点 $x, y \in \Lambda$ は，異なる 2 値系列 $S(x), S(y) \in \Sigma_2$ を与えるので，$S(\cdot) : \Lambda \to \Sigma_2$ は，1 対 1 の上への (onto) 写像である．更に，$x \in \Lambda, S(x) = s_0 s_1 \cdots s_n \cdots$ とするとき，与えられた $\varepsilon > 0$ と $1/2^n < \varepsilon$ を満たす n とに対して，$|x-y| < \delta$ なる $y \in \Lambda$ が $S(\cdot)$ のある距離 $d[S(x), S(y)] < \varepsilon$ を満たすように ($S(y) = t_0 t_1 \cdots t_n \cdots$ とするとき，$t_i = s_i, 0 \leq i \leq n$)，$\delta$ を選ぶことができることから，写像 $S(\cdot)$ の連続性がいえる．以上により $S(\cdot)$ が**同相写像**であることは明らかである．すなわち，より具体的には，$Q_\nu(I_{s_0}) = I$ より

$$I_{s_1 s_2 \cdots s_n} = I_{s_1} \cap Q_\nu^{-1}(I_{s_2}) \cap \cdots \cap Q_\nu^{-n+1}(I_{s_n}) \tag{2.44}$$

から $Q_\nu(I_{s_0 s_1 \cdots s_n}) = I_{s_1 s_2 \cdots s_n}$ となるので

$$S(Q_\nu(x \in \Lambda)) = S(x \in \bigcap_{n=1}^{\infty} I_{s_1 \cdots s_n}) = \sigma \circ S(x \in \Lambda) \tag{2.45}$$

が成立するので，$S(\cdot)$ は

$$S \circ Q_\nu|_\Lambda = \sigma \circ S \tag{2.46}$$

を満たす同相写像であるので，記号力学系 $S(\cdot)$ は非線形写像 $Q_\nu(\cdot)$ とシフト写像 $\sigma(\cdot)$ との位相共役関係を与える**同相写像**である．この関係を図 **2.11** に示す．

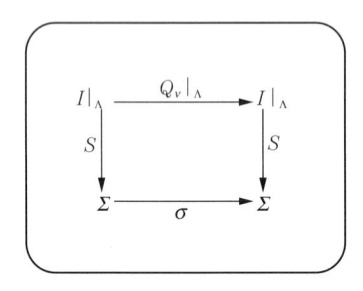

図 **2.11** 同相写像 $S(\cdot)$ を通じた，$Q_\nu(\cdot)$ とシフト写像 $\sigma(\cdot)$ との間の位相同型の関係

次に，$I = [a,b] \to I$ の写像 $\tau(x)$ が $\tau(a) = \tau(b) = 0$ でかつ $\tau'(c) = 0$ を満たす**臨界点** c が唯一である，**単峰写像** (unimodal map) $\tau(\cdot)$ を考察しよう．単峰写像 $\tau(\cdot)$ の記号力学系を

$$s_k = L, \tau^k(x) < c \text{ のとき，または } C, \tau^k(x) = c \text{ のとき，または } R, \tau^k(x) > c \text{ のとき} \tag{2.47}$$

で定義すると，$\tau(c)$ の旅程である $S(\tau(c)) = \{s_k\}_{k=0}^{\infty}$（**ニーデイング系列** (kneading sequence) と呼ぶ）は，$\tau^k(x)$ による記号列のすべてを決定できる．ニーデイング系列は，周期解の共存を知るうえで重要な役割を果たす．しかしながら，周期共存に関しては，より一般的な写像に対する次のシャルコフスキー (Sharkovski) の定理 (1964)[12),38)] が最も基本的である．

定理 2.1（シャルコフスキーの周期共存定理）

すべての正整数に対し，シャルコフスキーの順序

$$\begin{aligned}
&3 \to 5 \to 7 \to 9 \to 11 \to \cdots \quad (奇数 \geq 3) \\
&\to 2\cdot 3 \to 2\cdot 5 \to 2\cdot 7 \to \cdots \quad (奇数 \times 2) \\
&\to \cdots\cdots\cdots\cdots \\
&\to \cdots\cdots\cdots\cdots \\
&\to 2^m\cdot 3 \to 2^m\cdot 5 \to 2^m\cdot 7 \to \cdots \quad (奇数 \times 2^n) \\
&\to \cdots\cdots\cdots\cdots \\
&\to \cdots\cdots\cdots\cdots \\
&\to 2^m \to \cdots \to 16 \to 8 \to 4 \to 2 \to 1 \quad (2^n)
\end{aligned} \qquad (2.48)$$

を導入するとする．IからIへの連続な写像$\tau(\cdot)$がp周期点をもてば$p \to r$なるrに対し，r周期点ももつ．

[**注意 2.1**] 定理 2.1 は，あるパラメータ値に固定した場合の結果であるから，周期点の安定性や周期点が存在するパラメータ値の範囲については何も主張していない．

上記定理より以下のことがいえる．

S1) 写像$\tau(\cdot)$が2のべき乗でない周期点があれば，$\tau(\cdot)$は，必ず無限個の周期点を有する．逆に，$\tau(\cdot)$が有限個の周期解しかなければ，それらは，すべて周期倍加分岐で得られる2のべき乗周期解である．周期倍加分岐の繰返し構造は，最初 Feigenbaum (1978)[33] により観察され，後に Collet, et al. (1980)[39] 及び Lanford (1982)[40] により証明された．周期倍加分岐の繰返しを経てカオスに至る経過（しばしば，**カオスへのシナリオ**と呼ばれる）はさまざまなシステムで観察される**普遍的性質**である．カオスに至る他のシナリオは，**間欠性カオス** (intermittency) を含むものであり，Pomeau–Manneville (1980)[41] により観察された．間欠性カオスには，三種類のタイプ I, II, III が知られている．

S2) 周期3はシャルコフスキー順序での最大周期であるので，$\tau(\cdot)$が3周期点をもてば，すべての整数kに対しk周期点をもつ．この状況を説明したのが，リー–ヨーク (1975) の有名な論文[27] "Period three implies chaos" 中の以下の定理である．

定理 2.2 (リー–ヨークの定理)

区間Iに対し，τをIをそれ自身へ写す連続写像とする．（拡張された）**3周期条件**

$$\tau^3(a) \leq a < \tau(a) < \tau^2(a), \text{ または } \tau^3(a) \geq a > \tau(a) > \tau^2(a) \qquad (2.49)$$

を満たす点aが存在すれば

LY1：すべての正整数kに対しIにはk周期点が存在する．

LY2：$S \subset I$なる非可算集合（Sは**かくはん集合** (scrambled set) と呼ばれる）が存在し，Sはいかなる周期点を含まず，以下の二つの条件を満たす．

LY2A：すべての $x, y \in S (x \neq y)$ に対し

$$\lim_{n \to \infty} \sup |\tau^n(x) - \tau^n(y)| > 0, \quad \lim_{n \to \infty} \inf |\tau^n(x) - \tau^n(y)| = 0 \tag{2.50}$$

LY2B：任意の要素 $x \in S$ 及び任意の周期点 $y \in I$ に対し

$$\lim_{n \to \infty} \sup |\tau^n(x) - \tau^n(y)| > 0. \tag{2.51}$$

(LY2A) は x を初期値とする解と y を初期値とする解とは，互いに漸近しないが，途中ではいくらでも近づきうることを，(LY2B) は x を初期値とする任意の解はいずれの周期軌道にも漸近しないことを意味するので，これらをリー–ヨークは**カオス** (chaos) と呼んだ．

[**注意 2.2**] 上の定理は，無数の周期点の存在を主張し，その安定性を意味していないので，このカオスは**形式的カオス** (formal chaos)[28),29)] あるいは**位相的カオス** (topological chaos)[21)]と呼ばれている．後者の名称は，**位相的エントロピー** (topological entropy) $h_T(\tau)$ が正であることで定義される．$h_T(\tau)$ は，2.5 節でその定義は与えるが，一次元写像の場合，$\tau^n(x)$ のグラフが単調性を示す部分区間の数 M_n の増大率

$$h_T(\tau) = \lim_{n \to \infty} \frac{1}{n} \log M_n \tag{2.52}$$

で定義される．ロジスティック写像の場合

$$h_T(\tau) > 0 \, (a > a_\infty \text{のとき}), \quad h_T(\tau) = 0 \, (a < a_\infty \text{のとき}) \tag{2.53}$$

[**注意 2.3**] 式 (2.49) の判定法は極めて簡単ではあるが，前節で議論したように，カオスの形式的存在である性質 (OO3) を述べているにすぎず，カオスの観測可能性を何ら保証するものではない．実際，最近上記の [LY2] のかくはん集合 S のルベーグ測度 $m(S)$ が零であることが馬場良和，高橋陽一郎，久保泉により明らかにされて以来[21),30)]，リー–ヨークの定理の物理的意義に疑問が持たれている．更に，命題 "Period three implies chaos" 自体もその発表以前に，シャルコフスキー (1964) の周期共存定理（定理 2.1 参照）があるので，数学的にも新規性がない．

安定な周期解の存在やその個数に関しては，以下の定理がある．

定理 2.3 （シンガー (Singer) の定理[31)]）

$\tau(\cdot)$ は，区間 I からそれ自身への C^3 写像であるとする．$\tau'(x) \neq 0$ の x （臨界点 c 以外のすべての x）に対して，以下の式で定義される**シュワルツ** (Schwartz) **微分**

$$SD(x; \tau) = \frac{\tau^{(3)}(x)}{\tau^{(1)}(x)} - \frac{3}{2} \cdot \left(\frac{\tau^{(2)}(x)}{\tau^{(1)}(x)} \right)^2 \tag{2.54}$$

が負であるとする．τ が n 個の臨界点 c を有するとすると，$\tau(x)$ はたかだか $n+2$ 個の安定な周期軌道しか有しない．ただし，$\tau^{(k)}(x)$ は $\tau(x)$ の k 階微分を表す．

（シンガーの定理の系） 二次の非線形写像のロジスティック写像 $Q_\nu(\cdot)$ は，臨界点が唯一の単峰写像であるので，安定な周期軌道は高々一つしかない．

数値実験によると，$\tau(\cdot)$ に対しては，少なくとも以下の三種類の異なる振舞いの観測が報告されている[3),19)]．

① I のほとんどすべての点をひきつける一つの安定な周期解がある．これが**窓** (window) と呼ばれる状態に対応しており，リャプノフ指数は正とはならない．なお，接線分岐で生じた奇数の p 周期（$p \geq 3$）の窓を与えるパラメータ付近では，間欠性カオスが生じ得る[18)]．

② 安定な周期解は存在しないが，ほとんどすべての初期値に対して，軌道に関する経験分布はほぼ相等しい．しかし，初期値鋭敏性を有しない．この場合は，**エルゴード的** (ergodic) ではあるが，混合的ではない．アトラクタは，**カントール集合的** (Cantor set) となり，初期値鋭敏性や正のリャプノフ指数を有しない．

③ ある典型的軌道があって，**完全に乱雑な** (completely random)（または**真にカオス的** (truly chaotic)）でしかも初期値鋭敏性を意味する正のリャプノフ数を有する．この場合は混合的 (mixing) となる．アトラクタは閉区間の和集合で表される．

アトラクタが複数個 (2のべき乗個) の閉区間に分割されている状態は**周期的カオス** (periodic chaos)，**島** (island)[20)] や**揺らぎのあるリミットサイクル** (noisy limit cyle)[17)] と呼ばれる．この場合，解はそれぞれの閉区間（島にあたる）を周期的に訪れるが，閉区間の中では，非周期的に振る舞う．この場合のカオスは，**エルゴード的** (ergodic) ではあるが，**混合的**ではない．図の右半分にみられるように，ν を増加させると，二つずつが対となり，島が融合する[17)]．これは，**バンド倍化現象** (band splitting) や**逆分岐** (inverted bifurcation) と呼ばれる[17),18),20)]．この倍化現象は $\nu = 4$ でそのアトラクタが全区間 I そのものとなり終了する．この場合のカオスは混合的である．この状況が前述のリー–ヨークの定理に相当する．

2.3 二次元のカオス

本節では，二次元非線形差分方程式でみられるカオスについて考察するとともに，カオス軌道を特徴づけるための**記号力学系**の有用性を学ぶ．

2.3.1 エノン写像

R^n をそれ自身へ写す写像 $G(\cdot)$ で記述される離散力学系は

$$\boldsymbol{x}_{m+1} = G(\boldsymbol{x}_m), \quad \boldsymbol{x}_m \in R^n, \quad m = 0, 1, \cdots \tag{2.55}$$

ただし，$\boldsymbol{x}_m = (x_{m1}, x_{m2}, \cdots, x_{mn})^T$ は n 次元ベクトル，$G(\cdot)$ は n 次元ベクトル関数 $G(\boldsymbol{x}) = (g_1(\boldsymbol{x}), \cdots, g_n(\boldsymbol{x}))^T$ である．

特に，二次元の離散力学系（写像）

$$x_{m+1} = g_1(x_m, y_m), \quad y_{m+1} = g_2(x_m, y_m) \tag{2.56}$$

は，強制外力の振動現象や三次非線形微分方程式の周期的振舞いなどをポアンカレ写像の方法で解析する際にたびたび登場する．数値計算で対象となる二次元写像は**エノン** (Hénon) **写像**である[42]．

例 2.6 エノン写像は

$$G_H(\boldsymbol{x}_m) = \begin{pmatrix} 1 - \alpha x_m^2 + y_m \\ \beta x_m \end{pmatrix} \tag{2.57}$$

で定義され，そのヤコビ行列 $DG_H(\boldsymbol{x})$ と行列式は

$$DG_H(\boldsymbol{x}) = \begin{pmatrix} -2\alpha x, & 1 \\ \beta, & 0 \end{pmatrix}, \quad \mathrm{Det}\, DG_H(\cdot) = -\beta \tag{2.58}$$

であるので，$\beta \neq 0$ であれば，**逆写像** (inverted map) $G_H^{-1}(\boldsymbol{x})$

$$\boldsymbol{x}_m = \begin{pmatrix} x_m \\ y_m \end{pmatrix} = G_H^{-1}(\boldsymbol{x}_{m+1}) = \begin{pmatrix} \dfrac{y_{m+1}}{\beta} \\ x_{m+1} + \dfrac{\alpha}{\beta^2} y_{m+1}^2 - 1 \end{pmatrix} \tag{2.59}$$

が存在するので，エノン写像は**微分同相写像** (diffeomorphism) の例である．逆写像を有する写像は**可逆的** (invertible) と呼ばれる．なお，$|\mathrm{Det}\, DG(\cdot)| < 1$ となる写像は，**体積縮小写像** (volume-contracting map) と呼ばれている．

図 2.12 は，エノン写像の数値計算より得られた二次次元のベクトル（点）の系列 $\{(x_m, y_m)'\}_{m=0}^{10,000}$ をプロットしたものである．すなわち，ある初期値に対して写像を繰り返し施した点列は，しだいに**アトラクタのたらい** (basin of attraction) と呼ばれる吸引領域 R に近づき，その部分集合の**アトラクタ** (attractor) と区別がつかなくなるのが読み取れる．なお，図 (b) は図 (a) の矩形領域の部分の拡大図であり，図 (c), (d) はおのおの図 (b), (c) の拡大図である．このアトラクタは**エノンアトラクタ** (Hénon attractor) と呼ばれ，**スケール不変性** (scale invariance) と**カントール集合** (Cantor set) のような**フラクタル** (fractal) 構造を有している．更に，このアトラクタは初期値鋭敏性を有しているので，以下で定義する**ストレンジアトラクタ** (strange attractor) と呼ばれる．

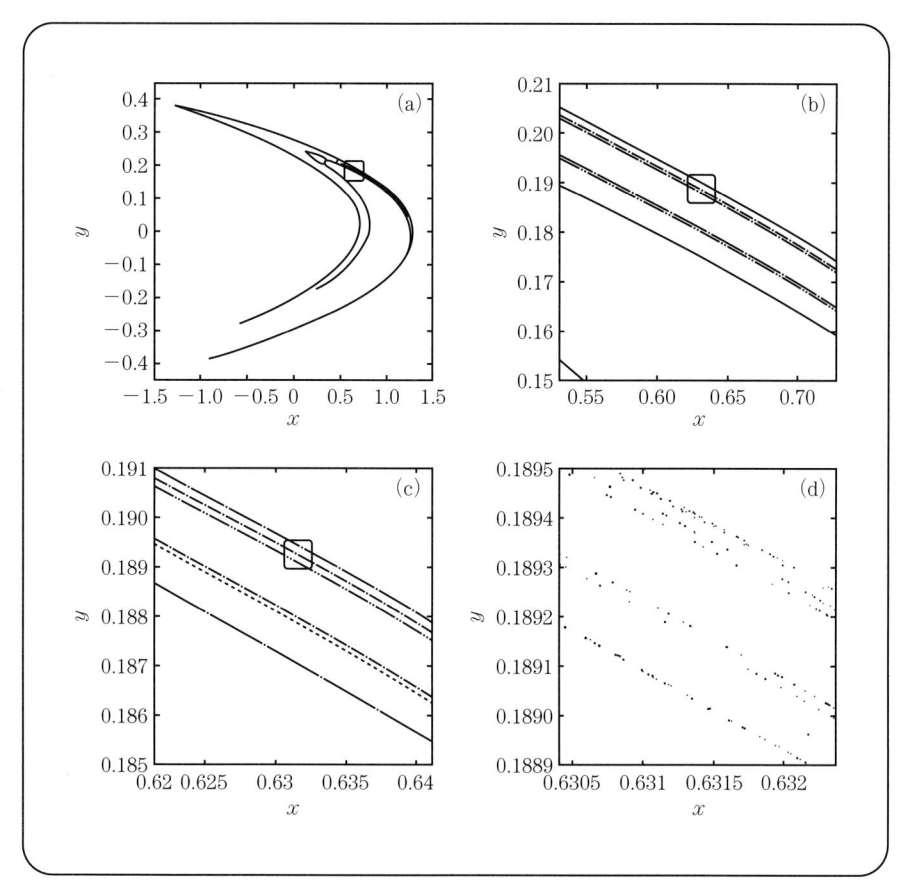

図 **2.12** エノンアトラクタ

定義 2.4（ストレンジアトラクタ）　ある有界領域 A から出発したすべての軌道が十分時間経過後に，漸近的にある領域（**アトラクタのたらい**と呼ばれる）に吸引されるとき，その領域は**アトラクタ**と呼ばれる．通常，アトラクタのたらいは複雑な形状を有しており，アトラクタ自身は分解不可能である．更に，初期値鋭敏性を有している場合，アトラクタは**ストレンジアトラクタ** (strange attractor) と呼ばれる．

ロジ (Lozi, 1978) は，エノン写像の区分線形写像版として以下の**ロジ写像**を考察した[3),43)]．

例 2.7　　ロジ写像は
$$G_L(\boldsymbol{x}_m) = \begin{pmatrix} 1 + y_m - \alpha|x_m| \\ \beta x_m \end{pmatrix} \tag{2.60}$$
で定義される．図 **2.13** はロジ写像のアトラクタを示す．なお，ロジ写像はその非自明な絶対連続な不変測度の存在が保証されている数少ない二次元写像例の一つである．

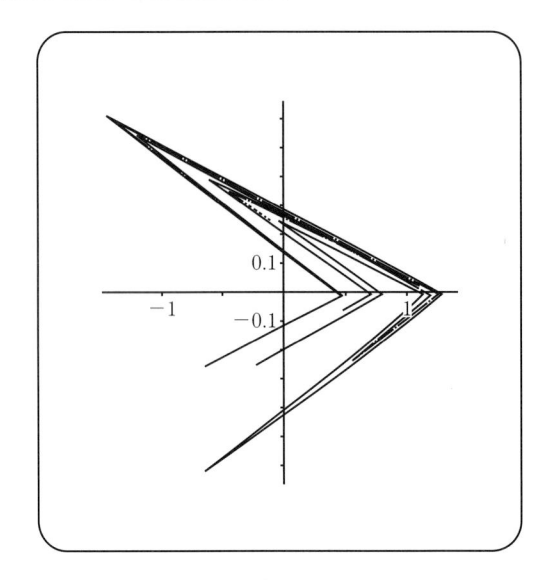

図 2.13 ロジ写像のアトラクタ

一次元写像のベルヌイ写像と同様に，単位正方形領域 $D = [0,1] \times [0,1]$ をそれ自身へ写像する簡単な典型例は以下の例である．

例 2.8（パイこね変換 (baker's transformation)）　この変換は

$$G_B(\bm{x}_m) = \begin{cases} \begin{pmatrix} 2x_m \\ \dfrac{y_m}{2} \end{pmatrix} & 0 \leq x_m < \dfrac{1}{2}, \quad 0 \leq y_m \leq 1 \\ \begin{pmatrix} 2x_m - 1 \\ \dfrac{y_m + 1}{2} \end{pmatrix} & \dfrac{1}{2} \leq x_m \leq 1, \quad 0 \leq y_m \leq 1 \end{cases} \quad (2.61)$$

で定義される．

図 2.14 は，この写像による変換の概念図である．そのヤコビ行列 $DG_B(\cdot)$ の行列式は $\mathrm{Det}\, DG_B(\cdot) = 2 \times 1/2 = 1$ であるので，写像 $G_B(\cdot)$ は **保測変換** (meaure-preserving transformation) であり，$y_m \neq 1/2$ であれば，その逆写像 $\bm{x}_m = G_B^{-1}(\bm{x}_{m+1})$

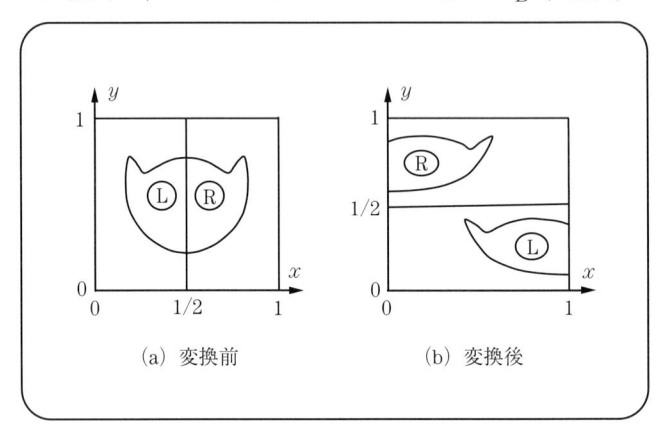

図 2.14　パイこね変換の引き延ばしと折り畳み操作の概念図

$$G_B^{-1}(\boldsymbol{x}_{m+1}) = \begin{cases} \begin{pmatrix} \dfrac{x_{m+1}}{2} \\ 2y_{m+1} \end{pmatrix} & 0 \leqq x_{m+1} < \dfrac{1}{2}, \quad 0 \leqq y_{m+1} \leqq 1 \\ \begin{pmatrix} \dfrac{x_{m+1}+1}{2} \\ 2y_{m+1}-1 \end{pmatrix} & \dfrac{1}{2} \leqq x_{m+1} < 1, \quad 0 \leqq y_{m+1} \leqq 1 \end{cases} \tag{2.62}$$

が存在する．保測変換で見られる不規則な振舞いは

① ergodicity, ② mixing, ③ exactness

の三通りに区別され，Lasota–Mackey (1985)[23] はそれらの詳細な考察を行っている．なお，これらの定義は後述する．

パイこね変換は以下の意味で**ベルヌイシフト**とも呼ばれている．Λ を G_B の下での不変集合

$$\Lambda = \bigcap_{m=-\infty}^{\infty} G_B^m(D) \tag{2.63}$$

任意の点 $p = (x,y) \in \Lambda$ は，両側無限2値系列 $\{s_i\}_{i=-\infty}^{\infty}$ で表現できる．x, y を2進展開

$$x = 0.s_0 s_{-1} s_{-2} \cdots, \quad y = 0.s_1 s_2 s_3 \cdots \tag{2.64}$$

すると，x または y が2進有理数のとき以外は，p は唯一の2進の無限系列

$$S(p) = (\cdots s_3 s_2 s_1 . s_0 s_{-1} s_{-2} \cdots) \tag{2.65}$$

で表されるので，これにシフト写像 $\sigma : \Sigma_2 \to \Sigma_2$ を施すと

$$\sigma S(p) = (\cdots s_2 s_1 s_0 . s_{-1} s_{-2} s_{-3} \cdots) \tag{2.66}$$

が得られる．この両側無限系列 $\sigma S(p)$ に対応する二次元平面上の点 $\widehat{p} = (\widehat{x}, \widehat{y})$ は

$$\widehat{p} = S^{-1}(\sigma S(p)) \tag{2.67}$$

であるので

$$\widehat{x} = 0.s_{-1}s_{-2}\cdots = 2x - s_0, \quad \widehat{y} = 0.s_0 s_1 s_2 s_3 s_4 \cdots = \dfrac{y + s_0}{2} \tag{2.68}$$

なお，式 (2.65) の両側無限系列を生成する系は**両側ベルヌイ系**と呼ばれ，一方，x や y を生成する系は**片側ベルヌイ系**と呼ばれる．式 (2.61) より

$$\widehat{p} = G_B(p) \tag{2.69}$$

したがって，シフト写像 σ と Λ 上のパイこね変換 $G_B|_\Lambda$ との位相共役の関係

$$S \circ G_B|_\Lambda = \sigma \circ S \tag{2.70}$$

を得る．したがって，S は Λ の点の G_B による軌道を Σ_2 の点へ写す同相写像であるので，Σ_2 上の σ による記号系列から G_B の軌道の振舞いがわかる． ∎

例 2.9 （アーノルドの猫写像 (Arnold's cat map)）　アーノルド–アベッヅ (Arnold–Avez) が考察した写像は[7]

$$G_A(\boldsymbol{x}_m) = \begin{pmatrix} x_m + y_m \\ x_m + 2y_m \end{pmatrix} \mod 1 \tag{2.71}$$

で定義される．そのヤコビ行列 $DG_A(\cdot)$ は

$$DG_A = \begin{pmatrix} 1 & 1 \\ 1 & 2 \end{pmatrix} \tag{2.72}$$

であるので，$|\text{Det}\, DG_A| = 1$ より，写像 $G_A(\cdot)$ は**保測変換** (measure-preserving transformation) である．その固有値

$$\lambda_+ = \frac{3+\sqrt{5}}{2}, \quad \lambda_- = \frac{3-\sqrt{5}}{2} \tag{2.73}$$

に対し，$0 < \lambda_- < 1 < \lambda_+$ であるので，λ_- の固有ベクトル $\boldsymbol{v}_- = (1, \lambda_- - 1)$ の方向には縮小され，λ_+ の固有ベクトル $\boldsymbol{v}_+ = (1, \lambda_+ - 1)$ の方向には拡大される．**図 2.15** は，正方形 $D = [0,1] \times [0,1]$ 内の猫が G_B により，押しつぶされた形状になっていることを示している．

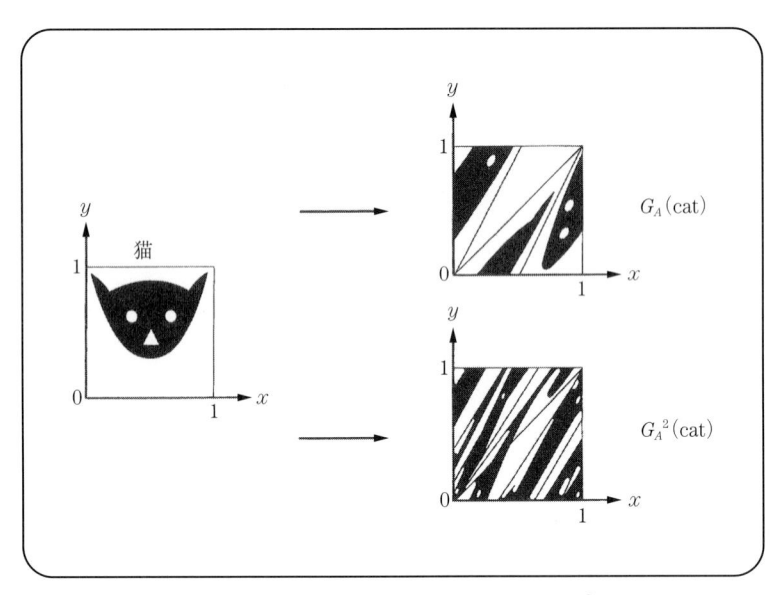

図 2.15　アーノルドの猫写像による $G_A(\text{cat})$，$G_A^2(\text{cat})$

2.3.2　スメイルの馬てい形写像

スメイル (Smale) は，ストレンジアトラクタのさまざまな性質を呈する抽象的モデルとして，平面をそれ自身へ写す**馬てい形写像** (horseshoe map) を提案した．

例 2.10[3]　　馬てい形写像 $G_H(x, y)$ は，図 2.16 の二つの基本的操作

① 矩形領域 D（図 (a) の a, b, c, d の領域）を縦方向に $\mu > 2$ 倍拡大し (expansion)，横方向に $\lambda < 1/2$ 倍縮小 (contraction) する（引き延ばしの結果を図 (b) に示す）．

② D の縦方向の中心部分から図 (c) のように U 字形に**折り畳む** (folding)．

2.3 二次元のカオス

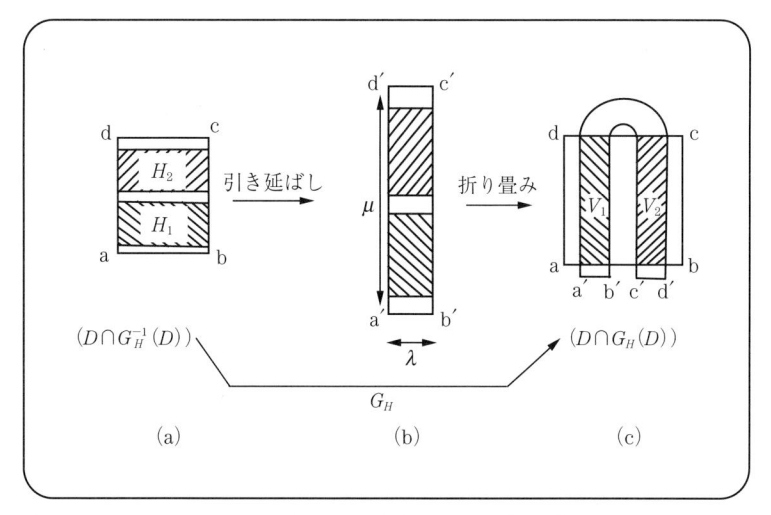

図 2.16 スメイルの馬てい形変換の引き延ばしと折り畳み操作の概念図

からなる．$D \cap G_H(D)$ に対して，馬てい形写像の逆像 G_H^{-1} を考えると

$$G_H^{-1}(D \cap G_H(D)) = D \cap G_H^{-1}(D) \tag{2.74}$$

と表される．図 (a) では，斜線を施した領域 $D \cap G_H^{-1}(D)$ が二つの水平領域 H_1, H_2 からなり，同様に，図 (c) でも斜線を施した領域 $D \cap G_H(D)$ が二つの垂直領域 V_1, V_2 からなることをそれぞれ示している．図から明らかに

$$V_i = G_H(H_i), \quad i = 1, 2 \tag{2.75}$$

が成立することがわかる．更に，図 (a) の領域 H_1 または H_2 の点は変換 G_H に対するヤコビ行列 $DG_H(x.y)$ は

$$DG_H(x,y) = \begin{cases} \begin{pmatrix} \lambda & 0 \\ 0 & \mu \end{pmatrix}, & (x,y) \in H_1 \\ \begin{pmatrix} -\lambda & 0 \\ 0 & -\mu \end{pmatrix}, & (x,y) \in H_2 \end{cases} \tag{2.76}$$

となるので，固有値の絶対値が $0 < |\lambda| < 1/2, \ |\mu| > 2$ であるので，$G_H(\cdot)$ は双曲型写像であることがわかる．**図 2.17** (a) は，2 回写像 $G_H^2(x,y)$ による D の不変領域 $D \cap G_H^{-2}(D)$ を示している．これらの領域が四つの水平領域からなることを示している．一方，図 (b) では，2 回逆写像 $G_H^{-2}(D)$ による D の不変領域 $D \cap G_H^2(D)$ を示している．これらの領域が四つの垂直領域からなることを示している．この変換を繰り返すと，不変な集合（**カントール集合** (invariant Cantor set) と呼ばれる）

$$\Lambda = \{(x,y) | G_H^m(x,y) \in D, \quad -\infty < m < \infty\} \tag{2.77}$$

が得られる．**図 2.18** は Λ の近似的概念図を示している．この Λ 上の 2 値の両側無限系列

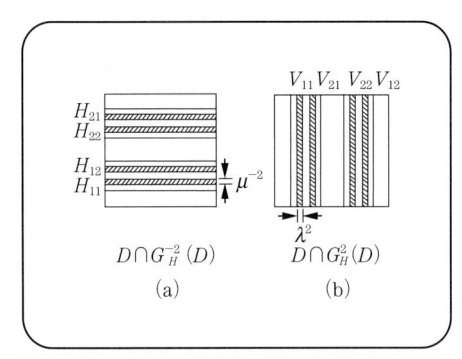

図 2.17 スメイルの馬てい形変換 $G_H(\cdot)$ に関する (a) 2 回写像 $G_H^2(D)$ による不変領域 $D \cap G_H^{-2}(D)$, 及び (b) 2 回逆写像 $G_H^{-2}(D)$ による不変領域 $D \cap G_H^2(D)$

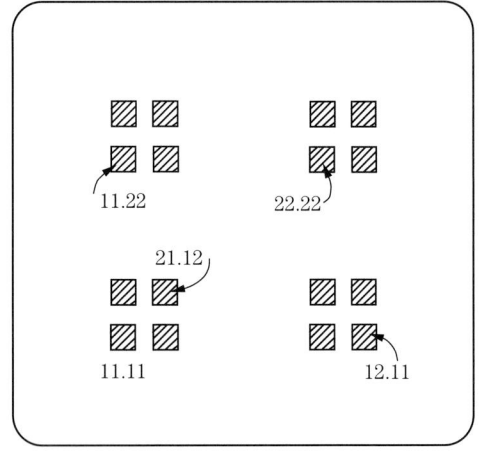

図 2.18 スメイルの馬てい形変換 $G_H(\cdot)$ による不変集合 Λ の近似的概念図

$S(\cdot)$ は,式 (2.61) のパイこね変換と同様に,シフト写像 $\sigma(\cdot): \Sigma_2 \to \Sigma_2$ との位相共役の関係を与える同相写像であることが知られている.すなわち

$$S \circ G_H|_\Lambda = \sigma \circ S \tag{2.78}$$

が成立する.これを用いて Λ の以下の性質

① Λ は,任意の長周期の鞍状型の周期軌道を可算無限個有する.

② Λ は,有界な非周期軌道を非可算個有する.

③ Λ は,稠密な軌道を有する.

が示されている.

更に,馬てい形写像の振舞いは**構造安定**である.　■

定義 2.5（構造安定）　ある写像 $G(\cdot)$（ベクトル場 $F(\cdot)$）は,それに対するすべての C^1 級の ε 微小変形に対しても位相的性質が不変であれば,その写像（ベクトル場）は,構造安定 (structurally stable)[3] であると呼ばれる.

ある写像に馬てい形写像の構造があると可算無限個の周期軌道が存在するので,この意味でカオスの存在を主張する研究者が多いようである[3],[20].スメイル–バーコフ (Smale-Birchoff) の定理によると[3],双曲型平衡点の不安定多様体と安定多様体とが横断的に接触すると（このような交点は,**ホモクリニック点** (homoclinic point) と呼ばれている（1.5 節図 1.43 参照）.一方,異なる平衡点の不安定多様体と安定多様体との交点は**ヘテロクリニック点** (heteroclinic point) と呼ばれる）,スメイルの馬てい形が現れる.

2.4 不変測度

まず，確率論やエルゴード理論の基礎を通じて解軌道の真にカオス的な振舞いを特徴づける最も重要な統計量である**不変測度**とその満たすべき**ペロン–フロベニウス** (Perron–Frobenius) **方程式**を与える．次に，ある観測量の**時間平均**と**空間平均**にかかわる**バーコフ** (Birchoff) の**エルゴード定理**などを学ぶ．

2.4.1　確率論やエルゴード理論の基礎事項

カオスを特徴づける最も基本的な量は，軌道 $\{x_m\}_{m=0}^{T-1}$ が区間 I の部分集合 S を訪れる頻度の**長時間平均** (time average) である．長時間平均の議論に必要な概念を確率論やエルゴード理論の基礎事項から学ぶ[23),24),26),37),45),146)]．

定義 2.6　（確率空間）　　確率事象の見本点 ω の空間 Ω と Ω の部分集合のなす σ 代数 $\mathcal{F}$ と $\mathcal{F}$ 上の確率測度 μ との三組 $(\Omega, \mathcal{F}, \mu)$ は，**確率空間** (probability space) と呼ばれる．

定義 2.7　（可測）　　任意の区間 $\Delta \in R$ に対して

$$f^{-1}(\Delta) = \{\omega | f(\omega) \in \Delta\} \in \mathcal{F} \tag{2.79}$$

が成立する実数値関数 $f: \Omega \to R$ は**可測** (measurable) であるという．

定義 2.8　（可逆）　　$\mu(A) = 0$ を満たすすべての $A \in \mathcal{F}$ に対して

$$\mu(\tau^{-1}(A)) = 0 \tag{2.80}$$

が成立する可測変換 $\tau: \Omega \to \Omega$ は**可逆** (invertible, nonsingular) であるという．

定義 2.9　（保測変換と不変測度）　　すべての $A \in \mathcal{F}$ に対して

$$\mu(\tau^{-1}(A)) = \mu(A) \tag{2.81}$$

が成立する可逆変換 $\tau: \Omega \to \Omega$ は**保測変換** (measure preserving transformation) であるという．更に，測度 μ は τ のもとで**不変測度** (invariant measure) であるという．

定義 2.10　（不変集合）　　可逆変換 $\tau: \Omega \to \Omega$ に対して

$$\tau^{-1}(A) = A \tag{2.82}$$

を満たす集合 $A \subset \Omega$ は**不変集合** (invariant set) であるという．

定義 2.11（エルゴード変換）　不変集合 $A \in \mathcal{F}$ が $\mu(A) = 0$ かまたは $\mu(A) = 1$ との自明な場合に限るとき $\tau(\cdot)$ はエルゴード的 (ergodic) であるという.

定義 2.12（絶対連続な測度）　非負の可積分関数 $f : \Omega \to \Omega$ に対して，$A \in \mathcal{F}$ の測度が

$$\mu_f(A) = \int_A f(x)\mu(dx) \tag{2.83}$$

と表されるとき，測度は μ に関して絶対連続 (absolutely continuous) であるという.

定義 2.13（密度関数）　式 (2.83) で与えられる絶対連続な測度 $\mu_f(A)$ に対して，f のノルム $\|f\|$

$$\|f\| = \int_\Omega f(x)\mu(dx) \tag{2.84}$$

が $\|f\| = 1$ であるとき，f は正規化された測度 μ_f の密度関数 (density function) であるという.

測度 μ がルベーグ測度に関して**絶対連続** (absolutely continuous) であれば

$$\mu(S) = \int_S f^*(u)du \tag{2.85}$$

を満たす関数 $f^*(\cdot)$ が存在する．写像 τ が，ルベーグ測度に対して**絶対連続な不変測度**（absolutely continuous invariant measure, **ACI 測度**）$f^*(x)dx$ に関してエルゴード的であれば，ほとんどあらゆる初期値 $x = x_0$ に対し，以下の定理が成立する．

定理 2.4（バーコフの個別エルゴード定理）[23]

$\tau(\cdot)$ を可測写像とし，$H(\cdot)$ を任意の L_1 関数とする．測度 μ が不変であれば，ほぼ任意の初期値 $x = x_0$ の軌道 $\{x_m\}_{m=0}^\infty$ に沿った**長時間平均** $\overline{H}(x)$

$$\overline{H}(x) = \lim_{T \to \infty} \frac{1}{T} \sum_{m=0}^{T-1} H(\tau^m(x)), \quad x_m = \tau^m(x_0), \quad x = x_0 \tag{2.86}$$

は，$H(\cdot)$ の区間 I 上の**空間平均**（または**アンサンブル平均** (ensemble average)）$<H>$

$$<H> = \int_I H(x) f^*(x) dx \tag{2.87}$$

に一致する．すなわち

$$\overline{H}(x) \stackrel{\text{a.e.}}{=} <H> \tag{2.88}$$

が成立する．ただし，a.e. は almost everywhere の略語であり，ほぼ任意の x に対し両辺が相等しいことを意味する．もちろん

$$\overline{H}(x) \stackrel{\text{a.e.}}{=} \overline{H}(\tau(x)) \tag{2.89}$$

も成立する．

[系]　定理 2.4 の仮定のもとで，任意の部分集合 $A \subset I$ とほとんどすべての $x \in I$ に対し

$$\mu(A) = \lim_{n\to\infty} \frac{1}{n} \cdot \sharp(\{k|\tau^k(x) \in A, 1 \leq k \leq n\}) \tag{2.90}$$

ただし，$\sharp(S)$ は，集合 S の要素数である．

この系は，定理における $H(\cdot)$ として，A の定義関数 $1_A(x)$

$$1_A(x) = \begin{cases} 0, & x \notin A \\ 1, & x \in A \end{cases} \tag{2.91}$$

を選んだ場合に相当し，μ の台 (support) ($\mu(x) \neq 0$ を満たす x の集合) の任意の部分集合 A，及びほとんどすべての x に対し軌道 $\tau^k(x)$ の A への訪問回数の時間平均が $\mu(A)$ と等しいことを意味している．

なお，エルゴード性よりも強い性質である**混合性**の定義は次のとおりである．

定義 2.14（混合的） 任意の集合 $A, B \in \mathcal{F}$ に対し

$$\lim_{n\to\infty} \mu(A \cap \tau^{-n}(B)) = \mu(A) \cdot \mu(B) \tag{2.92}$$

が成立するとき，保測写像 $\tau : \Omega \to \Omega$ は混合的 (mixing) であるという．

混合的写像がエルゴード写像であることは以下のようにいえる．

例 2.11 $B = \tau^{-n}(B)\,(n=1,\cdots)$ が成立する不変集合 $B \in \mathcal{F}, A = \Omega - B$ に対し

$$\mu(A \cap B) = \mu(A \cap \tau^{-n}(B)) = 0$$

であるので，式 (2.92) より

$$\lim_{n\to\infty} \mu(A \cap \tau^{-n}(B)) = (1 - \mu(B)) \cdot \mu(B) \tag{2.93}$$

これは，$\mu(B) = 0$ または $\mu(B) = 1$ を意味するのでエルゴード性はいえる． ∎

例 2.12 τ が混合的であるとき，任意の 2 乗可積分関数 F, H に対し

$$\lim_{n\to\infty} <F(\tau^n(x)) \cdot H(x)> = <F> \cdot <H> \tag{2.94}$$

が成立する．したがって上式の特別な例として，自己相関関数に対し

$$\lim_{n\to\infty} <(\tau^n(x) - <x>) \cdot (x - <x>)> = 0 \tag{2.95}$$ ∎

混合的ではないが，エルゴード的である**弱混合的**（混合的とエルゴード的との中間）の定義は次のとおりである．

定義 2.15（弱混合的） 任意の集合 $A, B \in \mathcal{F}$ に対し

$$\lim_{n\to\infty} \frac{1}{n} \sum_{k=0}^{n-1} \left|\mu(A \cap \tau^{-k}(B)) - \mu(A) \cdot \mu(B)\right| = 0 \tag{2.96}$$

が成立するとき，保測写像 $\tau : \Omega \to \Omega$ は弱混合的 (weakly mixing) であるという．

定義 2.16（exact） $\mu(A) > 0$ を満たす任意の集合 $A \in \mathcal{F}$ に対し

$$\lim_{n\to\infty} \mu(\tau^n(A)) = 1 \tag{2.97}$$

が成立するとき，保測写像 $\tau: \Omega \to \Omega$ は exact であるという．混合的よりも強い性質がこの exact である．

―――――――――――――――――――――――――――――――――――

次に，不変測度を有する写像例を掲げておく．

例 2.13 (例 2.1 の続き:ロジスティック写像)　　ロジスティック写像 $Q_4(\cdot)$

$$x_{m+1} = 4x_m(1-x_m) \tag{2.98}$$

は，式 (2.22) のテント写像と位相共役の関係にある．更に，式 (2.17) のベルヌイシフト写像とも同相写像

$$h'(x) = \frac{1}{2\pi} \cdot \cos^{-1}(1-2x) \tag{2.99}$$

を通して位相共役の関係にあるので，ベルヌイシフト写像の解

$$y_m = 2^m y_0 \bmod 1 \tag{2.100}$$

を利用すれば，式 (2.98) の解は次のようになる．

$$x_m = \frac{1}{2}\{1 - \cos(2\pi 2^m y_0)\},\, y_0 = \frac{1}{2\pi} \cdot \cos^{-1}(1-2x_0) \tag{2.101}$$

ルベーグ測度に関して絶対連続な不変測度を持つロジスティック写像 $Q_\nu(\cdot)$, $(\nu \neq 4)$ の例としては，$Q_\nu^3(1/2) = 1$ を満たす ν が知られている ($\nu = 3.6785\cdots$)[46]．更に，Jakobson[47] は，負のシュワルツ (Schwartz) 微分を有する単峰写像がルベーグ測度に関して絶対連続な不変測度を持つパラメータ値の集合の正測度を証明している．なお，不変測度の絶対連続性は，カオスが数値実験で観測されることの保証と考えられている[21],[29]．不変測度が存在してかつそれに関してエルゴード的な写像の解は，**真にカオス的**といってよい．また，ルベーグ測度に関して絶対連続な不変測度の存在は，2.1 節で与えた**観測可能なカオス**の条件と密接な関係を有する．　■

次のラソタ–ヨーク (Lasota–Yorke (1973)) の定理は[48]，与えられた写像がルベーグ測度に関して絶対連続な不変測度を有するための十分条件であり，カオスの存否判定に関して，最も簡便で有用なものであろう．

―――――――――――――――――――――――――――――――――――

定理 2.5 (ラソタ–ヨークの定理)

$\tau(\cdot)$ を区分的 C^2 関数であるとする．

$$\inf_x \left|\frac{d\tau^N(x)}{dx}\right| > 1 \tag{2.102}$$

となる正整数 N が存在すれば，$\tau(\cdot)$ は，唯一でかつルベーグ測度に関して絶対連続な不変測度 $f^*(x)dx$ を有し，しかも，$f^*(x)$ は

$$f^*(x) = \lim_{T\to\infty} \frac{1}{T} \sum_{n=0}^{T-1} P_\tau^n f_0(x) \tag{2.103}$$

と計算される．ただし，$f_0(x) \geqq 0$ は任意の可積分関数である．なお，$N=1$ に対して式

(2.102) が成立する $\tau(\cdot)$ は，**拡大的** (expansive) であると呼ぶ．

絶対連続な不変測度の個数に関する，次の定理は基本的である．

定理 2.6 (リー–ヨーク（Li–Yorke）(1978) の定理)[49]
拡大的な写像 $\tau(\cdot)$ が n 個の不連続点を持つとき，独立でかつルベーグ測度に関して絶対連続な不変測度の個数は高々 n 個である．

この定理から，式 (2.17) のベルヌイシフトや式 (2.22) のテント写像の不変測度が，ルベーグ測度（例 2.13, 例 2.17 として後述）唯一であることは明らかである．

2.4.2 ペロン–フロベニウス作用素

ルベーグ測度に関して絶対連続な不変測度 μ に対する式 (2.85) の密度関数 f^* が満たす関係式を求めるために，ペロン–フロベニウス (Perron–Frobenius) 作用素を定義しよう．これは，後述のように，カオス軌道の振舞いの確率論及び統計論的解析を行ううえで非常に重要な役割を果たす[23]．

定義 2.17 (ペロン–フロベニウス作用素)　確率空間 $(\Omega, \mathcal{F}, \mu)$ において，可逆な写像 $\tau : \Omega \to \Omega$ が与えられたとする．任意の非負関数 $f \in L^1$ 及び $A \in \mathcal{F}$ に対して

$$\int_A Pf(x)\mu(dx) = \int_{\tau^{-1}(A)} f(x)\mu(dx) \tag{2.104}$$

を満たす作用素 $P : L^1 \to L^1$ が唯一であるとき，その作用素 P は，τ のペロン–フロベニウス作用素であるという（以後，P を P_τ と記す）．

P_τ は次の重要な関係式（定義式）

$$\int_\Omega P_\tau f(x)\mu(dx) = \int_\Omega f(x)\mu(dx) \tag{2.105}$$

を満たすことが知られている．

定義 2.18 (ペロン–フロベニウス作用素の不動点)　確率空間 $(\Omega, \mathcal{F}, \mu)$ において可逆な写像 $\tau : \Omega \to \Omega$ 及びそのペロン–フロベニウス作用素 P_τ が与えられたとする．任意の非負関数 $f \in L^1$ 及び $A \in \mathcal{F}$ に対して測度 $\mu_f(A)$ が

$$\mu_f(A) = \int_A f(x)\mu(dx) \tag{2.106}$$

が不変であるための必要十分条件は f が P_τ の不動点

$$P_\tau f = f \tag{2.107}$$

であることである．

例 2.14 Ω として，$\Omega = [a,b]$ をとり，その部分区間 $A = [a,x]$ をとれば，式 (2.104) は

$$\int_a^x P_\tau f(s)ds = \int_{\tau^{-1}([a,x])} f(s)ds \tag{2.108}$$

が成立するので，上式を x に関して微分すれば，P_τ の有名な定義式

$$P_\tau f(x) = \frac{d}{dx}\int_{\tau^{-1}([a,x])} f(s)ds \tag{2.109}$$

が与えられる．

なお，可逆写像 $\tau(\cdot)$ の逆写像 $\tau^{-1}(\cdot)$ が C^1 級であれば，上式より P_τ の簡便な形の定義式

$$P_\tau f(x) = f(\tau^{-1}(x)) \cdot \left|\frac{d}{dx}\tau^{-1}(x)\right| \tag{2.110}$$

も得られる． ■

例 2.15 $\Omega = [a,b] \times [c,d]$，その部分 $A = [a,x] \times [c,y]$ をとれば，式 (2.109) と同様に

$$P_\tau f(x,y) = \frac{\partial^2}{\partial y \partial x} \int \int_{\tau^{-1}([a,x]\times[c,y])} f(s,t)ds\,dt \tag{2.111}$$

が得られる． ■

また，$\tau(\cdot): \Omega \to \Omega$ が可逆的であり，可測関数 $f: \Omega \to \Omega$ に対して，$f \circ \tau$ が L^1 であれば τ の逆写像 $\tau^{-1}(\cdot)$ の測度 $\mu\tau^{-1}$ が，$B \in \mathcal{F}$ に対し

$$\mu\tau^{-1}(B) = \mu(\tau^{-1}(B)) = \int_B J^{-1}(x)\mu(dx) \tag{2.112}$$

と定義できる．ただし

$$J^{-1}(x) = \left|\frac{d\tau^{-1}}{dx}\right| \tag{2.113}$$

は $\tau^{-1}(\cdot)$ のヤコビ行列の行列式である．これを用いると，式 (2.110) を一般化した，高次元のペロン–フロベニウス作用素 P_τ の簡便な形の定義式

$$P_\tau f(x) = f(\tau^{-1}(x)) \cdot J^{-1}(x) \tag{2.114}$$

も得られる．

次に，ペロン–フロベニウス作用素の直観的理解のため，図 **2.19** のように Ω を単位区間 $I = [0,1]$ とし，簡単な写像を例にとり，**確率保存則**を示そう．不変測度 $f^*(x)dx$ は

$$f^*(x) = \frac{f^*(y_1)}{|\tau'(y_1)|} + \frac{f^*(y_2)}{|\tau'(y_2)|} \tag{2.115}$$

を満たす．ただし，$y_1, y_2 \in I$ は $x \in I$ の逆像である．上式を一般化した P_τ の定義式

$$P_\tau f(x) = \sum_{y \in \tau^{-1}(x)} \frac{f(y)}{|\tau'(y)|} \tag{2.116}$$

が得られる．この式は，式 (2.110) に相当する．なぜならば，逆関数の微分の公式 (2.33) から明らかである．このほかに，デルタ関数 $\delta(\cdot)$ を用いたペロン–フロベニウス作用素 P_τ の定

2.4 不変測度

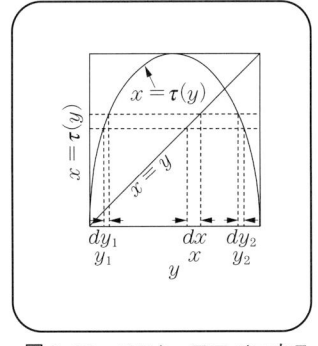

図 2.19 ペロン–フロベニウス作用素の説明図

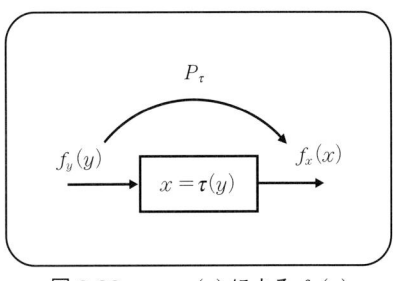

図 2.20 $x = \tau(y)$ による $f_y(y)$ の $f_x(x)$ への変換

義式

$$P_\tau f(x) = \int_I \delta(x - \tau(y)) f(y) dy \tag{2.117}$$

などもある．P_τ は，区間 $[y, y+dy]$ における軌道の出現頻度 $f(y)dy$ が写像 $x = \tau(y)$ により測度 $P_\tau f(x) dx$ に変換されることを意味する．この意味で，作用素 P_τ が統計物理学でのリウビル (Liouville) 作用素の一種であるとも理解される．なお，この状況を図 2.20 に示す（図では，確率論の入門的教科書でもしばしば取り上げられているように，確率変数 y の密度関数を $f_y(y)$ とし，非線形変換 $x = \tau(y)$ 後の確率変数 x のそれを $f_x(x)$ としている）．

すなわち，式 (2.107) から明らかなように，$f^*(x)$ は，P_τ の固有値 1 の固有関数

$$P_\tau f^*(x) = f^*(x) \tag{2.118}$$

である．上式はペロン–フロベニウス方程式と呼ばれている．任意の有界変動な L_1 関数 $g(x)$ 及び $h(x)$ に対し，作用素 P_τ は重要な関係式

$$(g(x), h(\tau(x))) = (P_\tau g(x), h(x)) \tag{2.119}$$

を満たす．左辺はしばしばクープマン (Koopman) 演算子とも呼ばれる[23]．ただし

$$(g, h) = \int_I g(x) h(x) dx \tag{2.120}$$

不変測度 $f^*(x) dx$ は，それ自身重要かつ基本的統計量である．式 (2.118) の解 $f^*(x)$ を求めるのは，一般には難しいが，簡単な写像例の場合は容易である．

例 2.16（r 進写像 (r–adic map)）　　整数 $r > 1$ に対して，r 進写像は

$$R(x) = rx \bmod 1 \tag{2.121}$$

で定義される．$r = 2$ の場合，式 (2.17) のベルヌイシフト写像であり，**2 進展開写像** (dyadic map) とも呼ばれる．

$$R^{-1}[0, x] = \bigcup_{i=0}^{r-1} \left[\frac{i}{r}, \frac{i}{r} + \frac{x}{r} \right]$$

であるので，式 (2.118) は

$$P_R f^*(x) = \frac{1}{r} \sum f\left(\frac{i}{r} + \frac{x}{r}\right) \tag{2.122}$$

となり

$$f^*(x) = 1 \tag{2.123}$$

は解である．なお，この写像は exact である．　■

例 2.17 (例 2.1 の続き:ロジスティック写像 $Q_4(\cdot)$)　　ロジスティック写像

$$Q_4(x) = 4x(1-x), \quad x \in [0,1] \tag{2.124}$$

に対する $[0,x]$ の逆像は

$$Q_4^{-1}([0,x]) = \left[0, \frac{1}{2} - \frac{1}{2}\sqrt{1-x}\right] \bigcup \left[\frac{1}{2} + \frac{1}{2}\sqrt{1-x}, 1\right] \tag{2.125}$$

であるので，式 (2.118) は

$$P_{Q_4} f^*(x) = \frac{1}{4\sqrt{1-x}} \left[f^*\left(\frac{1}{2} - \frac{1}{2}\sqrt{1-x}\right) + f^*\left(\frac{1}{2} + \frac{1}{2}\sqrt{1-x}\right)\right] \tag{2.126}$$

となる．ウラム–ノイマン (1947) は[35]，この解

$$f^*(x) = \frac{1}{\pi \sqrt{x(1-x)}} \tag{2.127}$$

を与えた．なお，この写像も exact である．　■

例 2.18 (例 2.8 の続き: パイこね変換)

例 2.8 のパイこね変換を再び考察しよう．

$$G_B(\boldsymbol{x}) = \begin{cases} \begin{pmatrix} 2x \\ \dfrac{y}{2} \end{pmatrix} & 0 \leq x < \dfrac{1}{2}, \quad 0 \leq y \leq 1 \\ \begin{pmatrix} 2x-1 \\ \dfrac{y+1}{2} \end{pmatrix} & \dfrac{1}{2} \leq x \leq 1, \quad 0 \leq y \leq 1 \end{cases} \tag{2.128}$$

矩形領域 $[0,x] \times [0,y]$ の逆像は

$$G_B^{-1}([0,x] \times [0,y]) = \begin{cases} \left[0, \dfrac{x}{2}\right] \times [0, 2y] \\ \quad \left(0 \leq y < \dfrac{1}{2}, \quad 0 \leq x \leq 1 \text{のとき}\right) \\ \left(\left[0, \dfrac{x}{2}\right] \times [0,1]\right) \cup \left(\left[\dfrac{1}{2}, \dfrac{1+x}{2}\right] \times [0, 2y-1]\right) \\ \quad \left(\dfrac{1}{2} \leq y \leq 1, \quad 0 \leq x \leq 1 \text{のとき}\right) \end{cases} \tag{2.129}$$

となるので

$$P_{G_B} f^*(x,y) = \begin{cases} f^*\left(\dfrac{x}{2}, 2y\right) & 0 \leq y < \dfrac{1}{2}, \quad 0 \leq x \leq 1 \\ f^*\left(\dfrac{1+x}{2}, 2y-1\right) & \dfrac{1}{2} \leq y \leq 1, \quad 0 \leq x \leq 1 \end{cases} \tag{2.130}$$

その解として $f^*(x,y) = 1$ を得る．なお，この写像は mixing である．　■

例 2.19 (アノソフ写像)　　上記例のパイこね変換と同様に簡単なアノソフ (Anosov) 微分同相写像は

$$G_A(x,y) = \begin{pmatrix} g_1(x,y) \\ g_2(x,y) \end{pmatrix} = \begin{pmatrix} x+y \\ x+2y \end{pmatrix} \mod 1 \tag{2.131}$$

で定義される．$|DG_A| = 1$ より，この写像は保測変換である．逆写像は

$$G_A^{-1}(x,y) = \begin{pmatrix} 2x-y \\ y-x \end{pmatrix} \mod 1 \tag{2.132}$$

よりペロン–フロベニウス方程式 $P_{G_A}f^*(x,y) = f^*(2x-y, y-x)$ が得られ，その解として $f^*(x,y) = 1$ を得る．なお，この写像も mixing である．■

2.5 カオスの指標

不変測度のほかの重要な統計量について学ぶ[3), 12)]．

2.5.1 リャプノフ指数

カオスを定量化する特徴量は各種提案されている．カオスの基本的特徴が初期値鋭敏性の有無であることは，2.1 節で既にみてきたとおりである．本節では，これを定式化しよう．

エルゴード的な一次元写像 $\tau(\cdot)$ で規定される一次元離散力学系

$$x_{m+1} = \tau(x_m), \quad x_m \in I = [0,1], \quad m = 0, 1, \cdots \tag{2.133}$$

において，近接した二つの初期値 $x_0, y_0 = x_0 + z, (z \ll 1)$ に対する解 $x_m = \tau^m(x_0), y_m = \tau^m(y_0)$ が m とともに指数関数的に離れるとすると

$$\frac{|y_m - x_m|}{|z|} = e^{m\lambda(x_0)} \tag{2.134}$$

を満たす $\lambda(x_0) > 0$ が存在するはずである．すなわち

$$\begin{aligned}\lambda(x_0) &= \lim_{m \to \infty} \frac{1}{m} \lim_{z \to 0} \ln\left|\frac{\tau^m(x_0+z) - \tau^m(x_0)}{z}\right| \\ &= \lim_{m \to \infty} \frac{1}{m} \ln\left|\frac{d\tau^m(x)}{dx}\right|_{x=x_0}\end{aligned} \tag{2.135}$$

微分連鎖則

$$\left.\frac{d\tau^m}{dx}\right|_{x=x_0} = \tau'(x_{m-1})\tau'(x_{m-2})\cdots\tau'(x_0)$$

より

$$\lambda(x_0) = \lim_{m \to \infty} \frac{1}{m} \sum_{i=0}^{m-1} \ln|\tau'(x_i)| \tag{2.136}$$

これはリヤプノフ指数 (Lyapunov exponent) と呼ばれている．$\lambda(x_0)$ を求めるには，解軌道 $\{x_i\}_{i=0}^{m-1}$ の過渡状態は無視できて定常状態の振舞いだけを考慮すれば十分である．

例 2.20 式 (2.17) のベルヌイシフト写像や式 (2.22) のテント写像はいずれも任意の $x \in [0,1]$ に対して定数 $|\tau'(x)| = 2$ であるので，$\lambda = \ln 2$ となる． ∎

例 2.21 式 (2.7) のロジスティック写像 $Q_\nu(\cdot)$ において，いくつかの ν の場合のリヤプノフ指数 $\lambda_\nu(x_0)$ を求めよう．2.1 節の結果より

① $0 < \nu \leq 3$ の場合，安定な不動点 $\overline{x}_{1,0} = 0, \overline{x}_{1,1} = 1 - 1/\nu$ が存在するので，$\tau^M(x_0) = \overline{x}_{1,j}, (j = 0, 1)$ とすると

$$\lambda_\nu(x_0) = \lim_{m \to \infty} \frac{1}{m} \left\{ \sum_{i=0}^{M-1} \ln|\tau'(x_i)| + (m - M)\ln|\tau'(\overline{x}_{1,j})| \right\} = \ln|\tau'(\overline{x}_{1,j})|$$
$$= \ln \nu \, (0 < \nu \leq 1) \text{ または } \ln|2 - \nu| \, (1 \leq \nu \leq 3)$$

となるので

$$\lambda_1(x_0) = 0$$
$$\lambda_3(x_0) = 0$$
$$\lambda_2(x_0) \to -\infty$$

などが得られる．

② $3 \leq \nu \leq 1 + \sqrt{6}$ の場合，式 (2.12) の安定な 2 周期点 $\overline{x}_{2,1}, \overline{x}_{2,2}$ が存在して過渡状態は無視できるので

$$\lambda_\nu(x_0) = \frac{1}{2}\{\ln|\tau'(\overline{x}_{2,1})| + \ln|\tau'(\overline{x}_{2,2})|\} = \frac{1}{2}\ln|-\nu^2 + 2\nu + 4|$$

となり

$$\lambda_3(x_0) = 0$$
$$\lambda_{1+\sqrt{6}}(x_0) = 0$$
$$\lambda_{1+\sqrt{5}}(x_0) \to -\infty$$

などが得られる．

③ 安定な p 周期解 $\overline{x}_{p,j}, (1 \leq j \leq p)$ が存在する場合，過渡状態は無視できるので，微分連鎖則より

$$\lambda_\nu(x_0) = \frac{1}{p}\sum_{j=1}^{p} \ln|\tau'(\overline{x}_{p,j})| = \frac{1}{p}\ln\left|\frac{d\tau^p}{dx}\bigg|_{x=\overline{x}_{p,j}}\right| \tag{2.137}$$

と計算できる．更に，微分連鎖則より

$$\lambda_\nu(x_0) = \frac{1}{p}\ln\left|\frac{d\tau^p}{dx}\bigg|_{x=\overline{x}_{p,j}}\right| \tag{2.138}$$

が成立する．上式は不安定な周期軌道でもそのまま成立し，以下のことがいえる．

(a) 安定周期解の場合，絶対値が 1 より小さいので，$\lambda_\nu(x_0) < 0$

2.5 カオスの指標

(b) 不安定周期解の場合，絶対値が 1 より大きいので，$\lambda_\nu(x_0) > 0$

④ $\nu = 4$ の場合，解軌道 $\{x_i\}_{i=0}^{m-1}$ はすべての点をとり，その頻度分布は不変測度 $f^*(x)dx$ に近づくので，初期値 x_0 と無関係な値で

$$\lambda_4 = \int_I \ln|\tau'(x)| f^*(x) dx \tag{2.139}$$

と計算できるはずである．実際，式 (2.127) より

$$f^*(x)dx = \frac{dx}{\pi\sqrt{x(1-x)}} \tag{2.140}$$

であるので，$\lambda_4 = \ln 2$ と計算される． ■

上記例の $\nu = 4$ の場合からわかるように，エルゴード写像 $\tau(\cdot) : I \to I$ が不変測度 $f^*(x)dx$ を持てば，式 (2.136) のリャプノフ指数は初期値 x_0 と無関係な値で

$$\lambda_4 = \int_I \ln|\tau'(x)| f^*(x) dx = <\ln|\tau'|> \tag{2.141}$$

となる．リャプノフ指数は以下で定義する**コルモゴロフ–シナイエントロピー**（Kolmogorov–Sinai entropy，KS エントロピーと略称する）$h(\mu, \tau)$ と密接な関係がある．

KS エントロピーは，点 x における**写像 τ による情報の損失**を

$$s(x) = -\sum_{y \in \tau^{-1}(x)} p(y|x) \ln p(y|x) \tag{2.142}$$

としたとき，その不変測度 $\mu(dx) = f^*(x)dx$ による平均

$$h(\mu, \tau) = \int_I s(x) f^*(x) dx = <s> \tag{2.143}$$

として与えられる[44]．ただし，$p(y|x)$ は，x が与えられたときの y の出現確率である．すなわち，写像 $x = \tau(y), x \in I, y \in I$ をある暗箱とみなし，y, x を暗箱の入力確率変数 Y，出力確率変数 X のおのおのの実現値とすれば，$(X, Y) = (x, y)$ の同時確率密度関数 $p(x, y)$ が

$$p(x, y) = f^*(x) p(y|x) \tag{2.144}$$

であることに注意すれば，条件つきエントロピー $H(Y|X)$

$$H(Y|X) = -\int p(x, y) \log p(y|x) \, dx \, dy \tag{2.145}$$

が KS エントロピー $h(\mu, \tau)$ そのものであることは明らかである．

なお，μ がルベーグ測度に関して絶対連続であれば

$$h(\mu, \tau) = \lambda(\tau) \tag{2.146}$$

が成立する．以下のように，リャプノフ指数 $\lambda(\tau)$ により解の大別が可能である．

① 軌道が安定周期解の場合，$\lambda(\tau) < 0$

② 軌道が中立安定の場合，$\lambda(\tau) = 0$

③ 軌道が局所的不安定でかつカオス的な場合，$\lambda(\tau) > 0$

例 2.22 非対称のテント写像 $\tau_{ATc}(\cdot), (0 < c < 1)$

$$\tau_{ATc}(x) = \begin{cases} \dfrac{x}{c}, & 0 \leq x < c \\ \dfrac{1-x}{1-c}, & c \leq x < 1 \end{cases} \tag{2.147}$$

の $f^*(x)dx = dx$ から $\lambda_c = -c\ln c - (1-c)\ln(1-c)$ となる．2 値のエントロピー関数 $H_2(c)$

$$H_2(c) = -c\log c - (1-c)\log(1-c) \tag{2.148}$$

は，$c = 1/2$ のとき最大であるから，対称テント写像 $T(\cdot)$ の場合最大リャプノフ指数 $\ln 2$ を与える．■

例 2.23 （チェビシェフ写像）[50),51)]　次数 k のチェビシェフ写像

$$T_k(x) = \cos(k\cos^{-1}x), \quad x \in I = [-1,1] \tag{2.149}$$

は，区間 $[-1,1]$ からそれ自身へ写し，かつ次数 k に関して半群的性質

$$T_\ell(T_m(x)) = T_{\ell m}(x) \tag{2.150}$$

を満たす整数係数の x の k 次の多項式である[50)]．その不変測度 $\mu(dx)$ は

$$\mu(dx) = \frac{dx}{\pi\sqrt{1-x^2}} \tag{2.151}$$

であり，λ_k は $k = 2^n$ のとき，$\lambda_{2^n} = n\ln 2$．なお，$T_k(x)$ の逆像 $g_i(x)$ は k 個あり

$$g_i(x) = \cos\left(\frac{i\pi + \cos^{-1}[(-1)^i x]}{k}\right), \quad i = 0, 1, \cdots, k-1 \tag{2.152}$$

■

2.5.2　リャプノフスペクトラム

次に，n 次元の離散力学系

$$\mathbf{x}_{m+1} = G(\mathbf{x}_m), \quad m = 0, 1, \cdots \tag{2.153}$$

の初期値鋭敏性を考察する．二つの異なる初期値 $\bm{x}_0, \bm{y}_0 = \bm{x}_0 + \bm{z}_0$ に対する解 $\bm{x}_m, \bm{y}_m = \bm{x}_m + \bm{z}_m$ を考える．ベクトル $\bm{x}$ に関するノルムを $\|\bm{x}\|$ で表し，$\|\bm{z}_0\|$ が十分小さいとすれば，

$$\bm{z}_{m+1} = DG(\bm{x}_m)\bm{z}_m \tag{2.154}$$

が得られる．ただし，$DG(\bm{x})$ は $G(\bm{x})$ のヤコビ行列である．接ベクトル

$$\widehat{\bm{z}}_m = \frac{\bm{z}_m}{\|\bm{z}_0\|} \tag{2.155}$$

を導入し，$\bm{x}_m = G^m(\bm{x}_0)$ のヤコビ行列 $DG^m(\bm{x}_0)$ に微分連鎖則を適用すると

$$\widehat{\bm{z}}_m = DG^m(\bm{x}_0)\widehat{\bm{z}}_0 = DG(\bm{x}_{m-1})\cdots DG(\bm{x}_0)\widehat{\bm{z}}_0 \tag{2.156}$$

一次元のリャプノフ指数の定義にみならって，n 次元のリャプノフ指数

$$\lambda(\bm{x}_0, \widehat{\bm{z}}_0) = \lim_{m\to\infty} \frac{1}{m}\ln\|\widehat{\bm{z}}_m\| \tag{2.157}$$

2.5 カオスの指標

が導入でき，これに対し以下のオゼレデック (Oseledec (1968)) の定理が知られている[52].

定理 2.7 (オゼレデックの乗法的エルゴード定理 (Multiplicative Ergodic Theorem))

すべての接ベクトル $\widehat{z}_0$ とほとんどすべての x_0 に対して，式 (2.157) が存在し，かつある一つの x_0 に対しては高々 n 個の異なる $\lambda(x_0, \widehat{z}_0)$ が存在する．具体的には，接ベクトル $\widehat{z}_{0,j}$ に対する $\lambda(x_0, \widehat{z}_{0,j})$ を $\lambda_j(x_0) = \lambda(x_0, \widehat{z}_{0,j})$ とし，更に便宜上，大きさの順で

$$\lambda_1(x_0) \geq \lambda_2(x_0) \geq \cdots \geq \lambda_n(x_0) \tag{2.158}$$

である．$\{\lambda_j(x_0)\}_{j=1}^n$ は，点 x_0 でのリャプノフ指数に相当する．もし $G(\cdot)$ が μ に関してエルゴード的であれば，上記はほとんどあらゆる x_0 に対して不変で $\lambda_j = \lambda_j(x_0)$ と置ける．この場合の $\{\lambda_j\}_{j=1}^n$ は，$G(\cdot)$ の**リャプノフスペクトラム**と呼ばれている．なお，ほとんどあらゆる x_0 に対し

$$\lambda_1 > 0 \tag{2.159}$$

となる接ベクトル $\widehat{z}_{0,j}$ が少なくとも一つ存在すれば，その解は**カオスアトラクタ** (chaotic attractor) であるとしばしば定義される．また，一般的に

$$\lambda_1 \geq \lambda_2 \geq \cdots \geq \lambda_j > 0 > \lambda_{j+1} \geq \cdots \geq \lambda_n \tag{2.160}$$

であれば，j 個の方向に拡大的であり，残りの $n-j$ 個の方向に縮小的である．

なお，写像 $G(\cdot)$ が不変測度 μ に関してエルゴード的であれば，n 次非負値対称行列 $[DG^m(x_0)] \cdot [DG^m(x_0)]^T$ の j 番目の固有値 $\{\sigma_j^2(m)\}_{j=1}^n$ (式 (2.154) の $DG^m(x_0)$ の固有値 $\sigma_j(m)$ は**特異値** (singular value) と呼ばれる) で

$$\lambda_j = \lim_{m \to \infty} \frac{1}{m} \ln |\sigma_j(m)| \tag{2.161}$$

例 2.24 (例 2.8 の続き：パイこね変換)　例 2.8 のパイこね変換のヤコビ行列は

$$DG_B(\cdot) = \begin{pmatrix} 2 & 0 \\ 0 & \frac{1}{2} \end{pmatrix} \tag{2.162}$$

であったので，二つのリャプノフ指数 $\lambda_1 = \ln 2 > 0$，$\lambda_2 = -\ln 2 < 0$ が存在する．したがって，一方向には拡大的，他方向には縮小的である．なお，パイこね変換は保測変換であるので，$\lambda_1 + \lambda_2 = 0$ が成立することは自明であろう．■

次に，n 次元連続力学系

$$\frac{dx}{dt} = F(x) \tag{2.163}$$

の場合を考察しよう．離散系の場合と同様に，二つの初期値 $x(0), y(0) = x(0) + z(0)$ に対する解 $x(0), y(0) = x(0) + z(0)$ のかい離の時間発展は，$\|z(0)\| \ll 1$ であれば

$$\frac{dz(t)}{dt} = DF(x(t))z(t) \tag{2.164}$$

に従うので，接ベクトル

$$\widehat{\boldsymbol{z}}(t) = \frac{\boldsymbol{z}(t)}{\|\boldsymbol{z}(0)\|} \tag{2.165}$$

に関する微分方程式

$$\frac{d\widehat{\boldsymbol{z}}(t)}{dt} = DF(\boldsymbol{x}(t))\widehat{\boldsymbol{z}}(t) \tag{2.166}$$

の解からリャプノフ指数

$$\lambda(\boldsymbol{x}_0, \boldsymbol{z}_0) = \lim_{t \to \infty} \frac{1}{t} \|\boldsymbol{x}(t)\| \tag{2.167}$$

が導入される．上記量の具体的計算法や数値例がいくつか報告されている．

リャプノフスペクトラムを用いて，三次元の連続力学系における**アトラクタ** (attractor) の分類が以下のようになされている[53]．

$$\left.\begin{array}{ll} 不動点：(-,-,-) & リミットサイクル，周期解：(0,-,-) \\ トーラス：(0,0,-) & ストレンジアトラクタ：(+,0,-) \end{array}\right\} \tag{2.168}$$

2.5.3 エントロピー

情報理論の分野での最も基本的量は，シャノン (Shannon) のエントロピーである．これは，発生確率 p_i の確率事象 E_i が k 個あるときの起きる事象の不確かさ

$$H_S = -\sum_{i=1}^{k} p_i \log p_i \tag{2.169}$$

で定義されている．コルモゴロフ (Kolmogorov) はエルゴード写像 $G(\cdot) : X \to X$ が不変測度 μ を有する場合に**コルモゴロフ–シナイエントロピー** (Kolmogorov–Sinai entropy)（または**測度論的エントロピー** (measure–theoretic entropy) と呼ばれる）を以下のように定義した[12),57),58)]．

A を互いに素でかつ非自明な領域 a_i からなる X の分割であるとし，更に，$n(A)$ をそれらの領域の数を表すとする．すなわち

$$X = \bigcup_{i=1}^{n(A)} a_i, \quad a_i \cap a_j = \phi, i \neq j, \quad 1 \leq i, j \leq n(A) \tag{2.170}$$

ただし，測度 μ が存在するとき分割 $A = \{a_i\}$ によるエントロピー $H(\mu, A)$ を

$$H(\mu, A) = -\sum_{i=1}^{n(A)} \mu(a_i) \ln \mu(a_i) \tag{2.171}$$

とする．分割 A の G による逆像 $G^{-1}(A) = \{G^{-1}(a_i)\}$ 自身も一つの X の分割を与える．X の二つの分割 $A = \{a_i\}_{i=1}^{n(A)}$，$B = \{b_i\}_{i=1}^{n(B)}$ に対して A, B の**積**（または**結合**）$C = A \vee B$ を

$$C = A \vee B = \{c_i = a_j \cap b_k | 1 \leq j \leq n(A), 1 \leq k \leq n(B)\} \tag{2.172}$$

で定義する．一般に

2.5 カオスの指標

$$n(A)n(B) \geqq n(A \vee B) \geqq max(n(A), n(B)) \tag{2.173}$$

が成立する．更に

$$h(\mu, G, A) = \lim_{n \to \infty} \frac{1}{n} H(\mu, A \vee G^{-1}(A) \vee \cdots \vee G^{-n+1}(A)) \tag{2.174}$$

とおくと，これは，**エントロピーレート** (entropy rate) を表す．コルモゴロフ–シナイエントロピーは，可能なすべての分割 A に対するエントロピーレートの最大値

$$h(\mu, G) = \sup_A h(\mu, G, A) \tag{2.175}$$

で定義されている．

一方，位相的エントロピー $h_T(G)$ は，μ の存在を仮定しないで次式で定義されている[12]．

$$h_T(G) = \sup_A \lim_{n \to \infty} \frac{1}{n} \ln n(A \vee G^{-1}(A) \vee \cdots \vee G^{-n+1}(A)) \tag{2.176}$$

例 2.25　(例 2.22 の続き)　非対称テント写像 $\tau_{ATc}(\cdot)$ の分割 A は明らかに

$$A = [0, c] \cup [c, 1] \tag{2.177}$$

であるので

$$\left.\begin{array}{rcl} A \vee \tau_{ATc}^{-1}(A) &=& [0,c] \cup [c,1] \\ A \vee \tau_{ATc}^{-1}(A) \vee \tau_{ATc}^{-2}(A) &=& [0,c_1] \cup [c_1,c] \cup [c,c_2] \cup [c_2,1] \end{array}\right\} \tag{2.178}$$

が得られる．ただし，c_1, c_2 は c の逆像 $\tau_{ATc}^{-1}(c)$ $c_1 = c^2$, $c_2 = 1 - c + c^2$ である．$\tau_{ATc}(\cdot)$ が上への (onto) 写像であることに注意すれば，任意の n に対し

$$n(A \vee \tau_{ATc}^{-1}(A) \vee \tau_{ATc}^{-n+1}(A)) = 2^n \tag{2.179}$$

が成立するから $h_T(\tau_{ATc}) = \log 2$ が得られる．■

コルモゴロフ–シナイエントロピー $h(\mu, G)$ と位相的エントロピー $h_T(G)$ との間には

$$h_T(G) \geqq h(\mu, G) \tag{2.180}$$

の大小関係が知られている．両者のエントロピーは，カオスの特徴付けが以下に述べるように異なる．すなわち，$h(\mu, G) > 0$ であれば，不変測度 μ の不変集合の上で G のダイナミックスは，μ に関してほとんどあらゆる初期値に関して**カオス的**であるという．一方，$h_T(G) > 0$ であれば，G のダイナミックスはカオス軌道を有するという．この場合，G は吸引的周期軌道だけを有し，カオス的不変集合が吸引的であるとは限らない．この状況は 2.1 節でのカオスの定義で前述した一次元カオスにおけるリー–ヨークの **3 周期解のカオス**に相当する．

測度論的エントロピーと位相的エントロピーとを一般化したエントロピーが以下のレニイ (Renyi) の **q 次のエントロピー**である[12]．

$$H_q = \frac{1}{1-q} \ln \sum_{i=1}^{r} [p_i]^q, \quad q \geqq 0 \tag{2.181}$$

ただし，$p_i (1 \leqq i \leqq r)$ は r 個の事象の生起確率である．p_i を分割 $A = \{a_i\}$ による測度 $\mu(a_i)$ に読み換えるとすると，**測度論的 q 次のエントロピー** $H_q(\mu, A)$

$$H_q(\mu, A) = \frac{1}{1-q} \ln \sum_{i=1}^{r} [\mu(a_i)]^q \tag{2.182}$$

が導入できるので，分割 $A = \{a_i\}$ の写像 $G(\cdot)$ による細分割に関する**測度論的 q 次のエントロピーレート** $h_q(\mu, G, A)$ は

$$h_q(\mu, A) = \sup_A \lim_{n\to\infty} \frac{1}{n} \cdot H_q(\mu, A \vee G^{-1}(A) \vee \cdots \vee G^{-n+1}(A)) \tag{2.183}$$

と定義できる．上式に q の特別な値を代入すると，$h(\mu, G)$ と $h_T(G)$ との関係式

$$\lim_{q\to 1} h_q(\mu, A) = h(\mu, G), \quad h_{q=0}(\mu, A) = h_T(G) \tag{2.184}$$

が得られる．ただし，$q \to 1$ ではロピタル (L'Hospital) 則を用いた．

2.5.4 次 元

カオスを特徴づける重要な量として，各種の**次元** (dimension) として，**容量次元** (capacity dimension)，**レニイ次元** (Renyi dimension)，**情報次元** (information dimension)，**相関次元** (correlation dimension)，**リャプノフ次元** (Lyapunov dimension) などが提案されている．以下にこれらの定義を列挙しよう[12), 54), 55)]．

点が 0 次元，直線が一次元，我々の住んでいる空間が三次元であることなどは経験的に理解しているが，簡単な幾何学的対象でも**整数次元**を有していない（すなわち，**フラクタル次元** (fractal dimension) である）場合，その形状の直観的理解から非整数性は明らかであろう．一般的な場合の**次元**は以下のように定義される．

いま，考察している k 次元の対象を長さ ε の k 次元超立方体 C_i（したがって，体積 ε^k）で覆うために必要な C_i の個数を $r(\varepsilon)$ とするとき

$$D_C = \lim_{\varepsilon \to 0} \frac{\ln r(\varepsilon)}{\ln \frac{1}{\varepsilon}} \tag{2.185}$$

は**容量次元**，または **box–counting 次元**，**フラクタル次元**と呼ばれる．上式は，ε が十分小さいとき，スケーリング則

$$r(\varepsilon) \sim \varepsilon^{-D_C} \tag{2.186}$$

が成立することを意味する．例えば，安定平衡点のような点アトラクタの場合，ε に無関係に $r(\varepsilon) = 1$ であるので，$D_C = 0$ であり，リミットサイクルのような周期的アトラクタの場合，l を閉曲線の長さであるとすると $r(\varepsilon) \sim l/\varepsilon$ であるので，$D_C = 1$ である．これらの結果は我々の直観と一致する．また，図 2.12 のエノンアトラクタのようなストレンジアトラクタの場合，$D_C \sim 1.3$ というフラクタル次元の数値計算結果が報告されている．

例 2.26（カントールの中央 3 分の 1 集合 (middle–third Cantor set)）　区間 $[0, 1]$ を 3 等分し，真ん中の区間 $[1/3, 2/3]$ を消去し，残りの二つの区間 $[0, 1/3]$, $[2/3, 1]$ をおのおの 3

2.5 カオスの指標

等分し，真ん中の区間 [1/9, 2/9], [7/9, 8/9] をおのおの消去する．更に，残った区間を3等分し，真ん中の区間を消去する．……　これらの操作を無限回繰り返した極限に残った**図 2.21**に示すような点の集合は**カントール集合**と呼ばれる．この場合，整数 n に対して $\varepsilon = (1/3)^n$ とおくと，明らかに $r(\varepsilon) = 2^n$ であり，$\varepsilon \to 0$ は $n \to \infty$ に対応するので，$D_C = \ln 2 / \ln 3$ が得られる．なお，さまざまな対象のフラクタル次元の計算例はフラクタルの専門書[56]を参考にされたい．

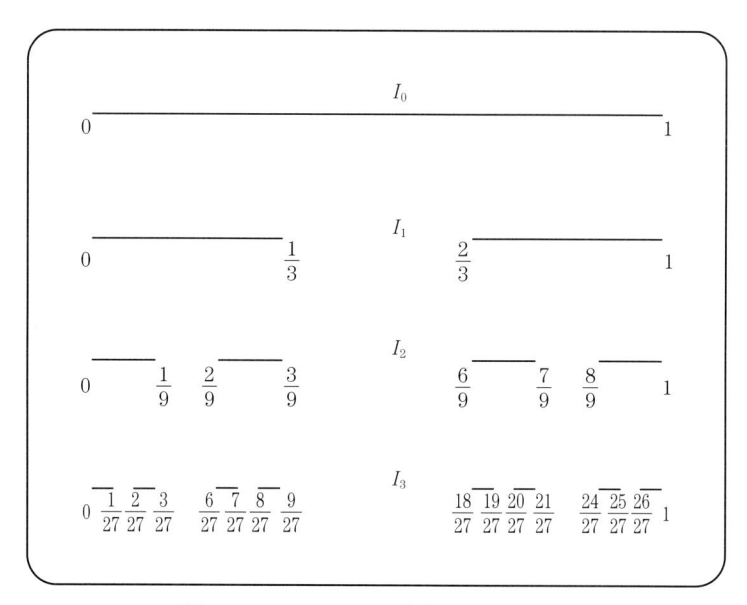

図 2.21　カントールの中央 3 分の 1 集合

しかしながら，カオス的アトラクタの次元を定義する場合のように実際の対象に対しては被覆するに必要な C_i の数 $r(\varepsilon)$ は式 (2.186) のスケーリング則だけでは正確に表現できないことは明らかであろう．これを改善するために，C_i に以下のような測度 μ が導入できる場合を考察しておこう[54]．

k 次元位相空間で初期値 $\boldsymbol{x}_0$ の解軌道が時間 $0 \leqq t \leqq T$ 中に k 次元超立方体 C_i で滞在している時間を $N_T(C_i, \boldsymbol{x}_0, T)$ と表すと

$$\mu(C_i, \boldsymbol{x}_0) = \lim_{T \to \infty} \frac{N_T(C_i, \boldsymbol{x}_0, T)}{T} \tag{2.187}$$

は解軌道の C_i での出現頻度を意味する．カオスアトラクタのように，エルゴード性などの性質が満たされている場合，上記量はほとんどあらゆる $\boldsymbol{x}_0$ に無関係な一定値を与えるので，これを $\mu(C_i)$ と記すとこれは C_i の測度に対応する[58]．

$-\infty < q < \infty$ の q に対して

$$D_q = \frac{1}{q-1} \lim_{\varepsilon \to 0} \frac{\ln Z(q, \varepsilon)}{\ln \varepsilon} \tag{2.188}$$

が導入できる．ただし，$Z(q,\varepsilon)$ は，統計物理学の分野での**分配関数** (partition function)

$$Z(q,\varepsilon) = \sum_{i=1}^{r(\varepsilon)} [\mu(C_i)]^q \tag{2.189}$$

である[58]．式 (2.188) の D_q は，大きな値の $\mu(C_i)$ が次元の評価により大きく寄与することを意味している．また，その寄与の度合いを制御するパラメータが q である．実際，D_q は q に関して非増加関数である．すなわち

$$D_{q_1} \leqq D_{q_2}, \quad q_1 > q_2 \tag{2.190}$$

が成立する．式 (2.188) は式 (2.181) のレニエントロピー $H_q(\mu, A)$ の分割 $A = \{a_i\}$ を k 次元超立方体からなる集合 $C = \{C_i\}$ に読み換えると

$$D_q = \lim_{\varepsilon \to 0} \frac{\ln H_q(\mu, C)}{\ln \frac{1}{\varepsilon}} \tag{2.191}$$

となるので，これは**レニイ次元**あるいは**次元スペクトラム** (spectrum of dimensions)，**一般化次元** (generalized dimension) などと呼ばれる[54],[58]．

$$\left.\begin{array}{l} D_0 = \lim_{\varepsilon \to 0} \dfrac{\ln Z(0,\varepsilon)}{\ln \varepsilon} \qquad \text{容量次元} \\[2mm] D_1 = \lim_{\varepsilon \to 0} \dfrac{\sum_i \mu(C_i) \ln \mu(C_i)}{\ln \varepsilon} \qquad \text{情報次元} \\[2mm] D_2 = \lim_{\varepsilon \to 0} \dfrac{\ln Z(2,\varepsilon)}{\ln \varepsilon} \qquad \text{相関次元} \end{array}\right\} \tag{2.192}$$

などの関係式が成立する．以下にこれらを少し詳しく考察しよう．

① $q = 0$ の場合　すべての超立方体 C_i の測度 $\mu(C_i)$ が等確率，すなわち $\mu(C_i) \propto 1/r(\varepsilon)$ であるので，D_0 は式 (2.185) の D_C と一致する．なお，測度 $\mu(C_i)$ が等確率の場合には D_q は q に無関係な一定値である．

② $q = 1$ の場合　$q \to 1$ ではロピタル則を用いた．なお，命名は右辺の分子がシャノンのエントロピーに相当することからきている．

③ $q = 2$ の場合　実測データによるカオスアトラクタに関して，以下のように容易に求めることができるので，最も多用される次元である．

n 次元位相空間の解軌道 $\{\boldsymbol{x}_i\}_{i=1}^{r(\varepsilon)}$ が与えられたとしよう．ベクトルのノルムを $\|\boldsymbol{x}\|$ で表し，単位ステップ関数 $U(x)$ を

$$U(x) = 1\,(x > 0 \text{ のとき}),\ \text{または}\ 0\,(x \leqq 0 \text{ のとき}) \tag{2.193}$$

とすると

$$R(i,\varepsilon) = \frac{1}{r(\varepsilon)} \cdot \sum_{j=1}^{r(\varepsilon)} U(\varepsilon - \|\boldsymbol{x}_i - \boldsymbol{x}_j\|)$$

は，解軌道 $\{\boldsymbol{x}_i\}_{i=1}^{r(\varepsilon)}$ が $\boldsymbol{x}_i$ を中心とした半径 ε の超立方体 C_i に入る確率 $\mu(C_i) = R(i,\varepsilon), 1 \leqq i \leqq r(\varepsilon)$ を表すので

$$Z(2,\varepsilon) = \sum_i^{r(\varepsilon)} R(i,\varepsilon)\mu(C_i) = \frac{1}{r(\varepsilon)^2} \cdot \sum_{i,j=1}^{r(\varepsilon)} U(\varepsilon - \|\boldsymbol{x}_i - \boldsymbol{x}_j\|) \qquad (2.194)$$

上式は $Z(2,\varepsilon)$ が**相関積分** (correlation integral) で計算できることを示している．各種のストレンジアトラクタの次元の例が報告されている．

このように，q の値によって多数の次元が定義できる．特に，典型的なカオスアトラクタのように，測度 $\mu(C_i)$ が i によって変化する場合には，各種のカオスアトラクタに関して数値計算による D_q の値が報告されている．

最後に，アトラクタの次元がリャプノフ指数と関係していることを述べておく．

式 (2.158) のように，n 個のリャプノフ指数 $\{\lambda_i\}_{i=1}^n$ を大きさの順で番号づけしたとしよう．p を $\sum_{i=1}^p \lambda_i \geqq 0$ を満たす最大の整数とする．Kaplan–Yorke[59] は，**リャプノフ次元** (Lyapunov dimension) と呼ばれる数 D_L

$$D_L = p + \frac{\sum_{i=1}^p \lambda_i}{|\lambda_{p+1}|} \qquad (2.195)$$

を導入し，情報次元とは以下の不等式

$$D_1 \leqq D_L \qquad (2.196)$$

が成立し，実際のストレンジアトラクタでは等式が成り立つことを予想した．

☕ 談 話 室 ☕

決定論とランダム性　科学は，人が長い間悩まされてきた自然現象の偶然性やランダム性に打ち勝つべく，自然界には多くの規則性・法則があるものとしてその諸法則を明らかにするように努めてきた[74]．しかしながら，天才数学者ポアンカレ (A.Poincaré) は，不変かつ正確な諸法則に従うシステムであっても，ラプラス (P.S.Laplace) の全能の神の持つ初期状態の知識が無限精度でない限り，システムが常に予測可能であるとは限らないことに気づいていた．その典型例が**カオス**である．一方，20世紀の最も偉大な物理学者アインシュタイン (A.Einstein) は，「宇宙を相手には，神はサイコロ遊びをしない」と確信していた[74]．「神がサイコロ遊びをしているかどうか」の議論はおいておくとして，我々に「いかにサイコロ遊びをしているか？」や「なぜサイコロ遊びをする必要があるか？」などの疑問を抱かせる状況は少なくない．

「乱数とは何か？」という一種の哲学的疑問[74,75] について考察することは，重要であろう．しかし，白色雑音や i.i.d. 情報源が離散力学系のカオスで等価的に実現できると，自然界の不可避な雑音が生成できるので，決定論と偶然性との境目がはっきりしな

くなる.

　もちろん前述のことが厳密に実現できるためには，ラプラスの全能の神の考え方を援用しなければならない．ここらあたりが決定論と偶然性のジレンマに折り合いをつけるところかもしれない．

本章のまとめ

❶ **接線分岐**　写像 $x_{m+1} = \tau(x_m)$ の p 周期点 $x = \overline{x}_{p,j}$ での微分
$$g(\overline{x}_{p,j}; \tau^p) = \frac{d\tau^p}{dx}\bigg|_{x=\overline{x}_{p,j}}$$
が1となる写像のパラメータの点（分岐点）前後のパラメータで周期点の安定性が変化することを指す．

❷ **熊手型分岐・周期倍加分岐**　上記と同様であるが微分値が -1 となる写像のパラメータの分岐点で $2p$ 周期点が生じる．

❸ **位相同形**　二つの写像 $z_{m+1} = f(z_m)$ と $x_{m+1} = g(x_m)$ がおのおの不変測度 $p_f(z)dz, p_g(x)dx$ を有するとする．1対1の変数変換 $z_n = h(x_n)$ を導入すると
$$f = h \circ g \circ h^{-1}$$
及び
$$p_f(z) = p_g(h^{-1}(z)) \cdot \left|\frac{dh^{-1}(z)}{dz}\right|$$
の関係が成立する．

❹ **コイン投げとベルヌイシフト写像**　ベルヌイシフト写像 $x_{m+1} = 2x_m$, mod 1 の実数値 x_m の2進展開 $x_m \stackrel{2}{=} 0.b_1 b_2 \cdots$ を導入すれば，$x_{m+1} \stackrel{2}{=} 0.b_2 b_3 \cdots$ が得られる．すなわち $\sigma(\boldsymbol{b}) = (b_2 b_3 \cdots), \boldsymbol{b} = (b_1 b_2 \cdots)$ の関係が成立する．ただし，σ はシフト写像である．この意味でコイン投げは i.i.d.2 値系列 $\{b_i\}_{i=1}^{\infty}$ の生成モデルである．

❺ **パイこね変換と二次元版のベルヌイシフト写像**　単位矩形領域内の二次元の点 $p = (x, y)$ に対し，おのおのの二つの実数を2進展開 $x \stackrel{2}{=} 0.s_0 s_{-1} s_{-2} \cdots, y \stackrel{2}{=} 0.s_1 s_2 s_3 \cdots$ すると，x または y が2進有理数点以外は，p は唯一の両側無限2進系列 $S(p) = (\cdots s_3 s_2 s_1 . s_0 s_{-1} s_{-2} \cdots)$ で表される．これらの点からなる集合を Λ とすると，σ と $G_B|_\Lambda$ 間には位相同形の関係 $S \circ G_B|_\Lambda = \sigma \circ S$ が成立するので2値系列 $S(p)$（記号力学系と呼ばれる）は位相同形を定義する変数変換 $h(\cdot)$ の例とみなせる．$p \to \widehat{p} = G_B(p)$ を実現する二次元の写像 $(x_{m+1}, y_{m+1}) =$

$G_B(x_m, y_m): x_{m+1} = 2x_m - s_0, y_{m+1} = 2^{-1}(y_m + s_0)$ はパイこね変換と呼ばれ，二次元版のベルヌイシフト写像である．

❻ **不変測度**　　区間 I から I への写像 $x_{m+1} = \tau(x_m)$ の軌道 $\{x_m\}_{m=0}^{\infty}$ が I の部分集合 S を訪れる頻度（測度 $\mu(S)$）は，カオスを特徴づける最も基本的な量である．μ がルベグ測度に関して絶対連続であれば
$$\mu(S) = \int_S f^*(u) du$$
となる密度関数 $f^*(u)$ が存在する．

❼ **エルゴード理論**　　$\tau(x_m)$ が不変測度 $f^*(x)dx$ を有すれば，ほぼ任意の初期値 x_0 に対し $\{x_m\}_{m=0}^{\infty}$ に沿った関数 $H(\cdot)$ の長時間平均
$$\overline{H}(x) \stackrel{\text{def}}{=} \lim_{T \to \infty} \frac{1}{T} \sum_{m=0}^{T-1} H(x_m)$$
は H の I 上の空間平均
$$<H> \stackrel{\text{def}}{=} \int_I H(x) f^*(x) dx$$
と一致する．これを個別エルゴード定理と呼ぶ．

❽ **ペロン–フロベニウス作用素と確率保存則**　　不変密度 $f^*(x)$ はペロン–フロベニウス作用素 P_τ の関数方程式 $P_\tau f^*(x) = f^*(x)$ の解である．これは写像 $x = \tau(y)$ の下での入力測度 $f_Y(y)dy$ と出力測度 $f_X(x)dx$ の間の確率保存則
$$P_\tau f(x) = \sum_{y = \tau^{-1}(x)} \frac{f(y)}{|\tau'(y)|}$$
の言い換えである．すなわち，$f_X(x) = P_\tau f_Y(y)$ が成立する．

❾ **カオスの指標**　　カオス軌道 $\{x_m\}_{m=0}^{\infty}$ を特徴づける指標として，リャプノフ指数
$$\lambda(x_0) = \lim_{T \to \infty} \frac{1}{T} \sum_{i=0}^{T-1} \ln |\tau'(x_i)|$$
や n 次元写像 $\boldsymbol{x}_{m+1} = G(\boldsymbol{x})$ の多次元版であるリャプノフ指数
$$\lambda(\boldsymbol{x}_0, \widehat{\boldsymbol{z}}_0) = \lim_{T \to \infty} \frac{1}{T} \sum_{i=0}^{T-1} \ln ||\widehat{\boldsymbol{z}}||, \quad \widehat{\boldsymbol{z}} = \frac{\boldsymbol{z}_m}{||\boldsymbol{z}_m||}$$
のほか各種のエントロピーや次元がある．

●理解度の確認●

問 2.1　微分連鎖則　　$f: I \to \mathbb{R}^n$, $g: \mathbb{R}^n \to R$ の合成関数の微分
$$\frac{d}{dt} g(f(t))$$
を求めよ．

問 2.2 行列値関数の微分方程式　　n 次の正方行列 $X = [x_{ij}](1 \leq i, j \leq n)$ の要素が時間 t の関数 $x_{ij} = x_{ij}(t)$ であるとき，$X = X(t)$ と表す．$X(t)$ が正方行列 U を初期値とする行列値関数に対する初期値問題

$$\frac{dX}{dt} = AX, \quad X(0) = U$$

の解であるとする．ただし，$A = [a_{ij}]$ は n 次の正方行列である．U の行列式を $|U|$ と表す．以下の問いに答えよ．

(1) $X(t)$ は $X(t) = e^{tA}U$ であることを示せ．また，A の固有値を $\{\lambda_i\}_{i=1}^n$ とする．e^{tA} の固有値を求めよ．

(2) $|X(t)|$ は初期値問題
$$\frac{d}{dt}|X(t)| = \text{trace}A|X(t)|, \quad |X(0)| = |U|$$
を満たすことを示せ．

(3) $|U| \neq 0$ のとき，$|e^{tA}| = e^{t \cdot \text{trace}A}$ が成立することを示せ．

(4) 行列 A
$$A = \begin{bmatrix} 0 & -1 \\ 1 & 0 \end{bmatrix}$$
の e^{tA} を求めよ．

3 カオスによる情報源

本章では，まず情報理論で用いられる情報源がカオスで生成できることを示す．次に，擬似乱数の生成法やカオスの乱雑さを調べるための，ペロン–フロベニウス作用素に基づく解析法を紹介する．

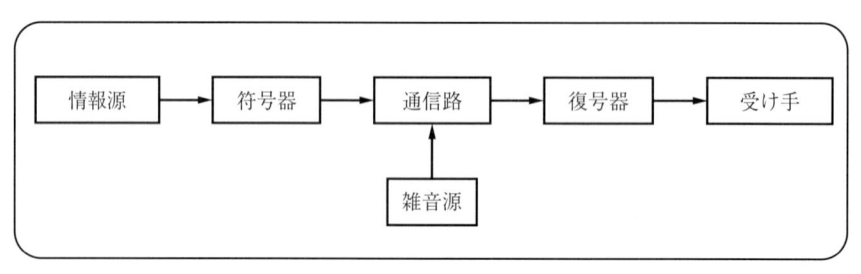

3.1 シャノンの通信モデル

シャノンの通信モデルは図 3.1 に示すように，情報源，受け手，通信路の三つの部分からなる[63]．図 3.2 はディジタル通信システムの詳細図である．現実の通信系は確率・統計的性質を有するので，系の性能は決定論的意味では論じられない．むしろ，統計学的に論じられる[64]．**情報源**は与えられた記号から記号列を選び伝送する装置である．その選択はある種の統計規則に基づくが，むしろランダムに行われる．**通信路**は入力記号列を**受け手**に伝送する．通信路の性能もまた確率規則に基づく．したがって，情報源，通信路，符号器，復号器，雑音源，受け手のいずれも統計学的に定義されるので，通信系の基礎理論では確率論の知識が

図 3.1 シャノンの通信モデル

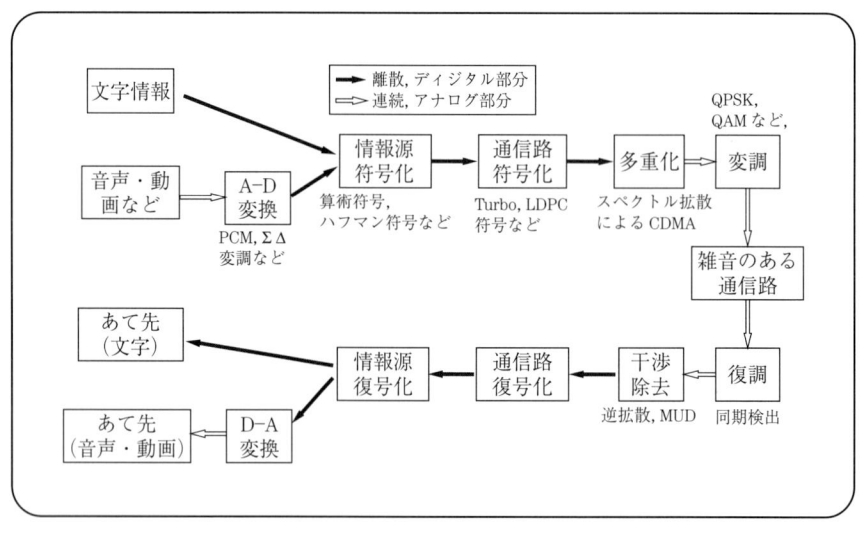

図 3.2 ディジタル通信システム

必要である．通信理論は確率論の習得なしでは研究できない[64]〜[67]．これが情報源とカオスの密接な関係を議論する最大の背景・動機である[68]．なぜならば2章の議論から明らかなように，カオスは**決定論的性質**と**確率論的性質**を両方有しているからである．

3.2 区分線形マルコフ写像によるマルコフ情報源

マルコフ情報源の設計に関しては，非線形サンプル値制御系の研究で，非線形性とサンプリングが共存すると**確率論的振舞い（カオス）**が生じ，これが N_s 状態のマルコフ連鎖で表現できることを指摘し，更にマルコフ連鎖を区分線形写像へ埋め込む方法を提案したカルマン (Kalman) の 1956 年の先駆的研究[69]を挙げなければならない．

定義 3.1（マルコフ情報源）　状態空間 $S = \{1, 2, \cdots, N_s\}$ と記号集合 $\varGamma = \{1, 2, \cdots N_a\}$ に対し，**遷移確率行列** $P = \{p_{ij}\}_{i,j=1}^{N_s}, p_{i,j} \geq 0, \forall i,j; \sum_{j=1}^{N_s} p_{ij} = 1$ を持つ N_s 状態の**マルコフ連鎖** $Z_0, Z_1, \cdots$ に付随して，写像 $\phi(\cdot) : S \to \varGamma$ を考える．Z_0 を $\Pr[Z_0 = s_j] = u_j$ となるように選んだとする．系列

$$X_n = \phi(Z_n), n = 1, 2, \cdots \tag{3.1}$$

を**マルコフ情報源**と呼ぶ．

カルマンは非零の遷移確率行列 $P = \{p_{ij}\}_{i,j=1}^{N_s}$ を有する N_s 状態のマルコフ連鎖と等価な離散力学系 $\tau(\cdot)$ を以下のように構成した．

区間 $I = [0, 1]$ を分割点 $0 = d_0 < d_1 < d_2 < \cdots < d_{N_s} = 1$ に関して N_s 個の部分区間

$$I = \cup_{i=1}^{N_s} J_i, \quad J_i = [d_{i-1}, d_i], \quad 1 \leq i \leq N_s \tag{3.2}$$

に分割し（$\tau(d_i) \in \{d_j\}_{j=0}^{N}, 1 \leq^{\forall} i \leq N_s$ を満たすとき，$\{d_j\}_{j=0}^{N_s}$ を**マルコフ分割**と呼ぶ），更にその N_s 個の部分区間（合計 N_s^2 個の部分区間）

$$J_i = \cup_{j=1}^{N_s} J_{i,j}, \quad 1 \leq i, \quad j \leq N_s \tag{3.3}$$

$$J_{i,j} = \begin{cases} [d_{i-1,j-1}\ d_{i-1,j}], & \tau(d_{i-1}) = 0 \text{ のとき} \\ [d_{i-1,j}\ d_{i-1,j-1}], & \tau(d_{i-1}) = 1 \text{ のとき} \end{cases} \tag{3.4}$$

がマルコフ分割

$$\tau(d_{i,j}) = d_j, \quad 1 \leq i, \quad j \leq N_s, \quad \tau(d_i) \subseteq \{0, 1\}, \quad 0 \leq i \leq N_s \tag{3.5}$$

となるように，$\omega \in J_{i,j}$ に対する区分線形マルコフ写像 $\tau(\omega)$

$$\tau(\omega) = \begin{cases} \dfrac{[d_j - d_{j-1}]\omega + [-d_j d_{i-1,j-1} + d_{j-1} d_{i-1,j}]}{d_{i-1,j} - d_{i-1,j-1}}, & \tau(d_{i-1}) = 0 \text{ のとき} \\ \dfrac{[d_{j-1} - d_j]\omega + [d_j d_{i-1,j-1} - d_{j-1} d_{i-1,j}]}{d_{i-1,j-1} - d_{i-1,j}}, & \tau(d_{i-1}) = 1 \text{ のとき} \end{cases} \tag{3.6}$$

を与える．ただし，$1 \leqq i \leqq N_s$ に対し

$$\left. \begin{array}{l} d_{i-1} = d_{i-1,0} < \cdots < d_{i-1,N_s} = d_i, \quad \tau(d_{i-1}) = 0 \text{ のとき} \\ d_{i-1} = d_{i-1,N_s} < \cdots < d_{i-1,0} = d_i, \quad \tau(d_{i-1}) = 1 \text{ のとき} \end{array} \right\} \tag{3.7}$$

である．図 **3.3** は，3 状態マルコフ過程と等価なカルマンの方法による 9 部分区間からなる区分線形マルコフ写像の例である．

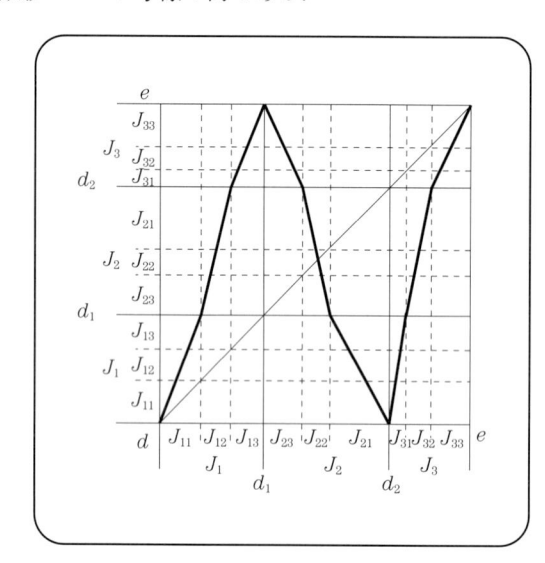

図 **3.3** 9 部分区間からなる区分線形マルコフ写像の例

その写像から得られる 9 状態の遷移確率行列 $\widehat{P}$ は

$$\widehat{P} = \begin{bmatrix} p_{11} & p_{12} & p_{13} & 0 & 0 & 0 & 0 & 0 & 0 \\ 0 & 0 & 0 & p_{21} & p_{22} & p_{23} & 0 & 0 & 0 \\ 0 & 0 & 0 & 0 & 0 & 0 & p_{31} & p_{32} & p_{33} \\ p_{11} & p_{12} & p_{13} & 0 & 0 & 0 & 0 & 0 & 0 \\ 0 & 0 & 0 & p_{21} & p_{22} & p_{23} & 0 & 0 & 0 \\ 0 & 0 & 0 & 0 & 0 & 0 & p_{31} & p_{32} & p_{33} \\ p_{11} & p_{12} & p_{13} & 0 & 0 & 0 & 0 & 0 & 0 \\ 0 & 0 & 0 & p_{21} & p_{22} & p_{23} & 0 & 0 & 0 \\ 0 & 0 & 0 & 0 & 0 & 0 & p_{31} & p_{32} & p_{33} \end{bmatrix} \tag{3.8}$$

と計算される．ただし

$$p_{ij} = \frac{|J_{i,j}|}{|J_i|}, \quad 1 \leqq i, j \leqq N_s \tag{3.9}$$

である．$\Lambda(\widehat{P}) = \Lambda(P) \cup 0^{N_s^2 - N_s}$ が成立する．ただし，$\Lambda(P)$ は行列 P の固有値の集合である．この意味で τ には P のマルコフ連鎖が埋め込まれている．図 **3.4** は，上記 $\widehat{P}$ を有するマルコフ遷移図を示したものである．なお，図中のベクトルはおのおの

$$\boldsymbol{p}_1 = (p_{11}, p_{12}, p_{13})^T, \quad \boldsymbol{p}_2 = (p_{21}, p_{22}, p_{23})^T, \quad \boldsymbol{p}_3 = (p_{31}, p_{32}, p_{33})^T \quad (3.10)$$

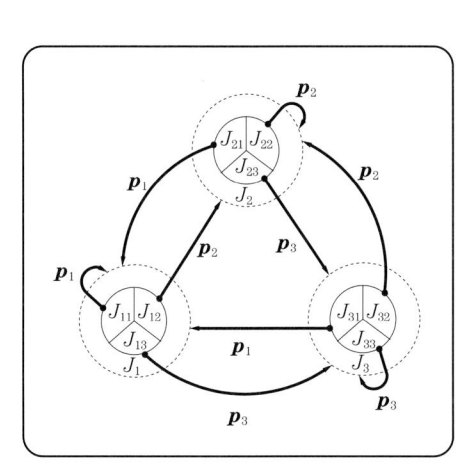

図 **3.4** 粗視化された 3 状態マルコフ遷移図

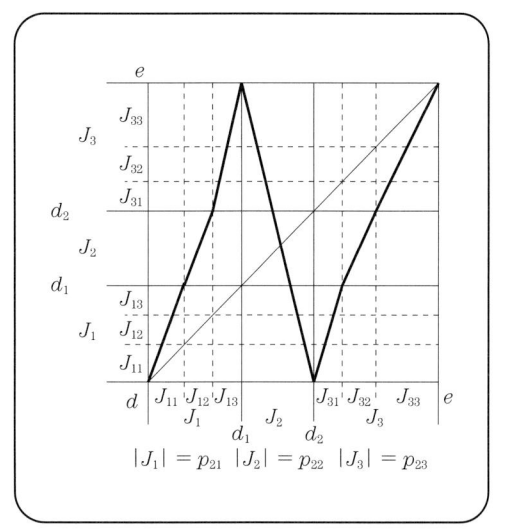

図 **3.5** 7 部分区間からなる区分線形マルコフ写像

$p_{i,j}$ は状態 $J_{k,i}$ が粗視化された状態 J_l 中の状態 $J_{l,j}$ への遷移確率である（$1 \leq i, j, k, l \leq N_s$）．$J_k$ から J_l への遷移確率を $\boldsymbol{p}_l$ とみなす，すなわち粗視化すれば 3 状態のマルコフ連鎖を実現している．図 3.4 の場合は同じ $\boldsymbol{p}_l$ が 3 箇所現れている．これが冗長性を意味する $\Lambda(\widehat{P})$ の零固有値に対応する．決定論的手続きで確率論的振舞いを実現するために，マルコフ連鎖を N_s^2 状態の離散力学系へ埋め込む方法を与えたことは注目に値する．図 **3.5** は，$N_s^2 - N_s + 1 = 7$（$N_s = 3$）状態の離散力学系へ埋め込んだ例である．詳細は文献[68),70)] を参照されたい．

3.3 カオスによる i.i.d. 2値系列生成

確率論やエルゴード理論でよく知られている，図 **3.6** のベルヌイシフト写像とラーデマッハー (Rademacher) 関数は[37),66),76)] 情報理論で重要な i.i.d. 2 値系列の生成モデル

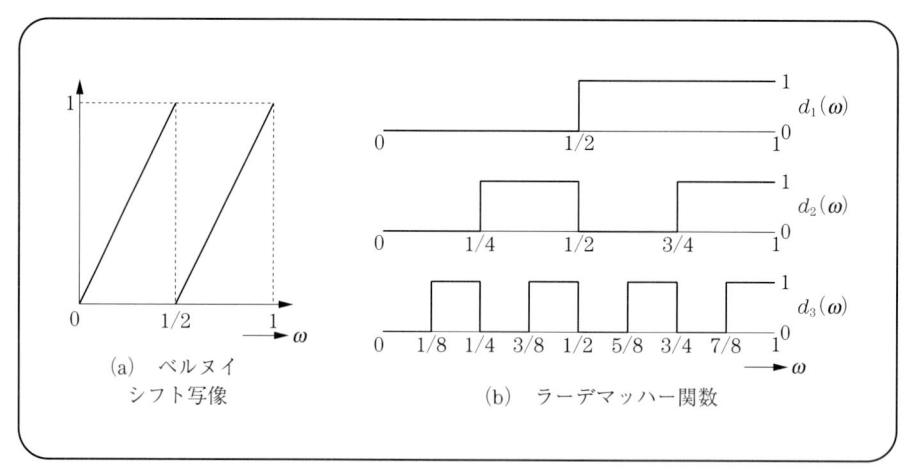

図 3.6 ベルヌイシフト写像とラーデマッハー関数

である．本節では，**カオス 2 値系列**が i.i.d. となるための条件は三つの条件にまとめられることを示す[68],[71]．

3.3.1 区分的単調写像による均等分布性と一定和性

以下の性質を満たす**区分的単調 onto 写像** (piecewise monotonic onto map, **PM onto map**) $\tau : [d,e] \to [d,e]$ を考える．

① $[d,e]$ の分割 $d=d_0 < d_1 < \cdots < d_{N_\tau} = e$ があり，おのおのの整数 $i=1,\cdots,N_\tau$ ($N_\tau \geq 2$) に対し，$\tau(\cdot)$ の定義域を区間 $[d_{i-1}, d_i]$ に限定した関数 $\tau_i(\omega) = \tau(\omega)|_{\omega \in [d_{i-1}, d_i]}$ は C^2 関数である．

② $\tau((d_{i-1}, d_i)) = (d, e)$，すなわち τ_i は "onto" である．

③ τ は唯一の ACI 測度 $f^*(\omega)d\omega$ をもつ．

定義 3.2 (写像 $\tau(\cdot)$ のペロン–フロベニウス作用素 P_τ) 　 関数 $H(\omega) \in L^\infty$ と PM onto map $\tau(\omega)$ に対してペロン–フロベニウス作用素 P_τ は

$$P_\tau H(\omega) = \frac{d}{d\omega}\int_{\tau^{-1}([d,\omega])} H(y)dy = \sum_{i=0}^{N_\tau - 1}|g_i'(\omega)|H(g_i(\omega)) \tag{3.11}$$

と定義される[23]．ただし，$g_i(\omega) = \tau_i^{-1}(\omega)$ は写像 τ の i 番目の逆像である．

$H(\omega) = \Theta_t(\omega)f^*(\omega)$ の場合を考える．$t \in (d_{m-1}, d_m)$ に対し

$$\Theta_t(g_i(\omega)) = \begin{cases} 0, & i < m \text{ のとき} \\ 1, & i > m \text{ のとき} \end{cases} \tag{3.12}$$

を得る．したがって，$i = m$ の場合のみを考えれば十分であり

$$\Theta_t(g_m(\omega)) = \begin{cases} \Theta_{\tau(t)}(\omega), & \tau'(t) > 0 \text{ のとき} \\ \overline{\Theta}_{\tau(t)}(\omega), & \tau'(t) < 0 \text{ のとき} \end{cases} \tag{3.13}$$

を得る．ただし，$\overline{\Theta}_t(\omega) = 1 - \Theta_t(\omega)$ である．$t \in (d_{m-1}, d_m)$ に対し

$$P_\tau\{\Theta_t(\omega)f^*(\omega)\}$$
$$= \begin{cases} |g_m'(\omega)|\Theta_{\tau(t)}(\omega)f^*(g_m(\omega)) + \sum_{i=m+1}^{N_\tau} |g_i'(\omega)|f^*(g_i(\omega)), & \tau'(t) > 0 \text{ のとき} \\ |g_m'(\omega)|\overline{\Theta}_{\tau(t)}(\omega)f^*(g_m(\omega)) + \sum_{i=m+1}^{N_\tau} |g_i'(\omega)|f^*(g_i(\omega)), & \tau'(t) < 0 \text{ のとき} \end{cases} \tag{3.14}$$

定義 3.3（均等分布性）　$\tau(\cdot)$ が

$$|g_i'(\omega)|f^*(g_i(\omega)) = \frac{1}{N_\tau}f^*(\omega), \quad \omega \in [d_{i-1}, d_i), \quad 1 \leq i \leq N_\tau \tag{3.15}$$

を満たすとき，**均等分布性** (equi–distributivity property, **EDP**) を有すると呼ぶ[†]．

EDP を満たす写像として，2.2 節，2.4 節の例に掲げた，R 進展開写像，テント写像，ロジスティック写像，及び k 次のチェビシェフ写像などを含む．

［注意 3.1］　EDP は写像の自明な分割 $\{J_i\}$ に基づいた，マルコフ連鎖 $\{Z_n\}_{n=0}^\infty$ による $X_n = i_n$ の系列は $|J_i|$ に比例する確率で独立に生成されることを保証する．

定義 3.4（一定和性）　EDP を満たす PM onto map のクラスに対して，関数 $H(\cdot)$ が

$$\frac{1}{N_\tau} \sum_{i=0}^{N_\tau - 1} H(g_i(\omega)) = \boldsymbol{E}[H(X)], \tag{3.16}$$

を満たすとき，$H(\cdot)$ は**一定和性** (constant summation property, **CSP**) を有すると呼ぶ．

カオス実数値軌道 $\{\omega_n\}_{n=0}^\infty$ から 2 値系列を得る三つの方法を与える[71),93)〜95)]．

［**方法 1: 閾値関数法**］　閾値関数 $\Theta_t(\omega)$（閾値 t と ω との大小に応じて 0, 1 の値をとる．等しい場合，0, 1 のどちらでもかまわない）は，Θ 系列と呼ぶ 2 値系列 $\{\Theta_t(\omega_n)\}_{n=0}^\infty$ を与える．

［**方法 2: 2 進展開法**］　$|\omega|$（$|\omega| \leq 1$）の 2 進展開 $|\omega| = 0.A_1(\omega)A_2(\omega)\cdots A_i(\omega)\cdots$ の第 i 番目のビット $A_i(\omega) \in \{0, 1\}$ は

$$A_i(\omega) = \bigoplus_{r=1}^{2^i}[\Theta_{-\frac{r}{2^i}}(\omega) \oplus \Theta_{\frac{r}{2^i}}(\omega)] \tag{3.17}$$

と表されるので，A 系列と呼ぶ 2 値系列 $\{A_i(\omega_n)\}_{n=0}^\infty$ が得られる．

[†] EDP は位相共役のもとで不変な性質である．

両法は，以下のように一般化される[71]．

[方法3: C 系列]　2値関数
$$C_T(\omega) = \bigoplus_{r=0}^{2M} \Theta_{t_r}(\omega) = \sum_{r=0}^{2M} (-1)^r \Theta_{t_r}(\omega) \tag{3.18}$$
を C 系列と呼ぶ．ただし，$T = \{t_r\}_{r=0}^{2M}$ は閾値集合である．式 (3.18) から明らかなように，$C_T(\omega)$ は実数値から2値を得る一種のパルス関数である．

[C 系列の例1]　$M = 0$ のとき，閾値系列 $C_T(\omega) = \Theta_{t_0}(\omega)$

[C 系列の例2]　$\omega \in [d, e]$ に対し $\dfrac{\omega - d}{e - d} \in [0, 1]$ を2進展開
$$\frac{\omega - d}{e - d} = 0.B_1(\omega)B_2(\omega)\cdots B_i(\omega)\cdots,\ B_i(\omega_n) \in \{0, 1\} \tag{3.19}$$
すると，B 系列と呼ぶ2値系列 $\{B_i(\omega_n)\}_{n=0}^{\infty}$ が得られる．なお，$M = 2^{i-1}$，$t_r = (e - d)r/2^i + d$ のとき，$C_T(\omega) = B_i(\omega)$ となる．

特に，$\tau(\omega)$ が例 2.2 の2進写像（ベルヌイシフト写像）$\tau_B(\cdot)$ であるとき，$B_i(\omega_n)$ は式 (2.18) の2進展開係数の b_i（図 3.6 (b) のラーデマッハー (Rademacher) 関数と呼ばれる）と同一である．ただし，コンピュータプログラムの実装では $B_i(\omega)$ は $C_T(\omega)$ よりも容易であることに注意されたい．

[補題 4.1]　EDP を満たす PM onto map から生成される $\{\Theta_t(\omega_n)\}_{n=0}^{\infty}$ は
$$P_\tau\{(\Theta_t(\omega) - p_\tau(t))f^*(\omega)\} = \frac{1}{N_\tau} s(\tau'(t))(\Theta_{\tau(t)}(\omega) - p_\tau(\tau(t)))f^*(\omega) \tag{3.20}$$
を満たす．ただし，$s(\omega)$ は signum 関数
$$s(\omega) = -1\ (\omega < 0\ \text{のとき}),\quad 1\ (\omega \geqq 0\ \text{のとき}) \tag{3.21}$$
である．

二つの系列 $\{A(\omega_n)\}_{n=0}^{\infty}$，$\{B(\omega_n)\}_{n=0}^{\infty}$ の間の共分散型相関関数の空間平均を
$$<C^{(2)}(l, A, B)> = \int_I f^*(\omega)d\omega (A(\omega_n) - <A>)(B(\omega_{n+\ell}) - <B>) \tag{3.22}$$
で定義すると，補題 4.1 を用いることにより C 系列どうし間の相互相関関数はもちろん，式 (3.17) の A 系列どうし間や式 (3.19) の B 系列どうし間のそれらが陽に評価できる．

3.3.2　カオス対称2値系列

[定義 3.5]　(対称2値系列)　$\{t_r\}_{r=0}^{2M}$ が $[d, e]$ の分割 $d = t_0 < t_1 < \cdots < t_{2M} = e$ で
$$t_r + t_{2M-r} = d + e,\quad r = 0, 1, \cdots, 2M \tag{3.23}$$
を満たす場合，$T = \{t_r\}_{r=0}^{2M}$ を**対称閾値集合**と呼び，T をもつ2値関数

3.3 カオスによる i.i.d. 2 値系列生成

$$C_T(\omega) = \bigoplus_{r=0}^{2M} \Theta_{t_r}(\omega) = \sum_{r=0}^{2M} (-1)^r \Theta_{t_r}(\omega) \tag{3.24}$$

の系列 $\{C_T(\omega_n)\}_{n=0}^{\infty}$ を**カオス対称 2 値系列**と呼ぶこととする.

図 3.7, 図 3.8 は C 系列生成器とその例(対称閾値関数)である.

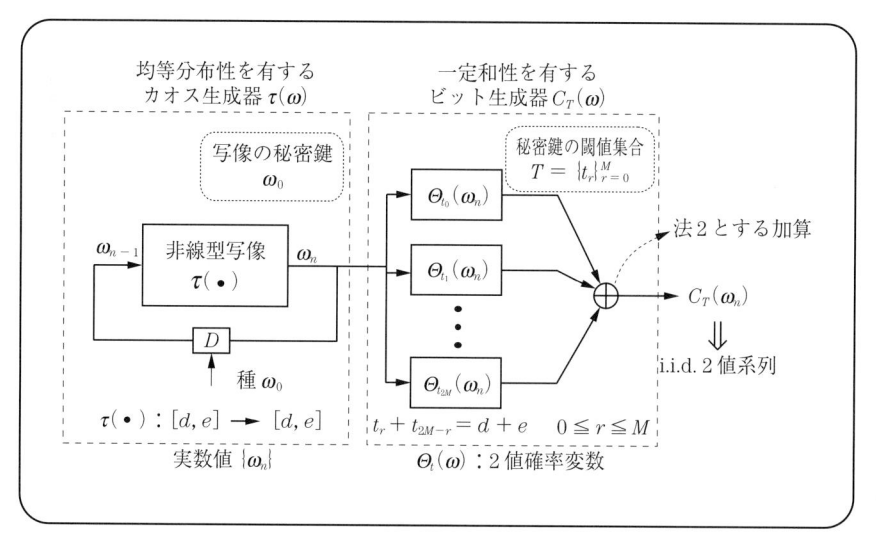

図 3.7 i.i.d. 2 値系列生成器 $C_T(\omega)$

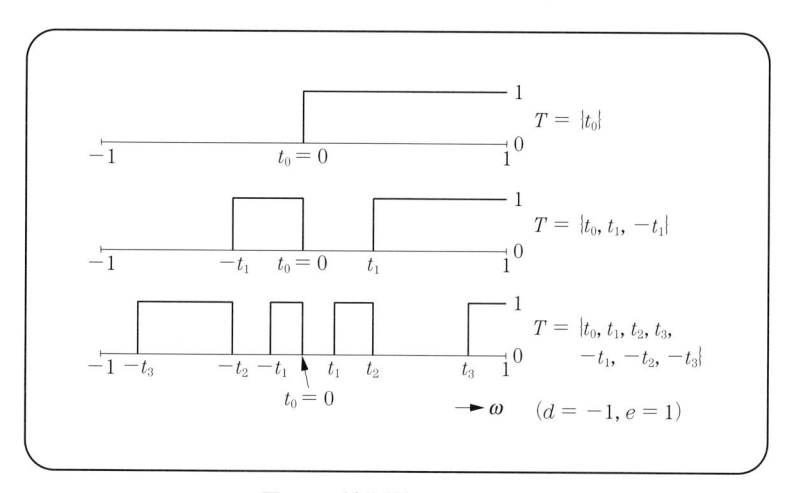

図 3.8 対称閾値関数 $C_T(\omega)$

次に,以下の性質

$$f^*(d + e - \omega) = f^*(\omega), \quad \omega \in [d, e] \tag{3.25}$$

を満たす PM onto map に限定して考えよう.これを**不変測度の対称性**と呼ぶ.

更に,式 (3.15) の EDP を満たし,かつ**写像の対称性**

$$\tau(d + e - \omega) = \tau(\omega), \quad \omega \in [d, e] \tag{3.26}$$

も満たす PM onto map のクラスを考える．このようなクラスには，テント写像，ロジスティック写像，及び偶数次数 k のチェビシェフ写像が含まれる．τ が単調で onto であることから

$$\tau\left(\frac{d+e}{2}\right) = d \text{ または } e \tag{3.27}$$

[系 3.1] 式 (3.15) 及び式 (3.26) を満たす PM onto map に対し，二つの異なる対称閾値集合を $T = \{t_r\}_{r=0}^{2M}$ 及び $T' = \{t'_r\}_{r=0}^{2M'}$ で表すとする．ただし

$$d = t_0 < t_1 < \cdots < t_{2M} = e, \ t_r + t_{2M-r} = d+e, \ 0 \leq r \leq 2M \tag{3.28}$$

$$d = t'_0 < t'_1 < \cdots < t'_{2M'} = e, \ t'_r + t'_{2M'-r} = d+e, \ 0 \leq r \leq 2M' \tag{3.29}$$

である．このとき，相互相関関数の空間平均は

$$\langle C^{(2)}(l; C_T, C_{T'}) \rangle = \begin{cases} Q_{TT'}^C - \langle C_T \rangle \langle C_{T'} \rangle, & l = 0 \text{ のとき} \\ 0 & l \geq 1 \text{ のとき} \end{cases} \tag{3.30}$$

で与えられる．ただし

$$\begin{aligned}
Q_{TT}^C &= \langle C_T \rangle = \frac{1}{2} \\
Q_{TT'}^C &= \int_I C_T(\omega) C_{T'}(\omega) f^*(\omega) d\omega = \int_{I_{TT'}^C} d\omega \\
I_{TT'}^C &= \bigcup_{r=1}^{2^{i-1}} I_T^C(r) \bigcap \bigcup_{s=1}^{2^{j-1}} I_{T'}^C(s) \\
I_T^C(r) &= [p_\tau(t_{2r}), p_\tau(t_{2r-1})]
\end{aligned} \tag{3.31}$$

$$\tag{3.32}$$

3.3.3 カオス対称2値系列の m 次均等分布性

任意の m ビットのビット列 $\boldsymbol{U} = U_0 U_1 \cdots U_{m-1}, U_n \in \{0,1\}, (0 \leq n \leq m-1)$ に対し，$\boldsymbol{u}^{(r)} = u_0^{(r)} u_1^{(r)} \cdots u_{m-1}^{(r)}, u_n^{(r)} \in \{0,1\}$ を r 番目のビット列とすると，次の定理を得る．

[定理 3.1] 3種類の対称性，すなわち，**不変測度の均等分布性** (式 (3.15)) および**不変測度の対称性** (式 (3.25))，更に**写像の対称性** (式 (3.26)) を有するエルゴード写像より生成されるカオス対称2値系列 $\{C_T(\omega_n)\}_{n=0}^\infty$ に対して

$$\Pr(\boldsymbol{u}^{(r)}, C_T) = (\langle C_T \rangle)^s (1 - \langle C_T \rangle)^{m-s} \tag{3.33}$$

が成り立つ．ただし，s は $\boldsymbol{u}^{(r)}$ における 1 の数である．

上記の定理は，ロジスティック写像や偶数次のチェビシェフ写像のようなエルゴード写像のクラスに対しては，$\{C_T(\omega_n)\}_{n=0}^\infty$ が，確率 $\langle C_T \rangle$ のベルヌイ系列を実現するので，**i.i.d.**

の 2 値系列であることを意味する．$\langle C_T \rangle = 1/2$ のときは，公平なベルヌイ系列，すなわち任意の r に対し

$$\Pr(\boldsymbol{u}^{(r)}, C_T) = \frac{1}{2^m} \tag{3.34}$$

を満たす m 次均等分布の 2 値確率変数が得られる．したがって，$C_T(\omega)$ が，2 進展開写像に対するラーデマッハー関数の一般化であるとみなせる．なお，EDP や写像と不変密度の対称性を有するカオス対称 2 値系列を基にした，多次元の i.i.d. の 2 値系列の生成法[71]や i.i.d. の p 値系列生成法[72]などについては省略する．

3.4 ヤコビだ円関数の空間曲線上の力学による i.i.d. 2 値系列

これまでは区間から区間の上への写像 $\tau(\cdot): R^1 \to R^1$ に限定していた．i.i.d. 2 値系列の生成条件（三つの対称条件）がヤコビだ円関数で規定される**平面曲線**（あるいは**空間曲線**）からその上への写像 $R^2 \to R^2$，または $R^3 \to R^3$ に対しても有効であることを確認する[131]．

3.4.1 ヤコビ–チェビシェフ有理写像

ヤコビだ円関数 $\mathrm{cn}(\omega, k)$†は第一種のルジャンドル–ヤコビのだ円積分形式

$$\omega = \int_{\mathrm{cn}(\omega,k)}^{1} \frac{dt}{\sqrt{(1-t^2)(1-k^2+k^2 t^2)}} \tag{3.35}$$

と定義される．Kohda – Fujisaki[123]は正整数 p に対して p 次のテント写像 $N_p(\omega)$ と位相共役の関係にある **p 次のヤコビ–チェビシェフ有理写像**

$$R_p^{\mathrm{cn}}(\omega, k) = \mathrm{cn}(p\,\mathrm{cn}^{-1}(\omega, k), k), \quad \omega \in [-1, 1] \tag{3.36}$$

を定義した．この場合の同相写像は

$$h^{-1}(\omega, k) = \frac{\mathrm{cn}^{-1}(\omega, k)}{2K(k)}$$

であり，$R_p^{\mathrm{cn}}(\omega, k)$ の不変測度は上記だ円積分の被積分関数の定数倍

$$f^*(\omega, k) d\omega = \frac{d\omega}{2K(k)\sqrt{(1-\omega^2)(1-k^2+k^2 \omega^2)}} \tag{3.37}$$

で与えられる．この有理関数写像はチェビシェフ多項式[50],[51]

$$T_p(\omega) = \cos(p \cos^{-1} \omega), \quad \omega \in [-1, 1] \tag{3.38}$$

---
† $\mathrm{cn}(\omega, k)$ はパラメータ $k = 0$ のとき $\cos \omega$ と一致する．

の有理関数版である．例えば $p = 2$ のとき次式となる．

$$R_2^{\mathrm{cn}}(\omega, k) = \frac{1 - 2(1-\omega^2) + k^2(1-\omega^2)^2}{1 - k^2(1-\omega^2)^2} \tag{3.39}$$

3.4.2 ヤコビだ円関数による空間力学系

まず，図 3.9 の実ヤコビだ円関数（$p = 2$）を考察する[121),122)]．

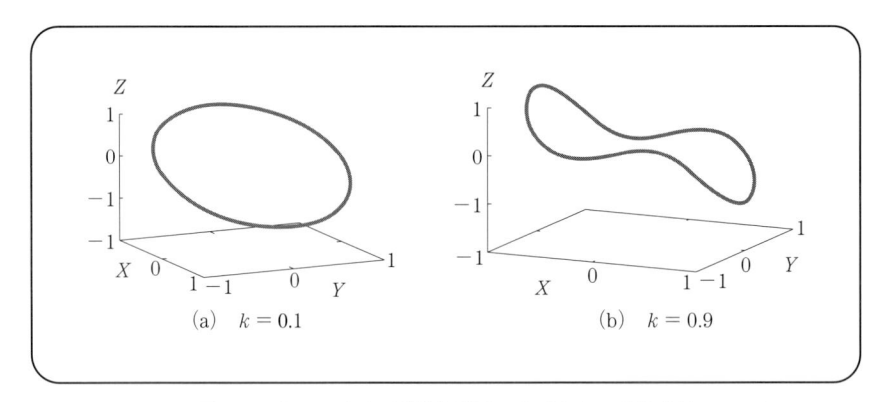

図 3.9 実ヤコビだ円関数力学系で生成される空間曲線

実ヤコビだ円関数 $X = \mathrm{cn}(u, k)$，その

一階微分 $Y = \dfrac{d}{du}\mathrm{cn}\,u$，二階微分 $Z = \dfrac{d^2}{du^2}\mathrm{cn}\,u$

からなる空間曲線 (X, Y, Z) は

$$Y^2 = (1 - X^2)(1 - k^2 + k^2 X^2), \quad Z = X(-1 + 2k^2(1 - X^2)) \tag{3.40}$$

を満たす．この代数曲線上で倍角の公式による離散力学系を定義するために変数

$$u_{n+1} = 2u_n, \quad x_n = \mathrm{cn}\,u_n, \quad y_n = \frac{dx_n}{du_n}, \quad z_n = \frac{d^2 x_n}{du_n^2} \tag{3.41}$$

を導入すると以下の三つの写像

$$\left.\begin{aligned}
x_{n+1} &= R_2^{\mathrm{cn}}(x_n, k) = \tau_x(x_n, k) \\
y_{n+1}^2 &= \left(\frac{1}{2}\frac{dx_{n+1}}{du_n}\right)^2 = (1 - x_{n+1}^2)(1 - k^2 + k^2 x_{n+1}^2) = \tau_y^2(y_n, k) \\
z_{n+1} &= \frac{1}{4}\frac{d^2 x_{n+1}}{du_n^2} = \tau_z(z_n, k) \\
&= \frac{k^2 - 1 + 2(1-k^2)x_n^2 + k^2 x_n^4}{1 - k^2(1-x_n^2)^2}\left\{1 - 2\left(\frac{1 - k^2 + k^2 x_n^4}{1 - k^2(1-x_n^2)^2}\right)^2\right\}
\end{aligned}\right\} \tag{3.42}$$

が自然に定義される．ただし，y_{n+1} は u_{n+1} と x_{n+1} により

$$y_{n+1} = \begin{cases} -\pi(x_{n+1}), & 0 < u_{n+1} \bmod 4K(k) < 2K(k) \\ \pi(x_{n+1}), & 上記以外, \pi(x) = \sqrt{(1-x^2)(1-k^2+k^2x^2)} \end{cases} \tag{3.43}$$

3.4 ヤコビだ円関数の空間曲線上の力学による i.i.d. 2 値系列

図 3.10 (a), (b) や図 3.11 (a), (b) に示すように, 二つの射影 onto map τ_x, τ_y は対称であり, おのおの対称な ACI 測度を有するので, 実数値系列 $\{x_n\}_{n=0}^\infty$ や $\{y_n\}_{n=0}^\infty$ の 2 進展開系列が i.i.d. 2 値系列となる. 図 3.10 (c) の射影 onto map τ_z が図 3.11 (c) のように対称な ACI 測度を有するか否かを考察する.

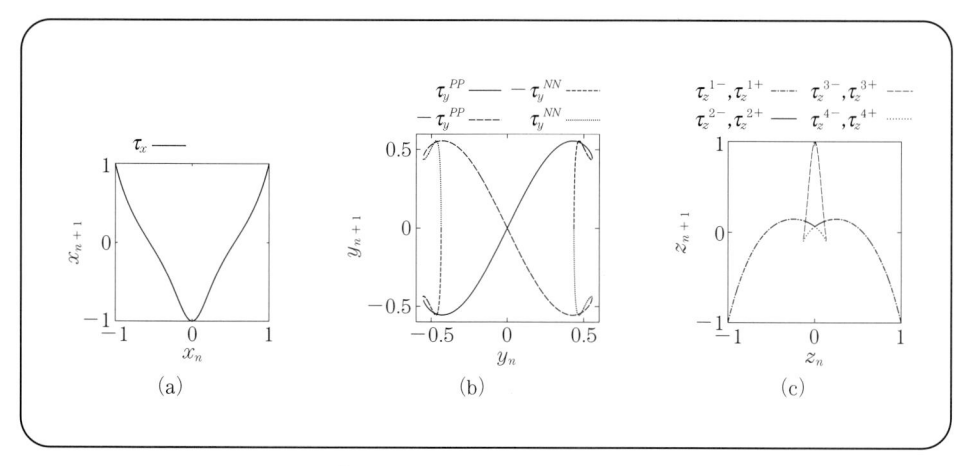

図 3.10 三つの写像 $x_{n+1} = \tau_x(x_n)$, $y_{n+1} = \tau_y(y_n)$, $z_{n+1} = \tau_z(z_n)$

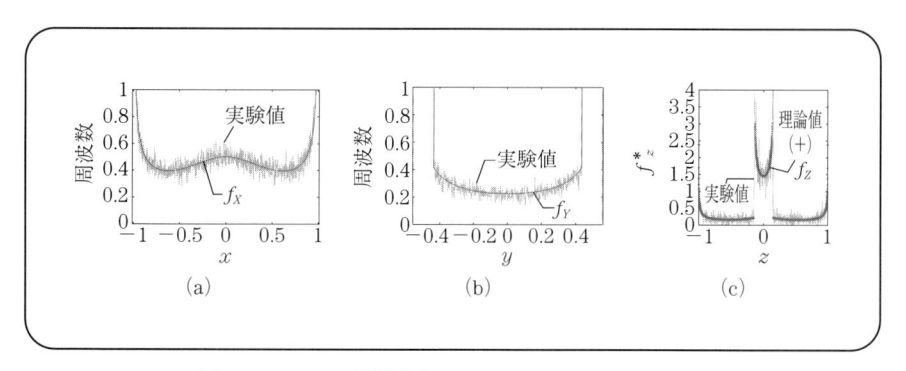

図 3.11 三つの周辺分布 $f_X^*(x)dx$, $f_Y^*(y)dy$, $f_Z^*(z)dz$

式 (3.40) の Z を平方すると

$$X^6 - \frac{1}{k^2}(-1+2k^2)X^4 + \frac{1}{4k^4}(-1+2k^2)^2 X^2 - \frac{Z^2}{4k^4} = 0 \tag{3.44}$$

が得られる. これは与えられた Z に対し, X^2 がたかだか以下の三つの実数根

$$X^2(Z) = \begin{cases} X_1^2(Z), & k \leq \dfrac{1}{\sqrt{2}} \quad (R(Z,k) > 0) \text{ のとき} \\ X_1^2(Z), & k > \dfrac{1}{\sqrt{2}} \quad \text{かつ} \quad R(Z,k) > 0 \text{ のとき} \\ X_i^2(Z), & 2 \leq i \leq 4, \quad k > \dfrac{1}{\sqrt{2}} \quad \text{かつ} \quad R(Z,k) < 0 \text{ のとき} \end{cases} \tag{3.45}$$

を有することを意味している. ただし

$$R(Z,k) = \frac{b^2(Z,k)}{4} + \frac{a^3(k)}{27}, \quad a(k) = -\frac{1}{12k^4}(-1+2k^2)^2$$
$$b(Z,k) = \frac{1}{4\cdot 27}\left\{\frac{(-1+2k^2)^3}{k^6} - \frac{27}{k^4}Z^2\right\} \right\} \quad (3.46)$$

である．空間曲線上では各直交軸に関して唯一の不変測度を有する．図 3.11 (c) は式 (3.42) と式 (3.43) にある初期値 x_0 を代入計算して得られた経験分布の周辺分布と理論値の比較を示す．ただし，写像 τ_z の理論分布は

$$f_Z^*(z,k)dz = \begin{cases} \dfrac{dz}{2K(k)F_Z(X_1(Z),k)}, & k \leqq \sqrt{1/2} \text{のとき} \\ \dfrac{dz}{2K(k)F_Z(X_1(Z),k)}, & k > \sqrt{1/2} \text{のとき} \\ \quad r(k) \leqq |z| < 1 \text{ の場合} \\ \dfrac{dz}{2K(k)F_Z(X_2(Z),k)} + \dfrac{dz}{2K(k)F_Z(X_3(Z),k)} \\ + \dfrac{dz}{2K(k)F_Z(X_4(Z),k)}, & k > \sqrt{1/2}, |z| \leqq r(k) \text{ のとき} \end{cases} \quad (3.47)$$

である．ただし

$$\begin{aligned} r(k) &= \sqrt{\frac{2}{27}(-1+2k^2)^3} \\ F_Z(X_i(Z),k) &= \sqrt{(1-X_i^2(Z))(1-k^2+k^2X_i^2(Z))} \\ &\quad \times \left|-6k^2X_i^2(Z)+2k^2-1\right| \end{aligned} \right\} \quad (3.48)$$

次に $k > \sqrt{1/2}$ のときの (z_n, z_{n+1}) を考察する．図 3.10 (c) の 1 対多の閉曲線 (z_n, z_{n+1}) が得られる．正規化した x の 2 進展開

$$\frac{x+1}{2} = 0.X_1(x)X_2(x)\cdots X_i(x)\cdots, X_i(x) \in \{0,1\}$$

の第一ビット $X_1(x)$ に対し，簡単のため $X_1(x), 1-X_1(x)$ をおのおの $X_1, \overline{X_1}$ と表す．同様に，$Z_1(z)$ と $1-Z_1(z)$ をおのおの $Z_1, \overline{Z_1}$ と表す．また，$D(dz/dx), 1-D(dz/dx)$ を $D_z, \overline{D_z}$ とする．ただし，$D(dz/dx) = 0, dz/dx < 0$ のとき（または $1, dz/dx \geqq 0$ のとき）である．区分的単調な onto 写像 τ_z の定義は

$$\tau_z = \begin{cases} \tau_z(X_1), & R > 0 \text{ のとき} \\ (X_1 \oplus Z_1)\bar{D}_z \cdot \tau_z(X_2) + (X_1 \oplus \bar{Z}_1)D_z \cdot \tau_z(X_3) \\ +(X_1 \oplus \bar{Z}_1)\bar{D}_z \cdot \tau_z(X_4), & R < 0 \text{ のとき} \end{cases} \quad (3.49)$$

となる．T_x, T_y, T_z を有する対称 2 値系列 $\{C_{T_x}(x_n)\}_{n=0}^\infty, \{C_{T_y}(y_n)\}_{n=0}^\infty, \{C_{T_z}(z_n)\}_{n=0}^\infty$ は

$$\begin{aligned} P_{\tau_x}\{C_{T_x}(x)f_X^*(x)\} &= \boldsymbol{E}[C_{T_x}]f_X^*(x) \\ P_{\tau_y}\{C_{T_y}(x)f_Y^*(y)\} &= \boldsymbol{E}[C_{T_y}]f_Y^*(y) \\ P_{\tau_z}\{C_{T_z}(x)f_Z^*(z)\} &= \boldsymbol{E}[C_{T_z}]f_Z^*(z) \end{aligned} \right\} \quad (3.50)$$

を満たす．すなわち，だ円関数の 2 倍角公式は空間曲線力学系を規定し，各直交軸の実数値系列の 2 進展開は i.i.d. 2 値系列となる[131]．

談話室

虚数単位・だ円関数と数学史　オイラーの公式と呼ばれている $e^{i\theta} = \cos\theta + i\sin\theta$ は，数学に現れる公式の中で最も簡明で，深い意味を持っている．しかし，虚数単位 $i = \sqrt{-1}$ の誕生は，二次方程式 $x^2 + 1 = 0$ からではなく，16世紀イタリアで三次方程式の解法が最初にタルターニヤにより論じられて以後，デル フェロが発見した解法，その後今日 Cardon の公式と呼ばれている三次方程式の一般解で現れる負の数の平方根（すなわち虚数）に対する Bombelli の説明により，負の数や虚数 $\sqrt{-1}$ の理解を経て少しずつ進んだものである[163),165)]．一方，オイラーの公式にかかわる事実として，① Wessel (1745～1818) の複素数の発見 $a + \sqrt{-1}b = \sqrt{a^2+b^2}\tan^{-1}(b/a)$，② ド モアブル (1667～1754) の定理 $\{\cos\theta + \sqrt{-1}\sin\theta\}^n = \cos n\theta + \sqrt{-1}\sin n\theta$，③ Viéta (1540～1603) の公式

$$\frac{\pi}{2} = \frac{\sqrt{2}}{2} \cdot \frac{\sqrt{2+\sqrt{2}}}{2} \cdot \frac{\sqrt{2+\sqrt{2+\sqrt{2}}}}{2} \cdots$$

などが知られており，数学史は一般人が予想する順番と逆転していることに注意されたい．

カオスの生成写像の研究史に関しては Milnor の最近の論文[127)]を基にして紹介すると ① R. May (1976)[32)] の Logistic 写像 $x_{n+1} = 4x_n(1-x_n)$，② ウラム–ノイマン (1947)[35)] の写像 $x_{n+1} = 4x_n(1-x_n)$，③ Adler and Rivlin (1964)[50)] のチェビチェフ多項式 $x_{n+1} = 2x_n^2 - 1$，④ Lattés (1918)[124)] の Weierstrass のだ円関数写像，⑤ Schröder (1871)[128)] のヤコビの sn^2 写像，⑥ Böttcher (1904)[129)] のだ円関数写像，⑦ Babbage (1815)[130)] の位相共役関係を利用した n 周期点の計算などとなる．①，②や③はおのおの $\sin^2\theta$, $\cos\theta$ の倍角の公式によるものであり，④や⑤, ⑥は Weierstrass の $\mathcal{P}(u)$，ヤコビの $\mathrm{sn}^2 u$ の複素だ円関数の倍角公式に基づく．だ円関数の誕生経緯は数学史の中でつとに有名であるので専門書[163)]を読まれることをすすめたい．今日逐次代入式として多項式が専ら議論されるが，歴史的には有理関数となるだ円関数が随分前に議論されていたことには驚かされる．また，複素力学系の典型例である Lattés の論文の発表とほぼ同時期に Julia[125)], Fatou[126)] の論文が発表された．これらの研究から既に約90年経過した．

3.5 カオスによるストリーム暗号

ストリーム暗号システムでは，図 3.12 のように，2 値系列で表される送信情報（平文と呼ぶ）と乱雑な 2 値系列（鍵系列と呼ぶ）との論理和で得られる 2 値系列（暗号文と呼ぶ）を通信回線で送り，受信側では暗号文と鍵系列（鍵は一応秘密）との論理和で平文を得る．鍵系列として，長周期でかつ乱雑な系列が大量に必要である．例えば，対称 2 値系列 $\{C_T(\omega_n)\}_{n=0}^{\infty}$ は i.i.d. であるので，乱雑な 2 値系列の良い候補の一つである[71),97),98)]．

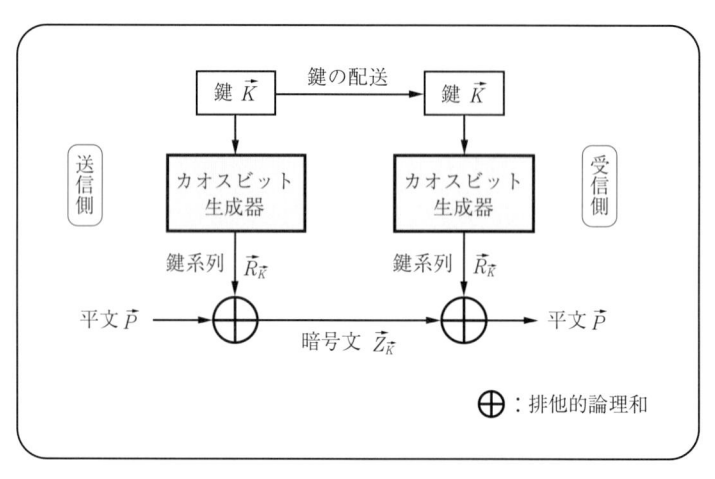

図 3.12 ストリーム暗号システム

〔1〕 **無相関性** カオスの基本的性質の一つ，**鋭敏な初期値依存性**は初期条件のわずかに異なった二つのカオス解軌道が時間の経過とともにまったく異なることで定義される．初期値 ω_0, ω_0' から得られた $\{G(\omega_n)\}_{n=0}^{\infty}$ と $\{H(\omega_n')\}_{n=0}^{\infty}$ の間の相互相関関数を

$$\rho_N(l,\omega_0,\omega_0';G,H) = \frac{1}{N}\sum_{n=0}^{N-1} G(\omega_n)H(\omega_{n+\ell}') \tag{3.51}$$

で定義する．ここで，添字は modulo N をとるものとする．また，$\omega_0 = \omega_0'$ かつ $G = H$ の時は，自己相関関数を表す．カオスビット系列 $\{C_T(\omega_n)\}_{n=0}^{\infty}$ と $\{C_{T'}(\omega_n')\}_{n=0}^{\infty}$ は，無相関性を満たす[71)]．ただし，T' は別の対称閾値集合である．

〔2〕 **閾値の探索** 秘密鍵の一つの候補である閾値 t の暗号学的強度について議論する．$\Theta_t(\cdot)$ と $\Theta_{t'}(\cdot)$ との相関値 $\rho_{64}(0,\omega_0,\omega_0';\Theta_t,\Theta_{t'})$ は閾値 t を探索するために有用である．

3.5 カオスによるストリーム暗号　**127**

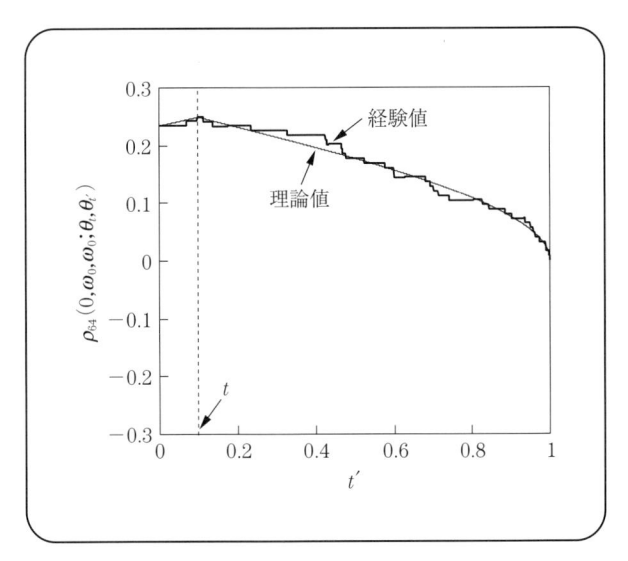

図 **3.13** 閾値 t に対する相関値 $\rho_{64}(0, \omega_0, \omega_0; \Theta_t, \Theta_{t'})$
($M = 2$, $T = \{0.1, 0.9\}$)

(a)　seed ω_0' (7 ビット)

(b)　seed ω_0' (8 ビット)

(c)　seed ω_0' (9 ビット)

(d)　seed ω_0' (10 ビット)

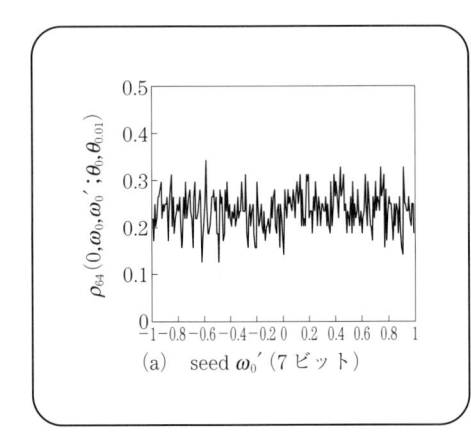

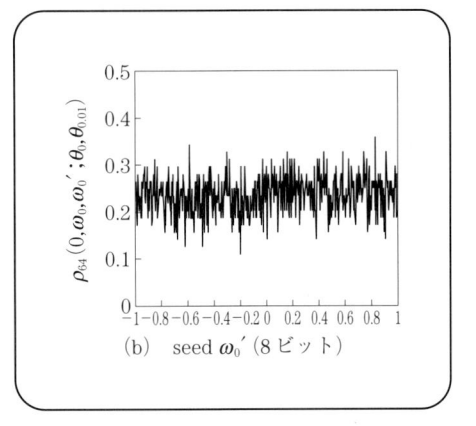

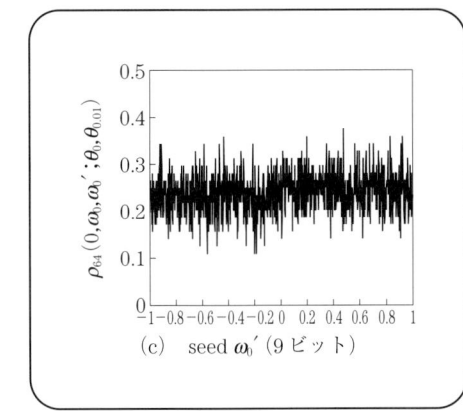

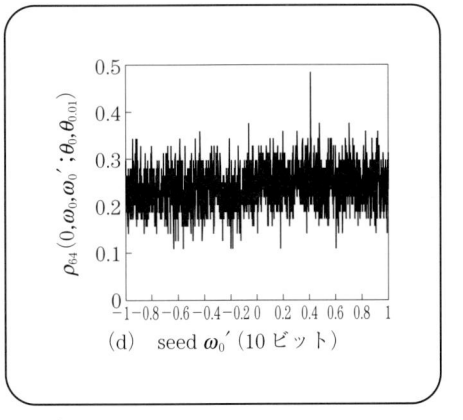

図 **3.14** 閾値 $T = \{t_1, t_2\}$ の探索候補 t' に対する相関値 $\rho_{64}(0, \omega_0, \omega_0', C_T, \Theta_{t'})$

128　　3. カオスによる情報源

(a) seed ω_0' (7 ビット)

(b) seed ω_0' (8 ビット)

(c) seed ω_0' (9 ビット)

(d) seed ω_0' (10 ビット)

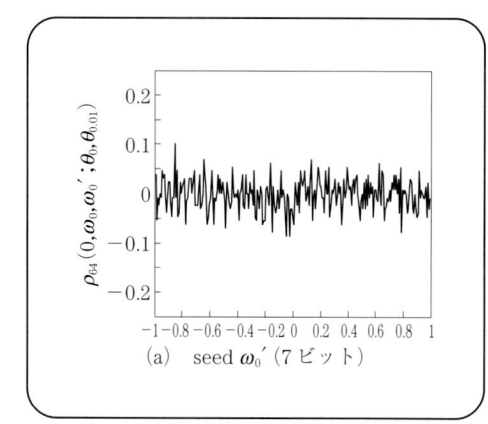

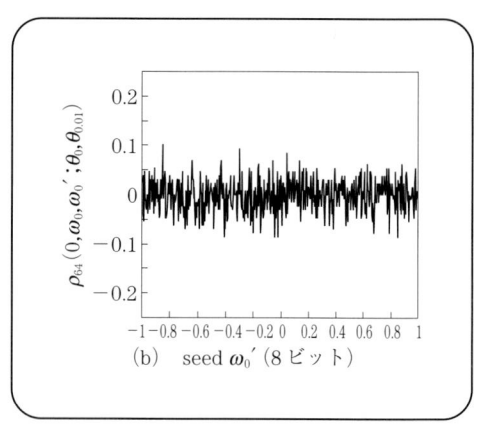

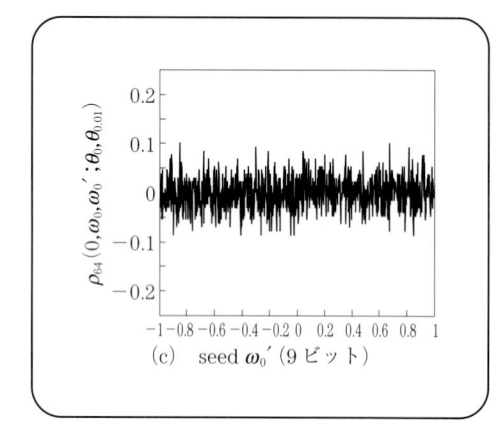

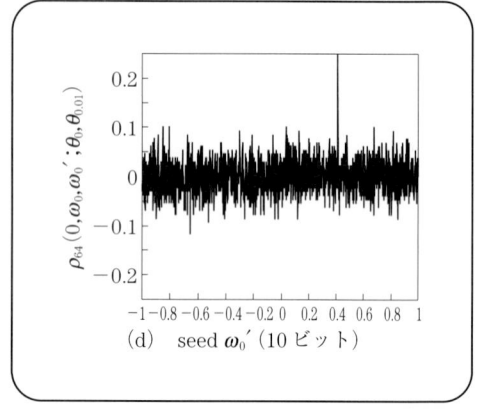

図 **3.15**　相関関数 $\rho_{64}(0,\omega_0,\omega_0',\Theta_t,\Theta_{t'})$ を用いた初期値鍵 ω_0 の探索

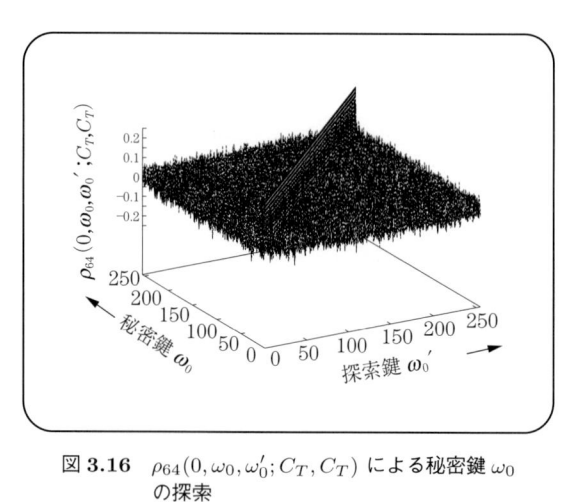

図 **3.16**　$\rho_{64}(0,\omega_0,\omega_0';C_T,C_T)$ による秘密鍵 ω_0 の探索

図 3.13 に，$\rho_{64}(0,\omega_0,\omega_0;\Theta_t,\Theta_{t'})$ に対する経験値 (ジグザグ曲線) と理論値（滑らかな曲線）を示す．相関値のピークと探索すべき閾値 t と一致していることが図から読み取れる．図 3.14 に，写像のパラメータが既知の場合の，相関関数 $\rho_{64}(0,\omega_0,\omega_0';C_T,\Theta_{t'})$ を利用した閾値の探索を示す．図 3.15 に相関関数 $\rho_{64}(0,\omega_0,\omega_0';\Theta_t,\Theta_t)$ を利用した初期値の探索を示す．また，図 3.16 に相関関数 $\rho_{64}(0,\omega_0,\omega_0';C_T,C_T)$ を利用した初期値の探索を示す．ここで，初期値 ω_0 は 10 ビットで与え，ω_0' を (a) 7 ビット精度，(b) 8 ビット精度，(c) 9 ビット精度，(d) 10 ビット精度で ω_0 と一致させ，閾値 t を変化させることにより，閾値集合 $\{t_r\}_{r=1}^{M}$ の探索を行った．これらの図からわかるように，初期値が完全に一致（10 ビット精度で）したとき（図 3.14 (d)，図 3.15 (d)），山と谷が探索すべき閾値の位置に対応しており，この状況では，パラメータ $T = \{t_r\}_{r=0}^{2M}$ の推定が容易である．したがって，閾値は**暗号学的に弱い鍵**であり，秘密鍵としてはではなく，i.i.d. の条件を満足させるための調整用パラメータとして用いるべきである．しかしながら，初期値が 7〜9 ビット精度の範囲でしか一致していない場合には，図 3.14，図 3.15 (a)〜(c) に示すように，上記のような探索は不可能である．

〔3〕 **初期値の探索** 初期値 ω_0 の暗号学的強度について考える．図 3.15 は，相関関数 $\rho_{64}(0,\omega_0,\omega_0';\Theta_t,\Theta_{t'})$ を用いた，10 ビットの初期値 $\omega_0 = (0.0110100101)_2 \simeq 0.4113281\cdots$ の初期値の探索を示している．ここでは，(a) 7 ビット精度，(b) 8 ビット精度，(c) 9 ビット精度，(d) 10 ビット精度により，あらゆる ω_0' に対して計算しているが，10 ビット精度で完全に一致している所だけにピークが現れているのがわかる．また，図 3.16 には，与えられた 2^8 通りの初期値のすべての組合せに対する相関関数 $\rho_{64}(0,\omega_0,\omega_0';C_T,C_T)$ を示す．やはり，10 ビット精度で ω_0' と ω_0 が完全に一致した時のみ，ピークが現れている．これらは，いずれもカオスの重要な SDIC 性によるもので，初期値の探索には与えられたビット精度内での全探索が必要であることを示している．

3.6 離散カオス暗号システムの問題点

3.6.1 カオス同期現象に基づく暗号システムとの差異[99]

アナログ回路では，完全に同じ初期条件を与えることは原理的に不可能なので，同一のカオス信号の生成は困難であると当初考えられていた．しかしながら，ある条件のもとでは，カオスを生成する二つのアナログ回路は，異なる初期条件においても十分時間が経過したあと

の定常状態で同期し，アナログ信号のレベルでほとんど同一視できるカオス信号の再生が可能であることが明らかにされた[115]．これまで，このカオス同期現象[100]を利用した秘匿通信システムが数多く発表されており，**カオス暗号**と総称されている．その中の最も基本的な秘匿通信システムを図 **3.17** に示す[101]．

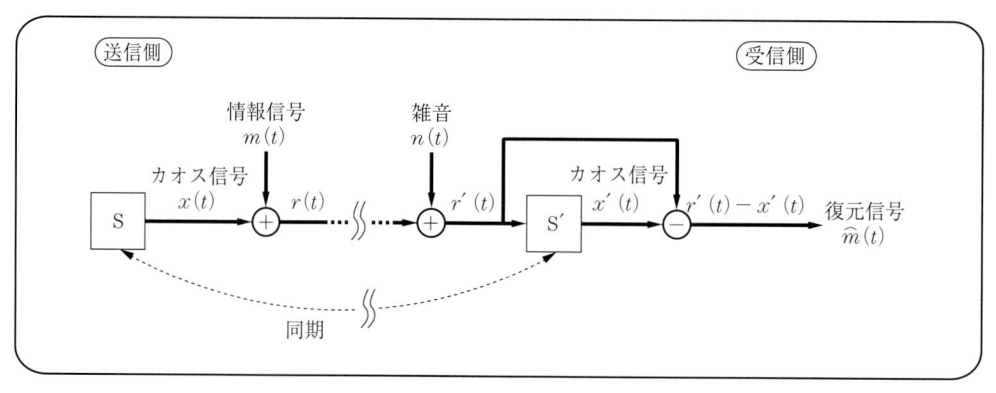

図 3.17 カオス同期現象に基づいた秘匿通信システムの例

　同期するカオスのシステムを送受信側に用意し，送信側から生成されたカオス信号によって，これよりはるかに信号レベルの低い情報信号をマスキングする．受信側では，受信信号によって送信側と同期して，ほぼ同じカオス信号を生成し，このカオス信号を受信信号から差し引くことにより，情報信号を得ることができる．すなわち，ストリーム暗号のアナログ的手法である．当初，送受信側のシステムが自動的に同期することから"鍵の配送が不要である"などという誤った認識もあったようだが，この場合の秘密鍵は，システム（回路）のパラメータだけである．また，暗号の開始時刻と終了時刻が不明であるという問題のほか，伝達できる情報量がわずかであるという本質的欠点もある．このシステムは，パラメータの少々の誤差は問題にならないという"構造安定性"を有している．このことは，アナログ回路による実現可能性を保証すると同時に秘密鍵であるパラメータの推定が容易であることも意味する．実際，適応信号技術を用いて，Th.Beth など[102]によって破られている．

　このほか，カオスの同期現象に基づいた方法が数多く提案されているが，アナログ信号を扱う回路では，カオスの重要な性質である SDIC 性の利用は容易ではないことに注意しなければならない．一方，離散時間のカオス系列に基づいた方法は，SDIC 性を利用するために非線形写像を計算機で実現する必要がある．この場合，有限精度の計算になるものの，写像に対して，完全に同じ初期条件（初期値）を与えることが可能となり，これを強力な秘密鍵として用いることができる．この点が同期現象に基づいた方法との大きな違いである．

　なお，このほか図 **3.18** に示す方法もある[103]．まず，送信側では，m ビットの平文を 2 進展開として有する $(0,1)$ 上の実数値の n 多重非線形写像の逆像の中からランダムに一つを選

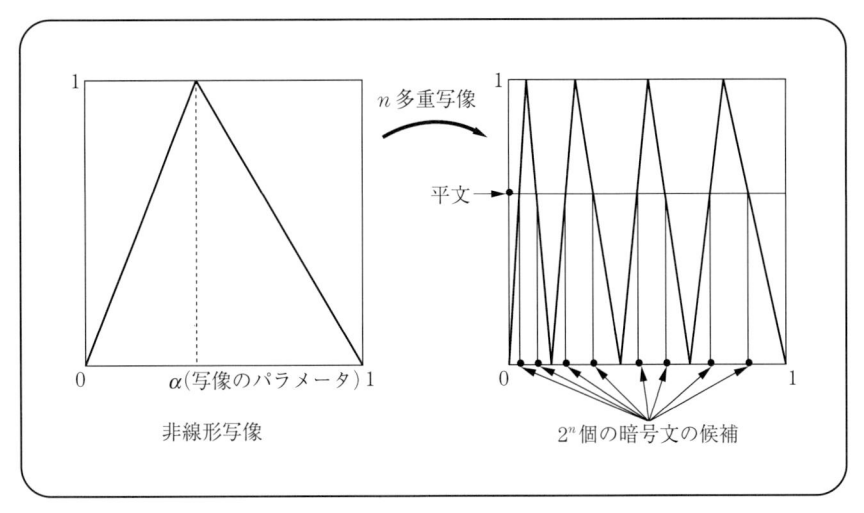

図 3.18 n 多重非線形写像を用いたブロック暗号的方法

んだものを暗号文とし，受信側では，これの n 多重非線形写像値を平文として得る．m ビットごとに，暗号化・復号化が行われるので，ブロック暗号的な方法であり，秘密鍵は写像のパラメータになる．これは，Eurocrypt'91 で発表されたが，すぐに破られている[104]．

3.6.2 SDIC性利用のカオス暗号システムの問題点

図 3.7 のカオス暗号システムが暗号強度の異なる複数個の暗号鍵を有することは，前節の議論から明らかである．また，このビット系列発生器から得られる 2 値系列の乱雑さの度合いは，0, 1 頻度や連検定，相関検定などの初等統計量に関する検定結果からわかる．しかしながら，任意に与えられた初期値に対するカオス 2 値系列の周期長や周期長分布（周期長自身が初期値を変数とする確率変数となる）の評価ですら一般に難しいので，有限精度の計算機環境下で実装した暗号システムの暗号鍵の正確な暗号強度の理論的評価は容易でない．

カオス理論の分野では，初期値鋭敏依存性を有するカオス実数値軌道 $\{\omega_n = \tau^n(\omega_0)\}_{n=0}^{\infty}$ としてコンピュータで数値的に求めた軌道 $\{\widehat{\omega}_n\}_{n=0}^{\infty}$ （計算機の丸め誤差や打ち切り誤差を含むので，一般に $\omega_n \neq \widehat{\omega}_n$ ）がどの程度真の軌道 $\{\omega_n\}_{n=0}^{\infty}$ を模倣しているかを表すために，以下の概念が導入されている[12]．計算された軌道は**擬軌道**と呼ばれ，真の軌道との差がすべての n に対して δ 以内であれば，特に **δ 擬軌道**と呼ばれる．一方，任意の δ 擬軌道に対してある真の軌道 $\{\omega'_n\}_{n==0}^{\infty}$ が存在して $|\omega_n - \omega'_n| \leq \beta$ であれば，カオス力学系 $\omega_{n+1} = \tau(\omega_n)$ は**擬軌道追跡性**を有するという[173]．これが成立すれば，定義から明らかなように，コンピュータで得られた擬軌道はすべて真の軌道の良い近似であること及び真の軌道を小さく摂動したものもまた真の軌道であることを主張している．なお，擬軌道追跡性の条件は厳しいので，時

刻 n を有限時間に限定した**長時間追跡性**の概念が提案されている[174]．エノン写像はこの性質を有することがわかっている．しかしながら，カオス理論における数学的概念は導入されているものの，実際の有限精度のコンピュータ環境や使用する計算機資源の定量評価を考慮した，周期長や周期長分布の理論評価ですら難しいので，暗号理論分野で確立されている強度評価法との隔たりはいまだに大きく，カオス研究者と暗号理論研究者との強力な共同作業が必要であろう．

3.7 カオスによる公開鍵暗号系の脆弱性

　カオスを暗号系に利用する場合，カオスの持つ基本的特性を理解したうえで巧妙に取り入れないといけない．最近チェビシェフ多項式 $T_p(\cdot)$ の可換関係を利用した，実数値のカオスに基づくエルガマル (ElGamal) 型公開鍵暗号が提案されているが，これは $T_p(\cdot)$ の因数分解特性で破れる[116]．

3.7.1 コカレフらの公開鍵暗号系

　3.3 節で示したように，カオスによる i.i.d. 系列生成条件は知られている[68],[71]．このほか，ランダムビット生成器などはストリーム暗号である．

　エルガマル型公開鍵暗号は既に実用化されている．最近，梅野[105]やコカレフ (Kocarev) らにより[106],[107]カオスに基づく公開鍵暗号系が提案されている．特に後者はチェビシェフ多項式を用いたエルガマル型暗号系である．これはチェビシェフ多項式の重要な性質である次数に関する可換性を利用したものである．コカレフらは次数 s を秘密鍵とし，実数値の組 $(x, y = T_s(x))$ を公開鍵とした．彼らは s は素数である必要はないと主張した．しかしながら，この系には二つの欠点が生じる．

① 一つの公開鍵 $(x, y = T_s(x))$ から多数の公開鍵集合 $\{(x_i, y_i = T_s(x_i))\}_{i=1}^{N}$ が得られ，これにより経験分布の組 $(f_X(x), f_Y(y) = P_{T_s}\{f_X(x)\})$ が作成できる．ただし，P_{T_s} は $T_s(\cdot)$ のペロン–フロベニウス作用素である．

② $T_s(\cdot)$ の因数分解特性により，整数の素因数分解に基づく秘密鍵 s の探索が可能となる．

　これらの問題とは別に，彼らの系の第一の問題点は実数値平文の復元性であろう．暗号化は $T_p(x)$ の次数 p の可換性に基づいているが，有限精度の計算ではこの保証は容易でない．

また他の問題点は初期値を公開鍵としていることにある．カオスは最大の特徴は初期値鋭敏依存性にある[†1]．

3.7.2 チェビシェフ多項式の因数分解特性

p 次のチェビシェフ多項式 $T_p(\omega) = \cos(p\cos^{-1}\omega)$, $\omega \in [-1, 1]$ の不変測度は式 (2.151) のように

$$f^*(\omega)d\omega = \frac{d\omega}{\pi\sqrt{1-\omega^2}}$$

で与えられる．最も基本的性質は次数に関する可換性 $T_r(T_s(\omega)) = T_s(T_r(\omega)) = T_{rs}(\omega)$ である[†2]．$T_p(x)$ のペロン–フロベニウス作用素 P_{T_p} は写像 $y = T_p(x)$ のもとでの入力測度 $f_X(x)dx$ の出力測度 $f_Y(y)dy = P_{T_p}f_X(x)dx$ への変換作用素である．

定理 3.2（因数分解特性）[109),110)]　整数 a が他の整数 b $(b \neq 0)$ で割り切れるとき $b \mid a$ と表し，そうでないとき $b \nmid a$ と表す．任意の整数 n, p に対し，$T_p(x)$ は

$$P_{T_p}\{T_n(\omega)f^*(\omega)\} = \begin{cases} T_{n/p}(\omega)f^*(\omega), & p \mid n \\ 0, & p \nmid n \end{cases} \tag{3.52}$$

を満たす．式 (3.52) を**次数の因数分解特性**と呼ぶ．上式は関係式

$$\frac{1}{p}\sum_{i=0}^{p-1}T_n(g_i(\omega)) = \begin{cases} T_{n/p}(\omega), & p \mid n \\ 0, & p \nmid n \end{cases} \tag{3.53}$$

とチェビシェフ多項式の EDP に基づく．ただし，$g_i(\omega)$ は ω の i 番目の逆像

$$g_i(\omega) = \cos\left[\frac{i\pi + \cos^{-1}\{(-1)^i\omega\}}{p}\right], \quad 0 \leq i \leq p-1 \tag{3.54}$$

である．$|T_n(\omega)| \leq 1$ であるので，$T_n(\omega)f^*(\omega)$ の代わりに $(T_n(\omega)+1)f^*(\omega)$ を考察したほうが都合がよい．ペロン–フロベニウス作用素の線形性より

$$P_{T_p}\{(T_n(\omega)+1)f^*(\omega)\} = \begin{cases} (T_{n/p}(\omega)+1)f^*(\omega), & p \mid n \\ f^*(\omega), & p \nmid n \end{cases} \tag{3.55}$$

が成立する．密度ヒストグラムが $(T_n(x)+1)f^*(x)$ で近似されるように入力集合 $\{x_i\}$ を作成する．$\{x_i\}$ を $T_p(x)$ に代入すると，出力集合 $\{T_p(x_i)\}$ が得られる．図 **3.19** (a), (c), (d) は $p \mid n$ の場合，図 (b) は $p \nmid n$ 場合の出力ヒストグラムである．図からその差異は明らかである．

[†1] 初期値は系の全情報を担っているので，これを公開鍵とするのは得策ではなく，当然これを秘密にすべきである．

[†2] 変数 x が整数値の場合，上記多項式は Dickson 多項式と呼ばれる[114)]．

134　3. カオスによる情報源

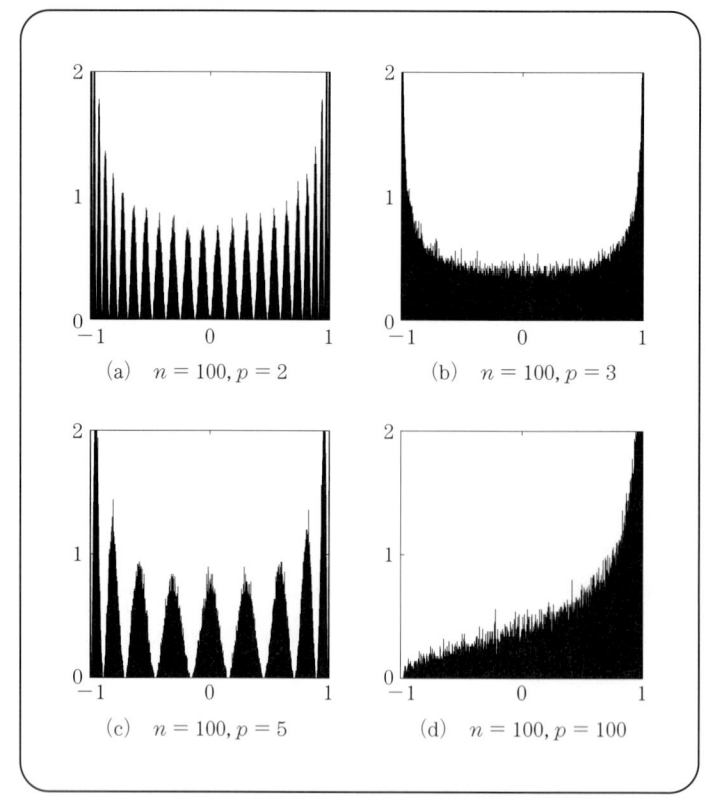

(a) $n=100, p=2$
(b) $n=100, p=3$
(c) $n=100, p=5$
(d) $n=100, p=100$

図 **3.19**　チェビシェフ写像の因数分解特性

3.7.3　因数分解特性による公開鍵の攻撃

コカレフ (Kocarev) の系では実数値の平文 M ($|M|\leqq 1$) に対する暗号文は $(T_r(x), MT_r(y))$ としている．ただし, r はランダムな整数である．一方, 公開鍵は実数値の組 $(x, y=T_s(x))$ であり, s は整数値の秘密鍵である．秘密鍵 s を合成数とする．密度関数のデータ $(T_s(\omega)+1)f^*(\omega)$ があれば以下の三つのステップのアルゴリズム (図 **3.20** 参照) により s は素因数分解できる．

第一ステップ　　一組の公開鍵 (x, y) から次の大きなサイズの組を作成する.

$$(x_i, y_i)\ i=1, 2, \ldots, N, \quad (x_i = T_i(x), y_i = T_s(x_i) = T_i(y))$$

これはブロック暗号の解読手続きに用いられる (平文, 暗号文) の組と同じ状況である.

第二ステップ　　ヒストグラム $(T_s(x)+1)f^*(x)$ を近似するように次の集合を作成する．

$$\Omega = \{\omega_{i,j} \mid -1 \leqq \omega_{i,j} \leqq 1\}$$

もちろん $s, T_s(x)$ は未知である．$\{(x_i, y_i)\}_{i=1}^N$ を x_i の大きさの順で並べ替えを行う．$\omega_{i,j} \in$

3.7 カオスによる公開鍵暗号系の脆弱性

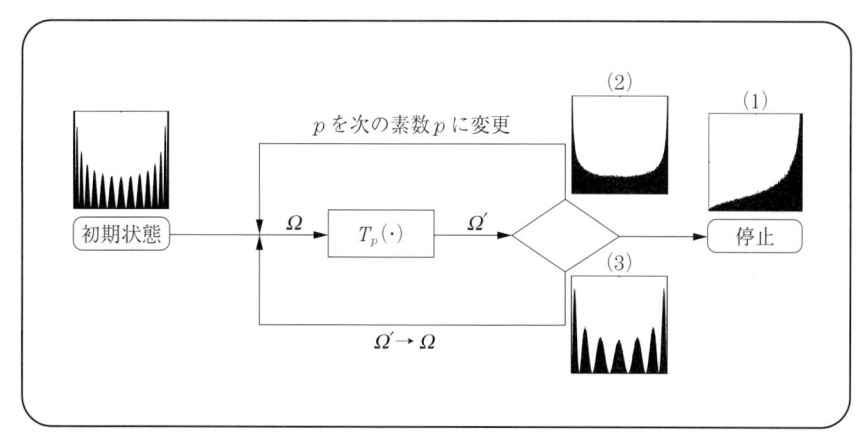

図 3.20 秘密鍵 s の推定アルゴリズム

$[x_i, x_{i+1})$ をランダムに $\mu(i)$ 個選ぶ．ただし，$\mu(i)$ は $(x_{i+1} - x_i)(y_i + 1)f^*(x_i)$ と比例するように取ると，$\Omega = \{\omega_{i,j}\}$ のヒストグラムは $(T_s(x) + 1)f^*(x)$ を十分近似する．

第三ステップ $p = 2$ から出発して $\Omega' = \{T_p(\omega_{i,j})|\omega_{i,j} \in \Omega\}$ を計算する．式 (3.55) から Ω' のヒストグラムが $f^*(x)$ と類似していれば s は素数 p で割り切れないので，Ω を Ω' に更新した後次の素数を調べる．この手続きを繰り返し行い，図 3.19 (d) のように，Ω' が $(T_1(x) + 1)f^*(x) = (x+1)f^*(x)$ を十分近似するまで行う．

s を 2 から $s_{\max}$（1 000, 2 000）まで変えたときの解読の成功確率を平文数 $N(\leq 8\,500)$ と集合の大きさ $|\Omega|(\leq 80\,000)$ をパラメータとして図 3.21，図 3.22 に示す．

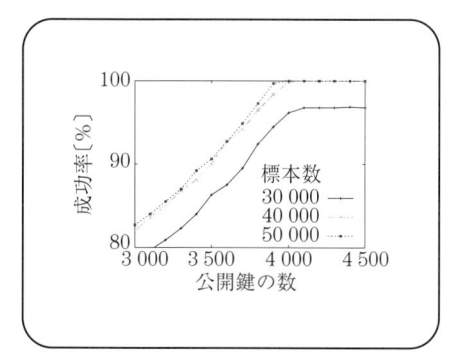

図 3.21 解読率 (a:$s_{\max} = 1\,000$; 64 bit 精度)

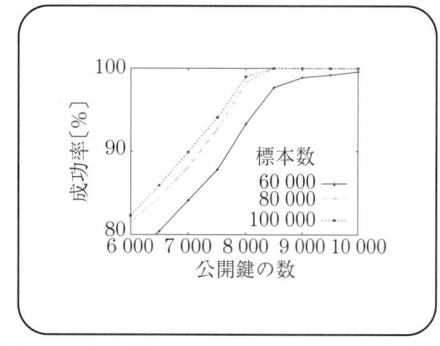

図 3.22 解読率 (b:$s_{\max} = 2\,000$; 128 bit 精度)

Bergamo らは上記の公開鍵暗号系に対して他の攻撃法を提案している[111]．すなわち，暗号文 $(T_r(x), MT_r(y)) = (c_1, c_2)$ から以下の手続きで平文 M を得ている．

① $T_{r'}(x) = T_r(x) = c_1$ となる整数 r' を計算する．

② $M = \dfrac{c_2}{T_{r'}(y)} = \dfrac{MT_r(y)}{T_{r'}(y)}$ を復元する．

上記の第一ステップとして，$(x, T_r(x))$ の組から素因数分解に基づいて r を見つけること

ができるので，容易に
$$\frac{MT_r(y)}{T_r(y)} = M$$
から平文 M を知ることができる．一方，公開鍵から
$$\frac{c_2}{T_s(c_1)} = M$$
であるので，ランダムな整数 r を知ることなしに平文 M を知ることができる．

チェビシェフ多項式の次数の可換性を利用した実数値のエルガマル型公開鍵暗号は $s \leq 2\,000$ の範囲では確率1で攻撃できることを示した．一方，コカレフのグループは最近整数値チェビシェフ多項式を利用した，エルガマル型と RSA 型の暗号系を提案している[112]．しかしながら，整数値のチェビシェフ多項式は既に Dickson 多項式としてその性質は十分に調べられており[114]，Dickson 多項式を用いた公開鍵暗号系は暗号学的に安全でない[113]．

3.8 線形合同法，シフトレジスタ系列

乱数 (random number) の生成は，自然科学の研究には不可欠な手段である．しかしながら，"乱数列とは何か" や "偶然や確率現象とは何か"[73]~[75] などの一種の哲学的疑問や基本的問題について簡単に答えることは難しい．これらについては数多くの良い文献[73],[75],[76] がある†．理工学研究者の多くは，乱数に似た性質を有する数列は，ランダムな手順ではなく決定論的な手順で人工的に生成されるべきであると考えている．このような人工的な乱数は，通常，**擬似乱数** (pseudo–random number generator) と呼ばれている．ここでも擬似乱数の生成法とその統計的性質を議論の対象とする．

3.8.1 線形合同法

かつて，擬似乱数の生成法として最もよく使われていたアルゴリズムは漸化式
$$X_{n+1} = aX_n + c \bmod m, \quad n = 0, 1, \cdots \tag{3.56}$$
を用いて非負整数 X_n を得るものである．ただし，X_0, a, c, m はおのおの**種** (seed)，**乗数** (multiplier)，**増分** (increment)，**法** (modulus) と呼ばれる非負整数である．上式は，**線形合同法** (linear congruential method) または**レーマー** (Lehmer) **法**と呼ばれる．特に，$c = 0$

---
† 例えば，コルモゴロフやチャイティン (Chaitin) 流にいえば，「乱数列はその列自身より簡潔な形のアルゴリズムでは記述できないもの」というアルゴリズムの複雑さで記述できる[67]．

の場合と $c \neq 0$ の場合をおのおの**乗算合同法** (multiplicative congruential method)，**混合合同法** (mixed congruential method) と呼ばれる．実数値を得る場合には通常
$$x_n = \frac{X_n}{m}$$
が用いられる．X_n の値は範囲 $[0, m-1]$ であるので，数列 $\{X_n\}$ の周期は高々 m である．m としては，法 (mod) 演算を容易にするために，計算機の一語長 2^e あるいはそれを超えない最大の素数などが用いられる．一方，a, c は以下の周期に関する性質を考慮して選択される．

定義 3.6（線形合同法の周期） 線形合同法が最大周期 m を持つための必要十分条件は，次の三つの条件が同時に満たされることである[73]．
① c と m が互いに素である．
② $a-1$ が m のすべての素因数で割り切れる．
③ m が 4 の倍数ならば $a-1$ も 4 の倍数である．

上記は m が素数ならば $a=1$ の場合に限り最大周期となることを意味している．以下の三つの場合が通常用いられている[73],[78]~[82]．

定義 3.7（望ましい線形合同法の三つの型）
A型：$m = 2^e$，$a \equiv 5 \mod 8$，$c = $ 奇数 とする．このとき周期は m である．
B型：$m = $ 素数，$a = m$ を法とする**原始根**（$a \not\equiv 0 \mod m$ でかつ $m-1$ の任意の素因数 q に対して $a^{(m-1)/q} \not\equiv 1 \mod m$ が成立するとき，a は原始根と呼ばれる），$c = 0$，$X_0 \neq 0$ とする．このとき周期は $m-1$ となる．
C型：$m = 2^e$，$a \equiv 5 \mod 8$，$c = 0$，$X_0 = $ 奇数 のとき周期は $m/4$ となる．

十分大きな m に対して数列 $\{x_i\}$ は 1 周期全体で考えれば，区間 $[0,1]$ にほぼ一様分布することは明らかであろう．しかしながら，$a = c = 1$ のように，規則的な数列を生成する場合を考えれば，大きな m が必ずしも良い乱数を意味しない．また，Knuth(1981) は[73]，ある特定のパラメータの最大周期の線形合同法では規則的に振る舞うことを以下のように説明した．
$$(a-1)^s = 0 \mod m \tag{3.57}$$
を満たす最小整数 s を線形合同法の**効力**（potency）と呼ぶ．一般に
$$X_{i+1} - X_i = a^i (X_1 - X_0) \mod m \tag{3.58}$$
が成立し，1 周期全体で考えれば $X_0 = 0$ として一般性を失わないので

$$X_{i+1} - X_i = a^i c \bmod m = \sum_{j=0}^{i} \binom{i}{j}(a-1)^j c \bmod m \tag{3.59}$$

となるので効力が s であれば上式は

$$X_{i+1} - X_i = \sum_{j=0}^{s-1} \binom{i}{j}(a-1)^j c \bmod m \tag{3.60}$$

と書き換えられる．したがって，$s=1$ であれば

$$X_{i+1} - X_i = c - km, \quad k = 0, 1 \tag{3.61}$$

から，$\{(X_i, X_{i+1})\}$ が上式の 2 枚の平行な超平面のいずれかにのるので，二次均等分布性が粗いことは明らかである．なお，k 次均等分布の定義は以下のとおりである．

定義 3.8 (k 次均等分布性 (k–distributivity))　　$\{\boldsymbol{x}_i\} = \{(x_i, x_{i+1}, \cdots, x_{i+k-1})\}$ が k 次元超立方体 $[0,1)^k$ に一様分布しているとき，k 次均等分布である．

更に，$s=2$ の場合には

$$X_{i+1} - X_i = c + ic(a-1) \bmod m \tag{3.62}$$

が成立するので

$$X_{i+1} - 2X_i + X_{i-1} = c(a-1) + km, \quad -2 \leq k \leq 1 \tag{3.63}$$

となる．これは，三次元整数値ベクトル列 $\{(X_{i-1}, X_i, X_{i+1})\}$ が上式で規定される 4 枚の平行で等間隔に並んだ超平面のいずれかの上にのることとなり，この場合も三次均等分布性が粗いことは明らかである．同様に，$s=3, 4$ の場合にはおのおの 8, 16 枚の平行で等間隔に並んだ $s-1$ 次元超平面の方程式

$$\left. \begin{array}{l} X_{i+1} - 3X_i + 3X_{i-1} - X_{i-2} = c(a-1)^2 + km, \quad -4 \leq k \leq 3 \\ X_{i+1} - 4X_i + 6X_{i-1} - 4X_{i-2} + X_{i-3} = c(a-1)^3 + km, \quad -8 \leq k \leq 7 \end{array} \right\} \tag{3.64}$$

がおのおの得られる．クヌース (Knuth) は少なくとも s が 5 以上であることの必要性を主張している．また，このほか，$m = 2^b, a = 2^n + 3, 2n \geq b$ の場合

$$X_{i+2} = 6X_{i+1} - 9X_i \bmod 2^b \tag{3.65}$$

となるので，三次元整数値ベクトル列 $\{(X_i, X_{i+1}, X_{i+2})\}$ は 15 種類の超平面

$$X_{i+2} - 6X_{i+1} + 9X_i = k2^b, \quad -6 \leq k \leq 8 \tag{3.66}$$

のいずれか一つの上に位置することが知られている．この例としては，RANDU という名前で用いられていた $a = 2^{16} + 3 = 65\,539, m = 2^{31}, c = 0$ が有名である．

しかしながら，a, c, m をどのように選んでも $\{\boldsymbol{x}_i\} = \{(x_i, x_{i+1}, \cdots, x_{i+k-1})\}$ は常に k 次元超立方体 $[0,1)^k$ 中の有限個の超平面上に分布することが知られている．

定義 3.9（**結晶構造** (lattice structure)）　k 個の k 次元基底ベクトル

$$e_1 = (1, a, a^2, \cdots, a^{k-1})^T/N, \quad e_2 = (0, 1, 0, \cdots, 0)^T$$
$$e_3 = (0, 0, 1, \cdots, 0)^T, \cdots\cdots, \quad e_k = (0, 0, 0, \cdots, 1)^T \tag{3.67}$$

で張られる格子空間 $\Lambda_k(a, N) = \{\sum_{i=1}^{k} t_i e_i | t_i = 整数\}$ を定義すると k 次元実数値ベクトル列 $\{x_i\}$ は，上記の線形合同法の三つの型に従い，格子空間

$$\left.\begin{array}{rcll} \{x_i\} & = & (x_0 + \Lambda_k(a, m)) \cap (0, 1)^k & \text{A 型} \\ \{x_i\} & = & \Lambda_k(a, m) \cap (0, 1)^k & \text{B 型} \\ \{x_i\} & = & \left(x_0 + \Lambda_k\left(a, \dfrac{m}{4}\right)\right) \cap (0, 1)^k & \text{C 型} \end{array}\right\} \tag{3.68}$$

上にのる．ただし

$$x_0 = \frac{c}{m}(0, 1, 1+a, \cdots)^T$$

この性質は**多次元粗結晶構造**と呼ばれる．図 3.23 に線形合同法の多次元粗結晶構造を示す．

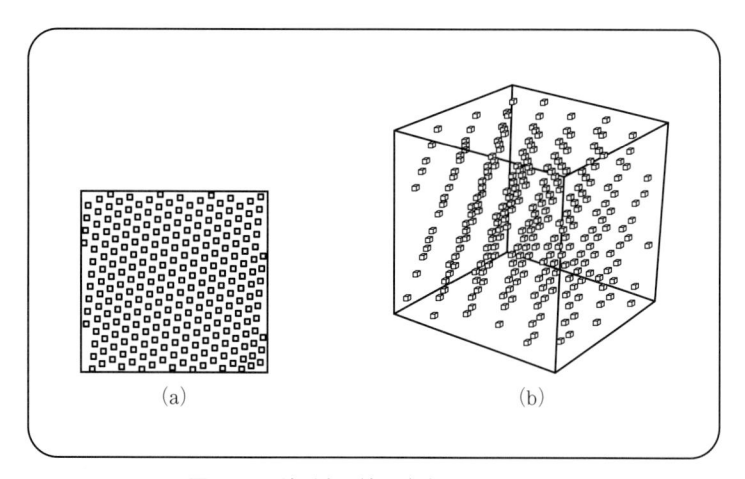

図 3.23　線形合同法の多次元粗結晶構造

線形合同法の乱雑さの判定は，上記の結晶構造の以下の項目で行われている．

① 超平面の種類数　すべての k 次元実数値ベクトル列 $\{x_i\}$ がのる平行な超平面の最小数であり，この数が大きいほどよい．

② 超平面の間隔　相隣合う超平面の間隔の最小値が小さいほどよい．

③ 基底ベクトル　格子を形成するベクトルの長さがほぼ等しいほどよい．

上記の判定法は，**スペクトテスト** (spectral test)[83] や**結晶テスト** (lattice test)[84] と呼ばれている．いくつかの線形合同法に対する上記数値が列挙されている[78],[79],[82]．

3.8.2 シフトレジスタ系列

線形合同法の粗結晶構造は，一次の漸化式に起因しているので，論理関数 $f: Z_p^k = \{0, 1, \cdots, p-1\}^k \to Z_p$ に基づいた k 次の漸化式 $(k > 1)$

$$X_{n+k} = f(X_{n+k-1}, \cdots, X_n), \quad X_n \in Z_p, \ n = 0, 1, \cdots \tag{3.69}$$

を導入することは自然であろう．しばしば $f(\cdot)$ として

$$X_{n+k} = \sum_{\ell=0}^{k-1} g_\ell X_{n+\ell} \bmod p, \quad g_\ell \in Z_p, \quad n = 0, 1, \cdots \tag{3.70}$$

が用いられる．k 次元零ベクトル $\mathbf{0} = (0, \cdots, 0)^T$ 以外の k 次元ベクトル $\mathbf{c} = (c_0, c_1, \cdots, c_{k-1})^T$ は $p^k - 1$ 個存在するので，最大周期は $p^k - 1$ 以下となる．

定義 3.10（フィボナッチ系列）　上式の中で最も簡単な，$k = 2, a_1 = a_2 = 1$ とおいたフィボナッチ (Fibonacci) 系列

$$X_i = X_{i-1} + X_{i-2} \bmod p \tag{3.71}$$

の乱雑さは極端に劣る．このことは，三次元ベクトル (X_{i-2}, X_{i-1}, X_i) が 2 種類の平行な超平面 $X_i = X_{i-1} + X_{i-2} + jp, \quad j = -1, 0$ のいずれか一つにのることからも明らかである．

式 (3.70) が最大周期 $p^k - 1$ を有するための必要十分条件は，その**特性多項式**

$$g(z) = z^k - \sum_{\ell=0}^{k-1} g_l z^l \tag{3.72}$$

が p を法とした**原始多項式**となっていることである．

式 (3.70) で最も興味があるのは $p = 2$ の場合である．これはシフトレジスタを用いた電子回路で実現できるので，この系列は**シフトレジスタ系列**と呼ばれる．フィードバックシフトレジスタ回路を図 **3.24** に示す．

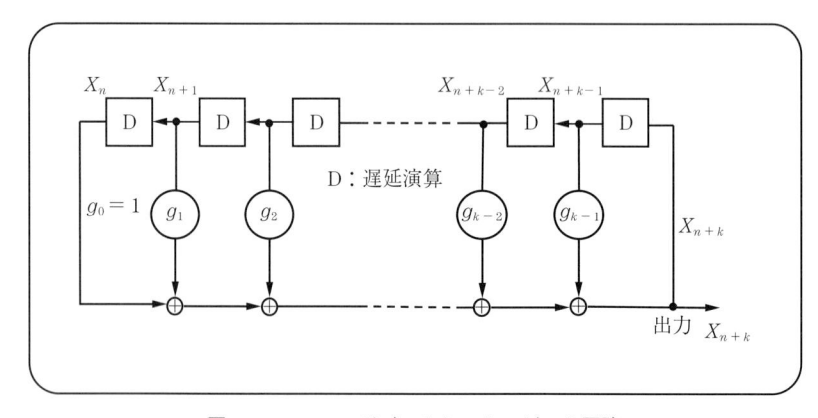

図 3.24　フィードバックシフトレジスタ回路

なお，$\vec{X} = (X_n, X_{n+1}, \cdots, X_{n+k-1})^T$ はシフトレジスタの内容を示す．特に最大周期の系列は**最大周期系列** (maximum length sequence) または **M 系列**と呼ばれる．その中で，回路実現の容易さや発生速度の点から 3 項式

$$g(z) = z^p + z^q + 1, \quad p > q \tag{3.73}$$

が最も多用されている．Zierler–Brilhart(1969) により[87]，$p = 1000$ 以下のすべての原始 3 項式が与えられている．上式は漸化式

$$X_i = X_{i-p} \oplus X_{i-p+q}, \quad X_i \in Z_2 \tag{3.74}$$

を与える．ただし，$\oplus$ は法を 2 とする加算であり，すなわち排他的論理和を表す．なお，上式は，特性多項式 $g(z)$ に対する**相反多項式** (reciprocal polynomial)

$$g^*(z) = z^p g(z^{-1}) \tag{3.75}$$

を考慮すれば，系列 $\{X_i\}$ の時間の向きを逆転させた系列に対応した漸化式

$$X_i = X_{i-p} \oplus X_{i-q}, \quad X_i \in Z_2 \tag{3.76}$$

を得る．M 系列 $\{X_i\}$ の性質はわかっており[81),82)]，そのおもなものを列挙すると

M1 $\{X_i\}$ の周期は $2^p - 1$ である．

M2 p 次元ベクトル列 $\{(X_i, X_{i+1}, \cdots, X_{i+p-1})\}$ の 1 周期分中には非零ベクトルがちょうど 1 回現れる．

M3 $\{X_i\}$ の 1 周期中の 1, 0 の個数はおのおの $2^{p-1}, 2^{p-1} - 1$ 個である．また 1 周期中に現れる長さ $k(1 \leq k \leq p-2)$ の 1 の連（1 が k 個続き，その両側が 0 で挟まれた系列）及び 0 の連の個数はいずれも 2^{p-k-2} 個である．

M4 与えられた特性多項式に対して，相異なる初期値から生成された系列 $\{X_i\}$ は位相の違いを除いて唯一である．

M5 任意の正整数 $Q \leq N = 2^p - 1$ に対して，Q と N とが互いに素であれば，系列 $\{X_i\}$ を Q 個ごとにサンプルして得られた系列 $\{X_{iQ}\}$ の周期も N となる．両系列 $\{X_i\}, \{X_{iQ}\}$ が位相差を除いて一致するための必要十分条件は Q が 2 の整数べき乗になることである．

M6 系列 $\{X_i\}$ の位相を任意にずらして得られる複数個の系列を互いに項毎に排他的論理和をして得られる系列は，元の系列 $\{X_i\}$ の位相をずらしたものか，またはすべての項が 0 の系列になる．この性質は**シフト加法性** (shift-and-add property) と呼ばれている．

M7 系列 $\{X_i\}$ の 1 周期分 $N = 2^p - 1$ の遅れ時間 l の自己相関関数

$$\rho(l) = \frac{1}{N} \sum_{i=0}^{N-1} (1 - 2X_i)(1 - 2X_{i+l}) \tag{3.77}$$

は

$$\rho(l) = 1, l = 0 \bmod N \text{ または} -\frac{1}{N} l \neq 0 \bmod N$$

で与えられる．すなわち，系列 $\{X_i\}$ はほぼ白色雑音的性質（デルタ関数の自己相関関数のパワースペクトルは一定値）を有する．

M系列は1ビットの系列であるから，そのままでは実数値系列としては用いることができない．トースワース (Tausworthe(1965)) は[85]，上式で生成された2値系列 $\{X_i\}$ の中から $Q \geq p$ 個飛ばしに相続く $L \geq Q$ 個を用いた L ビットの2進展開

$$u_i = \sum_{s=1}^{L} 2^{-s} X_{iQ+s} = 0.X_{iQ+1}X_{iQ+2}\cdots X_{iQ+L} \tag{3.78}$$

を提案した．この数列 $\{u_i\}$ は，トースワース系列と呼ばれている．この数列は，パラメータ Q が 2^p-1 と互いに素であれば，上記 M5 から明らかなように，最大周期 2^p-1 を有すること，及び k 次均等分布すること（$1 \leq k \leq \lfloor p/Q \rfloor$）などが知られている．なお，前述の k 次均等分布性については，以下の形の定義もある．

定義 3.11 (定義 3.8 の続き:k 次均等分布性) 式 (3.78) の2進表現による L ビット整数

$$Y_i = X_{iQ+1}X_{iQ+2}\cdots X_{iQ+L} \tag{3.79}$$

のベクトル列 $\{(Y_i, Y_{i+1}, \cdots, Y_{i+k-1})\}$ の1周期中（$1 \leq i \leq 2^p-1$）に零ベクトルが $2^{p-kL}-1$ 回，任意の非零ベクトルが 2^{p-kL} 回出現することである．

例 3.1 (トースワース系列の例) 原始多項式 $g(z) = z^{127}+z^{30}+1$ に対して，$Q = L = 30, 15$ の場合，おのおの L ビット系列 $\{u_i\}$ は k 次均等分布する（$k \leq \lfloor 127/L \rfloor = 4, 8$）．■

ルイス (Lewis) とペイン (Payne)(1973) は[86]，式 (3.74) で生成された2値系列 $\{X_i\}$ の中から L 個の異なる遅れ時間 $d_j(1 \leq j \leq L)$ のビットから生成される L ビット整数 $Y_i = X_{i-d_1}X_{i-d_2}\cdots X_{i-d_L}$ の系列を提案した．なお，$u_i = 2^{-L}Y_i \in (0,1)$ により実数値系列 $\{u_i\}$ が得られる．系列 Y_i はルイス–ペイン系列と呼ばれる．系列 $\{Y_i\}$ の各ビット X_i は式 (3.74) で生成されるので，ビットごとの排他的論理和を考えることにより漸化式

$$Y_i = Y_{i-p} \oplus Y_{i-p+q}, \quad Y_i \in Z_2^L \tag{3.80}$$

を得る．これは，**GFSR** (generalized feedback shift register) 法と呼ばれる．この系列は回路実現が容易で，かつ計算時間がトースワース系列のそれよりも高速である．しかしながら，トースワース系列と異なり，式 (3.80) の計算のためには，p 個の初期値 $Y_1, \cdots, Y_p \in Z_2^L$ の設定が必要であり，k 次均等分布性が成り立つためには以下の条件が必要である．

[ルイス–ペイン系列の k 次均等分布性の条件][81),82) 系列 $\{Y_i\}$ が k 次均等分布するための必要十分条件は，kL 個の M 系列 $\{X_{i+n+d_j}\}(0 \leq n \leq k-1, 1 \leq j \leq L)$ が一次独立となることである．なお，添え字は $\bmod 2^p-1$ で行い，m 個の M 系列 $\{X_{i+d_j}\}(d_j \leq 2^p-1, 1 \leq j \leq m)$ が一次独立であるとは

$$\sum_{l=1}^{m} c_l X_{i+d_l} = 0, \bmod 2 \tag{3.81}$$

が成立するのが $c_l = 0 \bmod 2, (1 \leq l \leq m)$ に限られる場合をいう．

ルイス–ペイン系列に対して各種の初期値設定法が提案されている[81]．

3.9 乱数の検定法

本節では，擬似乱数列の乱雑さを調べるための各種の検定法を紹介する[73),78)~82)]．

与えられた擬似乱数生成法に対して，1 周期全体の数列の統計的性質を調べるのは，**理論的検定法** (theoretical test) と呼ばれ，これはある種の擬似乱数生成法に対しては通常比較的容易であるとされている．一方，我々が使用したいのはその極一部分であるので，数列の局所的性質を把握する必要がある．これを実行するのが**経験的検定法** (empirical test) であり，これについては数多くの提案がある．以下に，代表的なものを列挙することとする．

① **一様分布テスト** (uniformity test) 　これは文字どおり数列の $[0,1)$ 中の一様分布性を調べるものであり 2 種類ある．その第一は，$[0,1)$ を等分割した，第 i 番目の部分区間 $[(i-1)/k, i/k]$ の頻度 $f_i (1 \leq i \leq k)$ に関して統計量

$$\chi^2 = \sum_{i=1}^{k} \frac{(f_i - (\frac{n}{k}))^2}{\frac{n}{k}} \tag{3.82}$$

が自由度 $k-1$ の χ^2 分布であるか否かの**カイ 2 乗検定**を行うものである．

他方は，連続分布に対して適用できるものであり，与えられた n 個の実数値系列 $\{x_i\}$ に対する経験的分布関数 $\widehat{F}_n(x)$ を

$$\widehat{F}_n(x) = \frac{\text{不等式 } x_i \leq x \text{ を満たす } x_i \text{ の数}}{n} \tag{3.83}$$

で定義し，$D_n = \max_{0 \leq x \leq 1} |\widehat{F}_n(x) - x|$ に関する**コルモゴロフ–スミルノフ** (Kolmogorov–Smirnov) **検定**するものである[73]．

② **相関テスト** (serial correlation test) 　数列 $\{x_n\}$ 中の x_i と x_{i+l} との**相関係数**

$$\rho(l) = \frac{S_N(x_n x_{n+l}) - S_N^2(x_n)}{S_N(x_n^2) - S_N^2(x_n)} \tag{3.84}$$

がどの程度 0 に近いか否かを判定する．ただし

$$S_N(x_n) = \frac{1}{N} \sum_{n=0}^{N-1} x_n$$

③ **間隔テスト** (gap test) 　与えられた部分区間 $J = (\alpha, \beta)(0 < \alpha < \beta < 1)$ とある整

数 n に対して，数列 $\{x_i\}$ が $x_{n+j} \notin J(0 \leq j \leq k-1)$ でかつ $x_{n+k} \in J$ であるとき，k は間隔と呼ばれる．$\{x_i\}$ がランダムであれば，k_n はパラメータ $p = \beta - \alpha$ の幾何分布 $\Pr\{X = k\} = p(1-p)^k$, $k = 0, 1, \cdots$ に従うことを判定するものである．更に，間隔の数列 $\{k_n\}$ 自身も乱雑でなければならないので，その乱雑さを判定する．

④ **ポーカテスト** (poker test)　　これは相続く五次元ベクトル列

$$\{(x_{5j}, x_{5j+1}, \cdots, x_{5j+4})^T\}$$

の分布を検定するが，5 個組のとるパターンをポーカゲームになぞらえて，七つ（あるいは五つ）のパターンにクラス分けしてその度数を判定する．

⑤ **連テスト** (runs test)　　与えられた数列の単調部分列である**上昇連**や**下降連**についてその長さの度数分布を検定するものであるが，相続く連の長さは独立でないので，そのままではカイ 2 乗検定は適用できない．

⑥ **順列テスト** (permutation test)　　与えられた数列 $\{x_i\}$ を n 個の k 次元ベクトル列 $\{(x_{jk}, x_{jk+1}, \cdots, x_{jk+k-1})\}$ $(1 \leq j \leq n)$ に分割し，それぞれの順列の度数とランダム数列の理論度数 $1/k!$ とのカイ 2 乗検定を行う．

3.10　ペロン–フロベニウス作用素による乱数の理論的検定法

ウラム (Ulam) とノイマン (Neumann) の指摘以後，カオスと擬似乱数との関係が論じられているが[88]，擬似乱数の用いられる分野へある程度カオスが応用可能であることは自明であるので[89),90),96),119),120)]，カオスが従来の擬似乱数と比べ有効であるか否かを調べるための擬似乱数の検定が先決問題である[91]．乱数の検定法は，一種の時系列解析法である．すなわち，ある初期値に対する乱数列のサンプルの乱雑さを調べる経験的検定法は**直接法**に当たる．一方，初期値や乱数列の局所性の検定結果への影響を避けるために平均的振舞いを調べる理論的検定法は[73]，**間接法**に相当する．本節では，実数値のカオス系列の乱雑さを検定するための，ペロン–フロベニウス作用素に基礎をおいた乱数の理論的検定法を紹介する．

〔1〕 **ベルヌイ試行を基準とする乱数列の検定法**　　実数値系列 $\{\omega_n\}_{n=0}^{\infty}$ の乱雑さの定量化は容易でない．乱雑な 2 値系列の典型例がベルヌイ試行を模擬できる i.i.d. 2 値系列であることを考慮して，$\{\omega_n\}_{n=0}^{\infty}$ を閾値 $\alpha(d \leq \alpha \leq e)$ の閾値関数

$$\Theta_\alpha(\omega) = 0 \, (d \leq \omega \leq \alpha) \text{ または } 1 \, (\alpha < \omega \leq e) \tag{3.85}$$

を用いて 2 値系列 $\{\Theta_\alpha(\omega_n)\}_{n=0}^\infty$ に変換する．これが任意の α に対してベルヌイ試行 $B(p_\alpha, 1-p_\alpha)$ と同一視できるか否かを以下のいくつかのテストで χ^2 検定により判定する[92)]．ただし
$$p_\alpha = \int_d^\alpha f^*(\omega)d\omega$$

(1) **閾値 α の符号連テスト** 通常，閾値として $\{\omega_n\}_{n=0}^\infty$ の平均値が選ばれるが，ここでは任意の閾値を採用する．このテストは $\{\Theta_\alpha(\omega_n)\}_{n=0}^\infty$ 中の長さ m の部分系列において長さ d の 1 の連（または 0 の連）の発生頻度

$$R_\tau(d;\alpha,m) = (m-d-1)[\Pr(01^d0) + \Pr(10^d1)]$$
$$+ [\Pr(01^d) + \Pr(10^d)] + [\Pr(1^d0) + \Pr(0^d1)] \quad (3.86)$$

を検定する．ただし，$\Pr(01^d0)$ は系列 01^d0 の生起確率である．この確率は，空間平均法を用いると

$$\Pr(01^d0) = \int_I f^*(\omega)d\omega\,\overline{\Theta}_\alpha(\omega)\{\prod_{i=1}^d \Theta_\alpha(\tau^i(\omega))\}\overline{\Theta}_\alpha(\tau^{d+1}(\omega)) \quad (3.87)$$

となる．ただし，$\overline{\Theta}_\alpha(\omega) = 1 - \Theta_\alpha(\omega)$ である．他の確率も同様に計算可能である．

(2) **ポーカーテスト** このテストは，$\{\Theta_\alpha(\omega_n)\}_{n=0}^\infty$ 中の長さ m の部分系列を k 組に等分割したとき（各組の長さを h とする．$m = kh$），一つの組の中に 1 が d 個現れる確率

$$T_\tau(d;\alpha,m) = k(-1)^d \sum_{i=1}^{h-d} \binom{d+i}{i} k_{d+i} \quad (3.88)$$

を検定する．ただし，k_i は z の多項式

$$g(z,d,\alpha,m) = \int_I f^*(\omega)d\omega \prod_{i=0}^{h-1}(1 - z\Theta_\alpha(\tau^i(\omega))) \quad (3.89)$$

の i 次の係数

$$k_1 = -\sum_{j=0}^{h-1} \int_I f^*(\omega)d\omega\,\Theta_\alpha(\tau^j(\omega)), \quad (3.90)$$

$$k_2 = \sum_{j_1=0<j_2}^{h-1} \int_I f^*(\omega)d\omega\,\Theta_\alpha(\tau^{j_1}(\omega))\Theta_\alpha(\tau^{j_2}(\omega)) \quad (3.91)$$

$$k_i = (-1)^i \sum_{j_1=0<j_2<\cdots<j_i}^{h-1} \int_I f^*(\omega)d\omega\,\Theta_\alpha(\tau^{j_1}(\omega))\Theta_\alpha(\tau^{j_2}(\omega))\cdots\Theta_\alpha(\tau^{j_i}(\omega))$$
$$\quad (3.92)$$

(3) **系列相関テスト** このテストは，$\{\Theta_\alpha(\omega_n)\}_{n=0}^\infty$ に対して遅れ時間 d の共分散型の自己相関係数（遅れ d）

$$\rho_\tau(d,\alpha) = \frac{<(\Theta_\alpha(\omega)-n_\alpha)(\Theta_\alpha(\omega_d)-M_\alpha)>}{<(\Theta_\alpha(\omega)-M_\alpha)^2>} \quad (3.93)$$

を検定する．ただし，$M_\alpha = <\Theta_\alpha(\omega)>$ とする．

したがって，符号連テスト，ポーカーテスト，系列相関テストの理論値 $R_\tau(d;\alpha,m)$,

$T_\tau(d;\alpha,m)$, $\rho_\tau(d,\alpha)$ が, α の値にかかわらず, 長さ m のベルヌイ試行 $B(p_\alpha, 1-p_\alpha)$ の理論値

$$R_B(d;\alpha,m) = \frac{(m-d+1)(\theta_\alpha^2 + \theta_\alpha^d) + 2\theta_\alpha(\theta_\alpha^d + 1)}{(1+\theta_\alpha)^d} \tag{3.94}$$

$$T_B(d;\alpha,n) = \frac{k\binom{h}{d}\theta_\alpha^{h-d}}{(1+\theta_\alpha)^d}, \quad \rho_B(d,\alpha) = \delta(d) \tag{3.95}$$

に近ければ,元の実数値系列は乱雑であるとみなす.この際,これらの近さの判定に χ^2 検定を用いる.ただし,$\theta_\alpha = p_\alpha/(1-p_\alpha)$ である.上記の検定法は, 2値系列 $\{\Theta_\alpha(\omega_n)\}_{n=0}^\infty$ の独立性の検定に帰着させたものである.すなわち,r 個の L_1 関数 $g_i(\omega)(1 \leq i \leq r)$ に対して r 次の相互相関関数を

$$\begin{aligned}
&< C^{(r)}(d_{r-1}, d_r, \cdots, d_1; g_r, g_{r-1}, \cdots, g_1, \tau) > \\
&= \int_I g_r(\omega) g_{r-1}(\tau^{d_{r-1}}(\omega)) g_{r-2}(\tau^{d_{r-1}+d_{r-2}}(\omega)) \\
&\quad \cdots g_1(\tau^{d_{r-1}+d_{r-2}+\cdots d_1}(\omega)) f^*(\omega) d\omega
\end{aligned} \tag{3.96}$$

と定義すると,例えば式 (3.87) は

$$\Pr(01^d 0) = \Big\langle C^{(d+2)}(\overbrace{1,1,\cdots,1}^{d+1}, \overline{\Theta}_\alpha(\omega), \\ \overbrace{\Theta_\alpha(\omega), \Theta_\alpha(\omega), \cdots, \Theta_\alpha(\omega)}^{d}, \overline{\Theta}_\alpha(\omega), \tau\Big\rangle \tag{3.97}$$

となる.他の確率やポーカー検定の k_i などの他の量も高次相関関数で表現できる.先に著者らは,n 次のチェビシェフ写像 $\tau(\omega) = \cos(n \cos^{-1} \omega)$ に対して上記の理論的検定法を実施し,良好な擬似乱数列であることを確認した[91].実際 3.3 節で述べたように,チェビシェフ写像は i.i.d. 2値系列を生成できる.

〔2〕 **逆関数法と力学系間の位相同型関係**　上で列挙した各種テストに頻度に関する一様性テストを含めていない理由は,以下に示す方法により頻度分布は一様分布に変換できるからである.

一様乱数列から他の乱数列への変換法としていくつかの方法が知られている[73),79].その中で最も有名な**逆関数法** (inversion method) は,力学系間の位相同型関係そのものであることを確認しておこう.

発生させたい乱数を X とし,その分布関数を $F(x)$ とする.その非減少性は逆関数の存在を意味するので,区間 $[0,1)$ 上の一様分布の互いに独立な数列 $\{U_i\}$ に対して,逆関数法は変換

$$X_i = F^{-1}(U_i) \tag{3.98}$$

を行うものである．上式の正当性は

$$\Pr\{X \leqq x\} = \Pr\{F^{-1}(U) \leqq x\} = \Pr\{U \leqq F(x)\} = F(x) \tag{3.99}$$

よりいえる．一方，独立な一様分布の数列 $\{U_i\}$ を生成する力学系

$$U_{i+1} = f(U_i), \quad U_i \in [0,1] \tag{3.100}$$

の写像 $f(\cdot)$ として，例えば式 (2.17) のベルヌイシフト写像や式 (2.22) のテント写像が考えられる．一方，発生させたい数列 $\{X_i\}$ は，定義 2.3 より，同相写像 $h(\cdot)$ を通して写像

$$g = h^{-1} \circ f \circ h \tag{3.101}$$

で構成できるので

$$X_{i+1} = g(X_i), \quad i = 0, 1, 2, \cdots \tag{3.102}$$

により生成できる．$\{U_i\}$ の確率分布は一様分布 $F_f(U) = U$ であり，一方，数列 $\{X_i\}$ のそれ $p_g(x)dx$ が発生させたい分布 $F(X)$ に相当するので，この場合の同相写像 $U_i = h(X_i)$ の逆写像 $X_i = h^{-1}(U_i)$ は逆関数 $F^{-1}(\cdot)$ に相当する．

なお，上記のベルヌイ試行を基準とする検定法は，以下のことを意味する．すなわち，もし式 (3.102) で生成された数列 $\{X_i\}$ が真に乱雑であるならば，それに対する検定結果は上記の変換法の下でも不変であるべきである．

談 話 室

モンテカルロ法と独立性 モンテカルロ法の歴史は，18 世紀のフランスの自然科学者ビュッホン (Buffon) の針の問題にまでさかのぼることができるが，現代的意味での研究が行われたのは，第二次世界大戦末期の原子爆弾開発に関連して，フェルミ (Fermi)，ウラム (Ulam)，メトロポリス (Metropolis)，ノイマン (von Neumann) などによる研究が挙げられる．前者の両名は，パスタ (Pasta) とともに，コンピュータ実験で，非線形格子振動系において振動子間の非線形結合がわずかであっても固有振動数間に共鳴関係があればモードのエネルギーの遷移が起こることを示した，フェルミ-パスタ-ウラムの問題を提出した．一方，ノイマンはもちろんコンピュータの創始者である．

その後，コンピュータの進展に伴い，モンテカルロ法は現象自体に偶然的変動が内在する問題の解析ばかりでなく，（多重）積分の評価や偏微分方程式の求解等の確定的な問題に用いられ，いまや種々の科学において，複雑な諸問題を解くための標準的な方法となっている．

一方，シミュレーションの基本原理を理解するためには，確率論創始者であるコルモゴロフ (Kolmogorov) による**大数の法則**によらなければならないし，シミュレーションの推

定値の良さを知るためには確率論における最も重要な**中心極限定理**のほか，統計学でのサンプリング法を援用しなければならない．両定理は i.i.d. (independent and identically distributed) の系列を用いて記述されるので，カック（Kac）の小本に記述されているように[76]，**独立性の概念**や「乱雑さの起源はどこから生じるのか？」の問題などはますます基本的である．

本章のまとめ

❶ **区分線形 onto マルコフ写像とマルコフ分割**　区間 $I = [d, e]$ から I への写像 τ の分割点 $d = d_0 < d_1 < \cdots < d_N = e$ で I は部分区間に分割される $(I = \cup_{i=1}^{N} J_i, J_i = [d_{i-1}, d_i])$．$\tau(d_i) \in \{d_i\}_{i=0}^{N}$ を満たすとき，$\{d_i\}_{i=0}^{N}$ や τ はマルコフ分割，区分線形マルコフ写像（特に $\tau(d_i) \in \{d, e\}$ を満たすとき onto map）という．

❷ **遷移確率，定常分布とマルコフ連鎖**　$P = \{p_{ij}\}_{i,j=1}^{N_s}$ を $N_s \times N_s$ の遷移確率行列とする．p_{ij} は状態 i から状態 j への遷移確率である．任意の i に対し $\sum_{j=1}^{N_s} p_{ij} = 1$ が成立すれば P は固有値 1 を有し，その固有ベクトルは定常分布 $\boldsymbol{u} = (u_1, u_2, \cdots, u_{N_s})^T$ を与える．状態空間 $S = \{s_1, s_2, \cdots, s_{N_s}\}$ と P を持つ確率変数列 $Z_0, Z_1, \cdots$ はマルコフ連鎖と呼ばれる．ただし，初期分布 $\Pr[Z_0 = s_j] = u_j$ を満たすとする．

❸ **マルコフ連鎖の区間力学系への埋込み**　上記❶の部分区間 $J_i = [d_{i-1}, d_i]$ を N_s 個の部分小区間にマルコフ分割

$$J_i = \cup_{i=1}^{N_s} J_{i,j}, J_{i,j} = [d_{i-1,j-1}, d_{i-1,j}] \text{ または } [d_{i-1,j}, d_{i-1,j}]$$

して得られる τ は区分的 onto map となる．ただし，$\tau(d_{i,j}) = d_i, \tau(d_i) = \{0, 1\}$ である．このとき，$p_{ij} = |J_{i,j}|/|J_i|$ を要素の一部 (他の要素はすべて 0) とする $N_s^2 \times N_s^2$ の遷移確率行列 $\widehat{P}$ が定義できる．ただし，$\Lambda(\widehat{P}) = \Lambda(P) \cup 0^{N_s^2 - N_s}$ が成立する．ただし，$\Lambda(P)$ は行列 P の固有値の集合である．この意味で τ は P のマルコフ連鎖が埋め込まれている．

❹ **EDP と CSP**　区分的 onto map τ が関係式

$$|g_i'(\omega)| f^*(g_i(\omega)) = \frac{1}{N_\tau} f^*(\omega), \quad \omega \in [d_{i-1}, d_i], \quad 1 \leq i \leq N_\tau$$

が成立するとき，不変測度 $f^*(x)dx$ は EDP を満たすという．ただし，$g_i(\omega)$ は i

本章のまとめ   **149**

番目の τ の逆像であり，N_τ は逆像の数である．EDP は位相共役の下で不変な性質である．また，EDP を満たす $f^*(x)dx$ に対し関数 H が関係式

$$\frac{1}{N_\tau} \cdot \sum_{i=0}^{N_\tau - 1} H(g_i(\omega)) = \int_I H(\omega) f^*(\omega) d\omega$$

が成立するとき，H は CSP を満たすという．

❺ **対称 2 値関数と i.i.d. 2 値系列生成条件**　　2 値関数

$$C_T(\omega) = \bigoplus_{r=0}^{2M} \Theta_{t_r}(\omega)$$

が対称 $(t_r + t_{2M-r}, 0 \leq r \leq 2M)$ であるとする．ただし，

$$T = \{t_r\}_{r=0}^{2M}, \Theta_t(\omega) = 0, (\text{または } 1)\, (\omega \leq t \text{ または } \omega > t \text{ のとき})$$

である．更に，区分的 onto map τ およびその不変密度 $f^*(\omega)$ が対称であれば $\{C_T(\tau^n(\omega))\}_{n=0}^\infty$ は CSP を満たし，i.i.d. 2 値系列となる．

❻ **実数値 x の 2 進展開**

$$x \overset{2}{=} 0.b_1 b_2 \cdots$$

❼ **線形漸化式**

$$X_{n+k} = \sum_{\ell=0}^{k-1} g_\ell X_{n+\ell} \mod p, \quad g_\ell \in Z_p$$

と特性多項式

$$g(z) = z^k - \sum_{\ell=0}^{k-1} g_\ell z^\ell$$

の等価関係を理解する．

❽ **相互相関関数，自己相関関数**　　二系列 $\{G(\omega_n)\}_{n=0}^\infty, \{H(\omega'_n)\}_{n=0}^\infty$ 間の相互 ($G = H$ のとき自己) 相関関数は

$$\rho(l, \omega_0, \omega'_0; G, H) = \frac{1}{N} \sum_{n=0}^{N-1} G(\omega_n) H(\omega'_{n+l})$$

で定義される．

❾ **素因数分解**　　整数 $n > 1$ を素数べきに分解

$$n = p_1^{e_1} p_2^{e_2} \cdots p_k^{e_k}$$

❿ **カオス力学系による 2 値系列生成とその生起確率**　　写像 τ とその付随した 2 値系列 $01^d 0$ の生起確率は

$$\Pr[01^d 0] = \int_I f^*(\omega) d\omega \overline{\Theta}_t(\omega) \{\prod_{i=1}^d \Theta_t(\tau^i(\omega))\} \overline{\Theta}_t(\tau^{d+1}(\omega))$$

で表される．

3. カオスによる情報源

──●理解度の確認●──

問 3.1 三次方程式の根と判別式　三次方程式 $f(x) = x^3 + a_1 x^2 + a_2 x + a_3 = 0$ は変数変換 $x = y - a_1/3$ を行えば

$$y^3 + ay + b = 0, \quad a = -\frac{1}{3}(a_1^2 - 3a_2), \quad b = \frac{1}{27}(2a_1^3 - 9a_1 a_2 + 27 a_3)$$

になる．簡約化された三次方程式 $x^3 + ax + b = 0$ の解を求めよ．

問 3.2 三角関数やだ円関数の逆関数の形式による表現

$$\omega = \int_{\cos\omega}^{1} \frac{dt}{\sqrt{1-t^2}}, \quad \omega = \int_{\mathrm{cn}(\omega,k)}^{1} \frac{dt}{\sqrt{(1-t^2)(1-k^2+k^2 t^2)}}$$

をおのおの確認せよ．

4 カオスと情報通信

　擬似乱数を必要とする分野は，計算機科学や情報理論に限らず，最近では，スペクトル拡散通信 (spread spectrum, SS 通信) に代表される情報通信分野にも及んでいる．本章では，カオス 2 値系列の情報通信システムへの応用例を二つ取り上げる．一つは SS 拡散符号であり，他の一つは区間力学系に基づく A–D (analog-to-digital), D–A (digital-to-analog) 変換器であり，いずれも通信系で不可避な揺らぎを巧妙に利用するためにマルコフ性符号が重要となる実例である．

4.1 マルコフ連鎖で生成されたCDMA拡散符号

SS 通信の特長として，①他局に干渉を与えにくい，②他局からの干渉を受けにくい，③秘話性，④CDMA (code-division-multiple-access, 符号分割多元接続) が容易に実現可能，⑤測距可能などがある．本節ではカオスで生成された CDMA 符号の有効性を述べる[137)〜144)]．

4.1.1 CDMA

図 4.1 に，基底帯域の非同期 DS/CDMA のシステムとその変調・復調を示す．j 番目のユーザ ($j = 1, 2, \cdots, J$) のデータ信号と SS 符号をそれぞれ

$$d^{(j)}(t) = \sum_{p=-\infty}^{\infty} d_p^{(j)} u_T(t - pT), \quad d_p^{(j)} \in \{1, -1\}$$

$$X^{(j)}(t) = \sum_{q=-\infty}^{\infty} X_q^{(j)} u_{T_c}(t - qT_c), \quad X_q^{(j)} \in \{1, -1\}$$

とする．ただし，$u_D(t) = 1, 0 \leq t \leq D$ のとき (または 0 それ以外のとき) である．符号の周期を $N = T/T_c$ として

$$\boldsymbol{X}^{(j)} = \{X_q^{(j)}\}_{q=0}^{N-1}$$

と略記する．一般性を失うことなしに，$T_c = 1$ と仮定してよい．

非同期 DS/CDMA システムでは，Pursley[132)] の非周期相互相関関数 $R_N^A(l)$ の値が他のチャネルによる多元接続干渉 (multiple-access interference, MAI) を決定づける．その平均値 (average interference parameter, **AIP**) は，$R_N^A(l)$ の二次形式で表され，拡散符号の相関特性[90)] やビット誤り率 (BER) を測る重要な量[132)] として議論されている．最近，MAI の符号に関する分散を考察することにより，マルコフ連鎖で生成された符号[118),139)] と i.i.d. 2 値系列とみなされる従来の代数的に生成された符号との同期/非同期状態における優劣が議論されている[140)]．偶相関関数や奇相関関数の対称性を重視してこれらを平等に取り扱うと見通しのよい議論ができる．

まず，系列を M 倍にオーバサンプリングすることにより非周期相互相関関数 $R_N^A(l)$ を二つの遅れ時間パラメータを有する関数 $R_{NM}^A(lM + k)/M$ ($0 \leq k \leq M - 1, M \geq 1$) へと拡

4.1 マルコフ連鎖で生成された CDMA 拡散符号

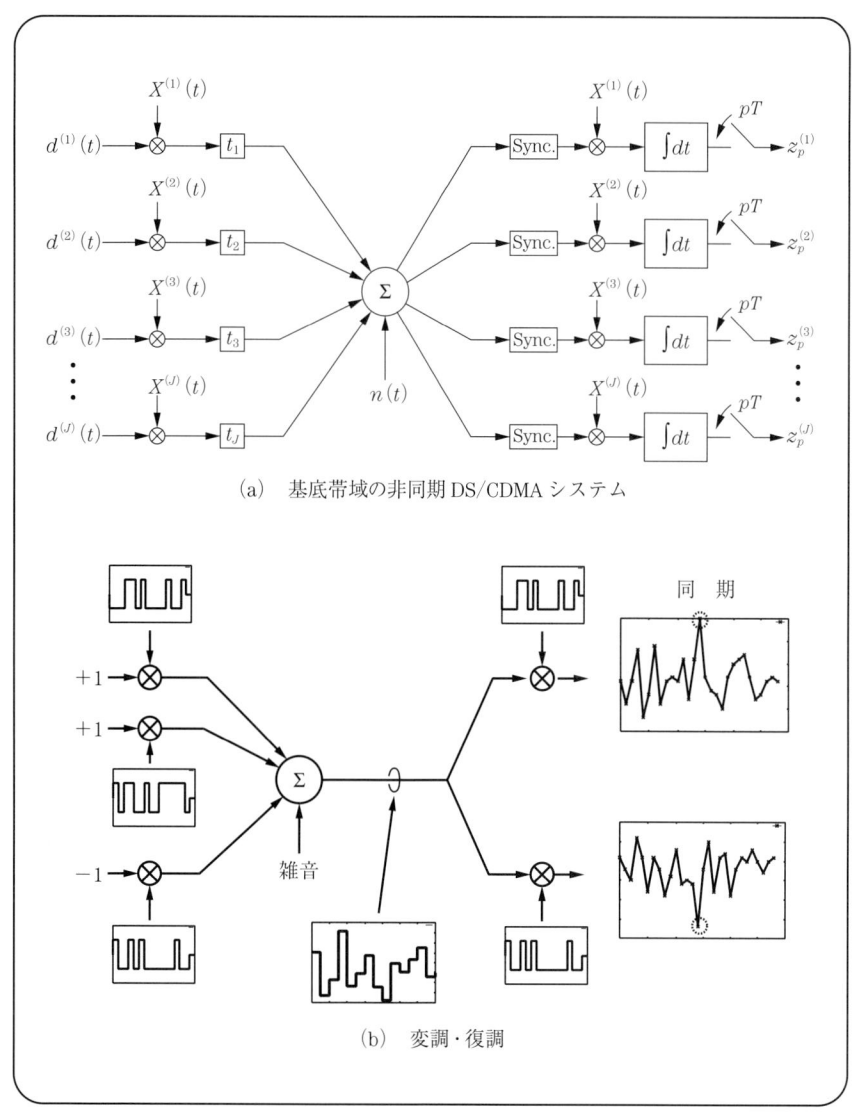

図 4.1 DS/CDMA のシステムとその変調・復調

(a) 基底帯域の非同期 DS/CDMA システム

(b) 変調・復調

張する．これにより三つの同期状態：完全同期，チップ同期，非同期が明確に定義でき，おのおのの MAI が厳密に評価可能となる．

定義 4.1 (非周期相互相関関数)[132]　二つの 2 値系列 $\boldsymbol{X} = \{X_n\}_{n=0}^{N-1}$, $\boldsymbol{Y} = \{Y_n\}_{n=0}^{N-1}$ 間の遅れ時間 l の非周期相互相関関数は

$$R_N^A(l; \boldsymbol{X}, \boldsymbol{Y}) = \sum_{n=0}^{N-1-l} X_n Y_{n+l} \tag{4.1}$$

で与えられる．

図 **4.2** に非周期相互相関関数を示す．その偶/奇相互相関関数はおのおの

$$R_N^E(l; \boldsymbol{X}, \boldsymbol{Y}) = R_N^A(l; \boldsymbol{X}, \boldsymbol{Y}) + R_N^A(N-l; \boldsymbol{Y}, \boldsymbol{X}) \tag{4.2}$$

$$R_N^O(l; \boldsymbol{X}, \boldsymbol{Y}) = R_N^A(l; \boldsymbol{X}, \boldsymbol{Y}) - R_N^A(N-l; \boldsymbol{Y}, \boldsymbol{X}) \tag{4.3}$$

である[†]．

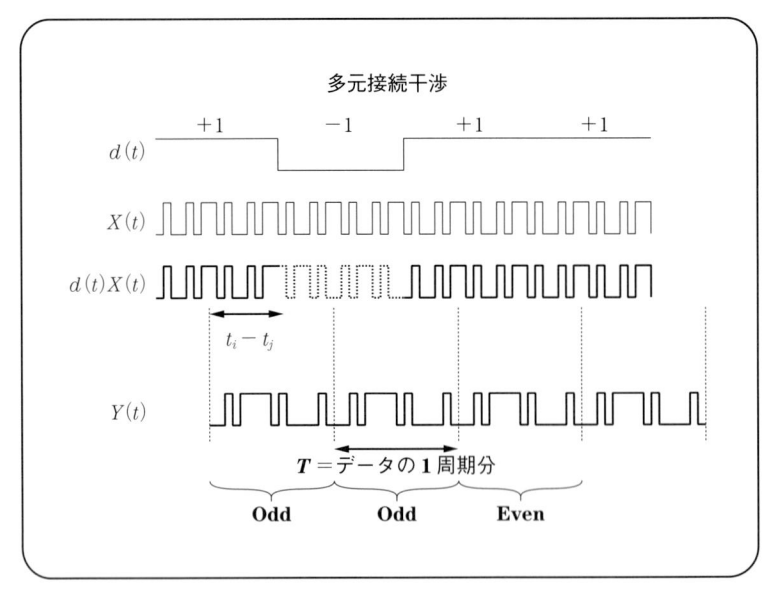

図 **4.2** CDMA における非周期相互相関関数

t_j を j 番目の遅れ時間，$n(t)$ をチャネル雑音とすると，受信信号 $r(t)$ は

$$r(t) = \sum_{j=1}^{J} X^{(j)}(t-t_j) d^{(j)}(t-t_j) + n(t) \tag{4.4}$$

となる．ゆえに，p 時間，i 番目の相関器出力 $(i = 1, 2, \cdots, J)$ は

$$Z_p^{(i)} = S_p^{(i)} + \eta^{(i)} + I_{J,p}^{(i)} \tag{4.5}$$

と分解される．ただし，$S_p^{(i)}$ は i 番目信号成分であり，遅れ時間 t_i が既知（完全同期）ならば $d_p^{(i)} N$ に等しい．

また，$\eta^{(i)}$ は雑音成分で

$$\eta^{(i)} = \int_{pT}^{(p+1)T} n(t) X^{(i)}(t) dt$$

と定義され，$I_{J,p}^{(i)}$ は他の $J-1$ のチャネルによる MAI である[132]．

連続値の遅れ時間 $t_i - t_j$ $(j \neq i)$ を表すために，大きな正整数 M に対し

$$t_i - t_j = l_{ij} + \frac{k_{ij}}{M}, \quad 0 \leq l_{ij} \leq N-1, \quad 0 \leq k_{ij} \leq M-1 \tag{4.6}$$

[†] 上式では**負の遅れ**と二つの符号 $\boldsymbol{X}$, $\boldsymbol{Y}$ の入れ換えと連動している．また，周期性より $-l \equiv N-l$ である．ただし，記号 $\equiv$ は等価関係を意味する．これにより偶/奇相互相関関数を同等に取り扱うことができる．

と仮定すると，Pursley の 1 パラメータの相関関数を 2 パラメータのそれへと容易に拡張できる[140]．なお
$$\frac{T_c}{M} = \frac{1}{M}$$
をマイクロチップと呼ぶ．これにより，非同期を以下のように区別できる．任意の i, j に対し，$t_i - t_j = 0$ のとき同期 (synchronous)，$k_{ij} = 0$ のときチップ同期 (chip–synchronous) であり，それ以外は非同期 (asynchronous) である．すなわち，k_{ij}/M は不可避な遅れ時間を表す．更に，拡散符号 $\boldsymbol{X}$ の M 倍オーバサンプリングを

$$\widehat{\boldsymbol{X}} = (\underbrace{X_0, X_0, \cdots, X_0}_{M}, \underbrace{X_1, \cdots, X_1}_{M}, \cdots, \underbrace{X_{N-1}, \cdots, X_{N-1}}_{M}) \tag{4.7}$$

と定義する．上式はクロネッカー系列[145]の特殊例である．$I_{J,p}^{(i)}$ は

$$I_{J,p}^{(i)} = \sum_{\substack{j=1 \\ j \neq i}}^{J} \left\{ \frac{d_p^{(j)} + d_{p+1}^{(j)}}{2} \frac{1}{M} R_{NM}^{E}(l_{ij}M + k_{ij}; \widehat{\boldsymbol{X}}^{(i)}, \widehat{\boldsymbol{X}}^{(j)}) \right.$$
$$\left. \frac{d_p^{(j)} - d_{p+1}^{(j)}}{2} \frac{1}{M} R_{NM}^{O}(l_{ij}M + k_{ij}; \widehat{\boldsymbol{X}}^{(i)}, \widehat{\boldsymbol{X}}^{(j)}) \right\} \tag{4.8}$$

となる．相関器は同期が取れ，$\eta^{(i)} = 0$ とすると，MAI による BER は

$$P_e = \text{Prob}\{d_p^{(i)} = -1\} \times \text{Prob}\{I_{J,p}^{(i)} > N | d_p^{(i)} = -1\}$$
$$+ \text{Prob}\{d_p^{(i)} = 1\} \times \text{Prob}\{I_{J,p}^{(i)} < -N | d_p^{(i)} = 1\} \tag{4.9}$$

更に，$d_p^{(j)}$ ($j \neq i$) が $d_p^{(i)}$ と独立であると仮定すると，拡散符号の独立性と分散の加法性により，2 ユーザの場合を議論すればよい．$\widehat{\boldsymbol{X}}^{(i)}, \widehat{\boldsymbol{X}}^{(j)}, l_{ij}, k_{ij}$ をおのおの $\widehat{\boldsymbol{X}}, \widehat{\boldsymbol{Y}}, l, k$ と略記する．自明な式 $(d_p^{(j)} + d_{p+1}^{(j)})(d_p^{(j)} - d_{p+1}^{(j)}) = 0$ から

[補題 4.1] 2 ユーザの MAI は

$$I_{2,p}^{(i)2} = \left(\frac{d_p^{(j)} + d_{p+1}^{(j)}}{2}\right)^2 \frac{1}{M^2} R_{NM}^{E}(lM + k; \widehat{\boldsymbol{X}}, \widehat{\boldsymbol{Y}})^2$$
$$+ \left(\frac{d_p^{(j)} - d_{p+1}^{(j)}}{2}\right)^2 \frac{1}{M^2} R_{NM}^{O}(lM + k; \widehat{\boldsymbol{X}}, \widehat{\boldsymbol{Y}})^2 \tag{4.10}$$

となる．偶/奇相互相関関数は

$$\frac{1}{M} R_{NM}^{E/O}(lM + k; \widehat{\boldsymbol{X}}, \widehat{\boldsymbol{Y}})$$
$$= \left(1 - \frac{k}{M}\right) R_N^{E/O}(l; \boldsymbol{X}, \boldsymbol{Y}) + \frac{k}{M} R_N^{E/O}(l+1; \boldsymbol{X}, \boldsymbol{Y}) \tag{4.11}$$

を満たす．ただし，添え字 E/O は偶/奇を意味する．なお，周期は NM であるので

$$-(lM + k) \equiv (N - l - 1)M + (M - k)$$

が成り立つ．

4.1.2 拡散符号の生成と中心極限定理

従来拡散符号としては図 4.3 のように,シフトレジスタ系列で生成された Kasami 符号や Gold 符号が用いられていた.図 4.4 (a) は非周期偶奇相関関数の頻度分布である.偶相関の分布（図 (a) 上段）は限られた小さい値しか取らないが,奇相関（下段）のそれは複雑な形をしている.本書で扱うカオス拡散符号のそれも図 4.4 (b) に併記している.この場合いずれもガウス分布に似ている.

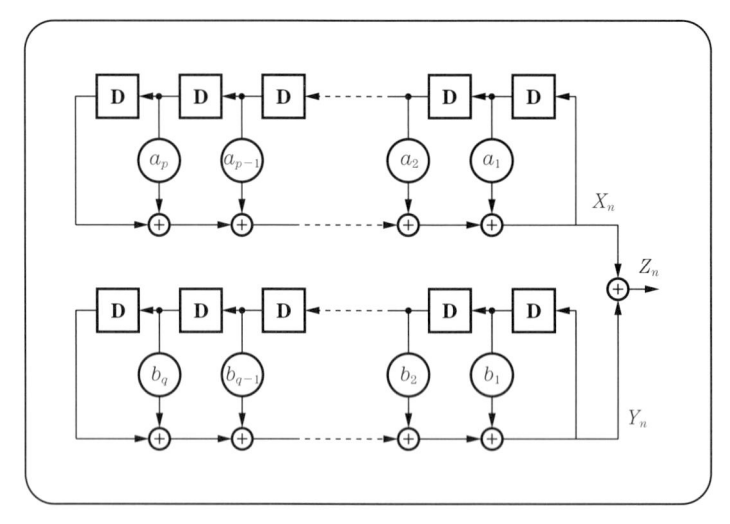

図 4.3 Kasami 符号,Gold 符号の生成

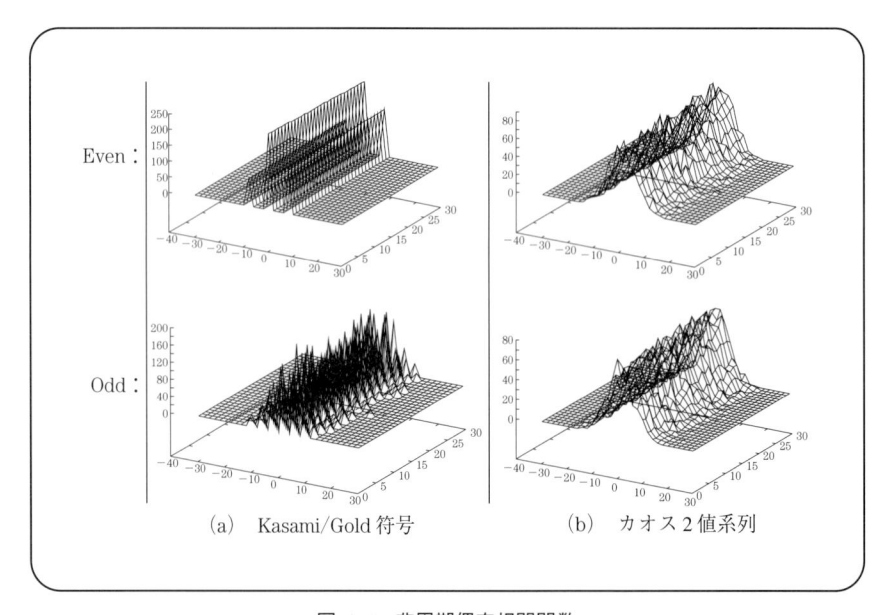

(a) Kasami/Gold 符号   (b) カオス 2 値系列

図 4.4 非周期偶奇相関関数

カルマン (Kalman) の方法[68)~70)] による 2 値系列の生成法を与える.

定義 4.2（**2 状態マルコフ連鎖**）　2 状態の既約非周期のマルコフ連鎖の遷移確率行列を

$$P(\lambda,\mu) = \begin{pmatrix} \mu + \lambda(1-\mu) & (1-\mu)(1-\lambda) \\ \mu(1-\lambda) & \mu\lambda + (1-\mu) \end{pmatrix} \tag{4.12}$$

とする．ただし，$\lambda(|\lambda|<1)$ は 1 以外の固有値であり，対応する固有ベクトル $(\mu,1-\mu)$ は定常分布の条件 $(\mu,1-\mu)P(\lambda,\mu) = (\mu,1-\mu)$ を満たす．

$$X = \{X_n(\omega)\}_{n=0}^{\infty}, \quad Y = \{Y_n(\omega')\}_{n=0}^{\infty}$$

を $P(\lambda,1/2)$ のマルコフ連鎖で生成された，互いに独立な $\{-1,1\}$ 値系列とする．ただし，ω, ω' は**統計学的に互いに独立な** (statistically independent) 初期値である．このとき，$l \geqq 0$ に対し

$$\boldsymbol{E}_X[X_n] = \boldsymbol{E}_Y[Y_n] = 0, \quad \boldsymbol{E}_{XY}[X_n Y_{n+l}] = 0 \tag{4.13}$$

$$\boldsymbol{E}_X[X_n X_{n+l}] = \lambda^l, \quad \boldsymbol{E}_Y[Y_n Y_{nївl}] = \lambda^l \tag{4.14}$$

が成立する．ただし，$\boldsymbol{E}_Z(\cdot)$ は確率変数 Z の分布に関する平均を意味する．

図 4.5 に示すように，カルマンの方法[68)~70)] により，上記マルコフ連鎖を 4 部分区間（あるいは 3 部分区間）のカルマンのマルコフ写像に埋め込むことができる[68),70)]．すなわち，カルマン写像を $\xi_{n+1} = \tau(\xi_n), \xi_n \in [d,e], (n=0,1,\cdots)$ とすると，2 値系列 $\boldsymbol{X} = \{X_n\}_{n=0}^{\infty}, (X_n \in \{-1,1\})$ は関数 $X_n = \sigma(\xi_n) = -1, \xi_n \leqq d_1$ のとき，$1, \xi_n > d_1$ のときで生成できる．

いくつかの中心極限定理 (central limit theorem, CLT)[146)] を列挙すると

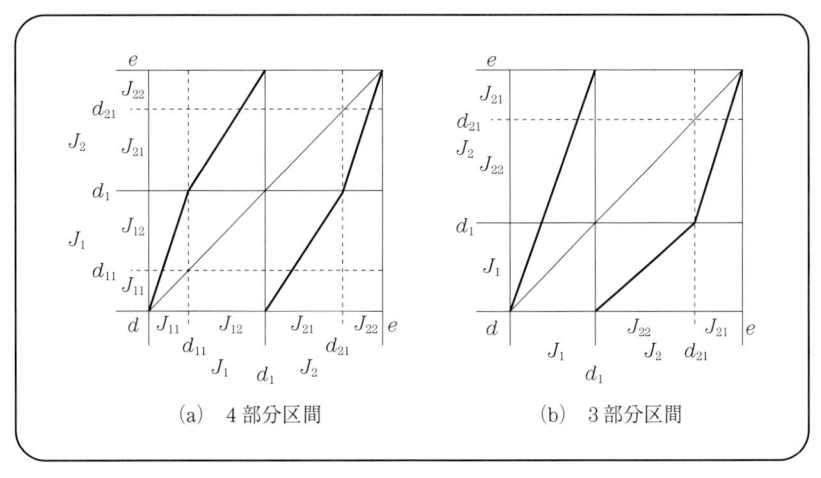

(a) 4 部分区間　　(b) 3 部分区間

図 4.5　カルマン写像

定義 4.3 (中心極限定理)　$V_0, V_1, \cdots$ を i.i.d. 確率変数とする．和 $S_N = V_0 + V_1 + \cdots + V_{N-1}$ に対し，$S_N/\sqrt{N}$ は平均 $\sqrt{N}\boldsymbol{E}[V_0]$, 分散 σ^2 のガウス分布に漸近する．ただし
$$\sigma^2 = \lim_{N \to \infty} \left\{ \frac{1}{N} \boldsymbol{E}[S_N^2] - N\boldsymbol{E}[V_0]^2 \right\}$$
である[†1]．

定義 4.4 (α–mixing)　$X_0, X_1, \cdots$ を確率変数列とする．α_n $(n \geq 1)$ を事象 A, B に対し $|\Pr(A \cap B) - \Pr(A)\Pr(B)| \leq \alpha_n$ となる数とする．$\alpha_n \to 0$ のとき，$\{X_n\}$ は α–mixing と呼ばれる．

定義 4.5 (m–dependent)[146]　$n > m$ に対し，$(V_1, \cdots, V_k)$ と $(V_{k+n}, \cdots, V_{k+n+l})$ が独立であるとき，$\{V_n\}_{n=0}^{\infty}$ を m–dependent という．また，$n > m$ に対し系列は α–mixing ($\alpha_n = 0$) であるという．独立系列は 0–dependent である．

定義 4.6 (α–mixing 型の CLT)[146]　定常 $V_0, V_1, \cdots$ が α–mixing ($\alpha_n = O(n^{-5})$), $\boldsymbol{E}[V_n] = 0$, $\boldsymbol{E}[V_n^{12}] < \infty$ を満たすとき，CLT が成立する[†2]．

4.1.3　符号平均 MAI と AIP

$\{d_p^{(j)}\}_{p=-\infty}^{\infty}$ を遷移行列 $P(0, \mu_j)$, $\mathrm{Prob}\{d_p^{(j)} = -1\} = \mu_j$ のマルコフ連鎖から生成された i.i.d. の $\{-1, 1\}$ 値系列とする．まず，そのときの MAI を考察しよう．数値実験により，$N \to \infty$ とともに $(1/M)R_{NM}^{E/O}(lM+k; \widehat{\boldsymbol{X}}, \widehat{\boldsymbol{Y}})/\sqrt{N}$ はガウス分布に漸近することがわかる．

　L を集合 $\{0, \cdots, N-1\}$ 中のいずれかの値を取る l に対する確率変数とする．また，K を集合 $\{0, 1, \cdots, M-1\}$ 中のいずれかの値を確率 $\Pr\{K = k\} = 1/M$ で取る k に対する確率変数とする．式 (4.13),(4.8),(4.11) から
$$\boldsymbol{E}_{\boldsymbol{XY}}[R_N^E(l; \boldsymbol{X}, \boldsymbol{Y})] = \boldsymbol{E}_{\boldsymbol{XY}}[R_N^O(l; \boldsymbol{X}, \boldsymbol{Y})] = 0$$
$$\boldsymbol{E}_{\boldsymbol{XY}}\left[\frac{1}{\sqrt{N}} I_{2,p}^{(i)}\right] = 0$$
となる．$D^{(j)}$ を $d_p^{(j)}$ に対する $\{-1, 1\}$ 値の確率変数とすると，式 (4.10), (4.11), $\boldsymbol{E}_{D^{(j)}}[D_p^{(j)} D_{p+1}^{(j)}] = 0$ から
$$\boldsymbol{E}_{D^{(j)}}\left[\boldsymbol{E}_{\boldsymbol{XY}}\left[\left(\frac{1}{\sqrt{N}} I_{2,p}^{(i)}\right)^2\right]\right]$$

[†1] $V_{n,l}(\boldsymbol{X}, \boldsymbol{Y}) = X_n Y_{n+l}$ for $l \geq 0$ を導入すると，次式となる．
$$R_N(l; \boldsymbol{X}, \boldsymbol{Y}) = \sum_{n=0}^{N-1} V_{n,l}$$

[†2] $\tau(\cdot)$ で生成された確率変数列の和の型の CLT は **Fortet**[147]–**Kac**[148] の定理と呼ばれる．

$$= \left(1 - \frac{K}{M}\right)^2 \mathcal{E}_+(L) + \frac{K^2}{M^2}\mathcal{E}_+(L+1) + 2\left(1 - \frac{K}{M}\right)\frac{K}{M}\mathcal{F}_+(L) \qquad (4.15)$$

が得られる．ただし，$\mathcal{E}_+(l), \mathcal{F}_+(l), \mathcal{E}_-(l), \mathcal{F}_-(l)$ の定義式や $N \gg 1$ に対する近似式は省略する[68]．以下の補題を得る[140]．

[補題 4.2] 大きな N に対し
$$\boldsymbol{E}_{\boldsymbol{D}^{(j)}}\left[\operatorname{Var}_{\boldsymbol{X},\boldsymbol{Y}}\left[\frac{1}{\sqrt{N}}I_{2,p}^{(i)}\right]\right] \simeq \frac{1+\lambda^2}{1-\lambda^2}, \quad M = 1 \qquad (4.16)$$

$$\boldsymbol{E}_K\left[\boldsymbol{E}_{\boldsymbol{D}^{(j)}}\left[\operatorname{Var}_{\boldsymbol{X},\boldsymbol{Y}}\left[\frac{1}{\sqrt{N}}I_{2,p}^{(i)}\right]\right]\right] \simeq \frac{2}{3}\frac{1+\lambda+\lambda^2}{1-\lambda^2}, \quad M \gg 1. \qquad (4.17)$$

[注意 4.1] 大きな N に対し
$$\mathcal{E}_-(l) \simeq 0, \quad \mathcal{F}_-(l) \simeq 0, \quad \sigma_N^E(LM+K)^2 \simeq \sigma_N^O(LM+K)^2$$
であるので，符号による分散は L やデータ信号にほとんどよらない．

[注意 4.2] 非同期 ($M \gg 1$) ならば，遷移確率行列 $P(-2+\sqrt{3}, 1/2)$ のマルコフ連鎖で生成された符号は最適である[139),140)]．一方，チップ同期 ($M=1, K=0$) ならば $P(0, 1/2)$ のマルコフ連鎖による i.i.d. 符号が最適である[140]．

[注意 4.3] 大きな N, M に対し
$$\boldsymbol{E}_K\left[\boldsymbol{E}_{\boldsymbol{X},\boldsymbol{Y}}\left[\operatorname{Var}_{\boldsymbol{D}^{(j)}}\left[\frac{I_{2,p}^{(i)}}{\sqrt{N}}\right]\right]\right]$$
$$= 4\mu_j(1-\mu_j)\boldsymbol{E}_K\left[\boldsymbol{E}_{\boldsymbol{D}^{(j)}}\left[\operatorname{Var}_{\boldsymbol{X},\boldsymbol{Y}}\left[\frac{I_{2,p}^{(i)}}{\sqrt{N}}\right]\right]\right] \qquad (4.18)$$

データによる分散
$$\operatorname{Var}_{\boldsymbol{D}^{(j)}}\left[\frac{1}{\sqrt{N}}I_{2,p}^{(i)}\right]$$
は $\mu_j = 1/2$ のときに限り符号による分散と一致する．これは複数個の確率変数による平均操作は互いに可換ではないことを意味している．

データによる分散を L に関して平均すると AIP が得られる[†]．また，AIP の符号 $\boldsymbol{X}, \boldsymbol{Y}$ に関する平均も議論されている[139),149)]．

[注意 4.4] J ユーザからなる非同期 CDMA システムを考える．$n(t)$ を平均 0，分散 $N_0/2$ のガウス雑音とする．大きな N に対し
$$\frac{1}{\sqrt{N}}I_{2,p}^{(i)}$$
に CLT を適用すると，ガウス分布の加法性よりチャネル雑音や i 番目ユーザへの他の $J-1$ 人のユーザからのチャネル間干渉は平均 0，分散
$$\overline{\sigma}^2 = \frac{N_0}{2} + (J-1)\sigma^2(\lambda)$$
のガウス分布に漸近する[146]．ただし

[†] AIP は相互相関関数に関して二次形式となるので，AIP の最適問題に多くの研究者が興味を持っている[139),149)]．

$$\sigma^2(\lambda) = \frac{2}{3}\frac{1+\lambda+\lambda^2}{1-\lambda^2}$$

したがって，他の SS 符号やチャネル雑音によるビット誤り率 (BER) は

$$P_e = Q\left(\frac{\sqrt{N}}{\overline{\sigma}}\right), \quad \overline{\sigma}^2 = \frac{N_0}{2} + (J-1)\sigma^2(\lambda) \tag{4.19}$$

で評価可能である．ただし

$$Q(x) = \int_x^\infty \frac{1}{\sqrt{2\pi}}\exp\left[-\frac{u^2}{2}\right]du$$

図 4.6 は BER の例である．なお，フィルタの詳細はここでは述べない．

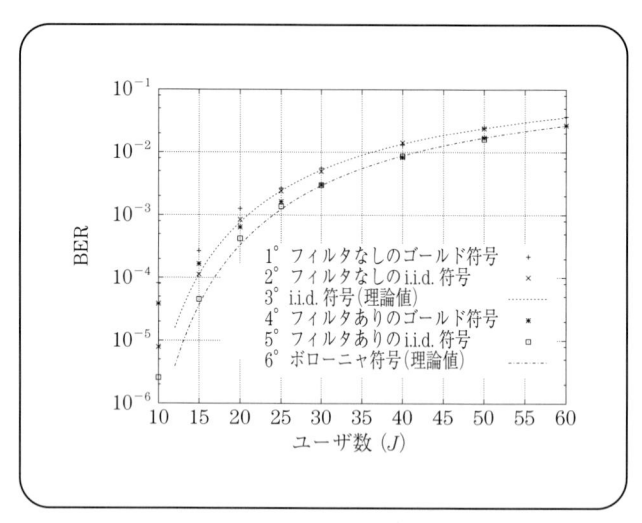

図 4.6　BER の例

〔1〕 **SS 符号の自己干渉特性**　マルコフ的符号はデルタ関数的ではないので，自己干渉 $S_p^{(i)}$ を調べる必要がある[68),142]．$S_p^{(i)}$ は

$$S_p^{(i)} = \frac{d_p^{(i)} + d_{p+1}^{(i)}}{2M} R_{NM}^E\left(l_s M + k_s; \widehat{\boldsymbol{X}}^{(i)}, \widehat{\boldsymbol{X}}^{(i)}\right)$$
$$+ \frac{d_p^{(i)} - d_{p+1}^{(i)}}{2M} R_{NM}^O\left(l_s M + k_s; \widehat{\boldsymbol{X}}^{(i)}, \widehat{\boldsymbol{X}}^{(i)}\right) \tag{4.20}$$

で表される．ただし，l_s, k_s は $t_i = l_s + k_s/M, 0 \leq l_s < N, 0 \leq k_s < M$ を満たす確率変数 L_s, K_s の実現値である．自己干渉の評価のために，相互干渉にかかわる式 (4.15) の変数 $D^{(j)}, \boldsymbol{Y}, L, K, \boldsymbol{E_{XY}}$ を変数 $D^{(i)}, \boldsymbol{X}, L_s, K_s, \boldsymbol{E_X}$ に置き換えると

$$\boldsymbol{E}_{D^{(i)}}\left[\text{Var}_{\boldsymbol{X}}\left[\frac{S_p^{(i)}}{\sqrt{N}}\right]\right] = \left(1 - \frac{K_S}{M}\right)^2 \mathcal{G}_+(L_s) + \left(\frac{K_S}{M}\right)^2 \mathcal{G}_+(L_s+1)$$
$$+ 2\left(1 - \frac{K_S}{M}\right)\frac{K_S}{M}\mathcal{H}_+(L_s) \tag{4.21}$$

となる．ただし，$\mathcal{G}_+(l), \mathcal{H}_+(l), \mathcal{G}_-(l), \mathcal{H}_-(l)$ の詳細な式及び大きな N のときのそれらの近似式は省略する[68)]．上式より $S_p^{(i)}$ の分散 $\sigma_S^2(L_s, K_s)$ が評価できる．

4.1 マルコフ連鎖で生成された CDMA 拡散符号

[補題 4.3] 大きな N と $0 \leq l_S < \lfloor (N-1)/2 \rfloor$ に対し，$\varepsilon = k_S/M$ とすると

$$\sigma_S^2(l_S, k_S) \simeq -2l_S \lambda^{2l_S}(1-\varepsilon+\lambda\varepsilon)^2 - 2(1-\varepsilon+\lambda\varepsilon)\varepsilon\lambda^{2l_S+1}$$
$$- \frac{1+\lambda^2}{1-\lambda^2}(1-\varepsilon+\lambda\varepsilon)^2\lambda^{2l_S} + \frac{1+\lambda^2}{1-\lambda^2} - 2(1-\varepsilon)\varepsilon\frac{(1-\lambda)^2}{1-\lambda^2}$$
(4.22)

で表される．

[注意 4.5] 自己干渉の分散は大きな N のとき l_S に依存するので，相互干渉の場合と異なる．図 4.7 に示す MAI の分散のようにほぼ同期が取れている状態，すなわち $l_s = 0$ または $N-1$ の場合，それぞれ，$\sigma_S^2(0, k_S) = \varepsilon^2(1-\lambda^2)$, $\sigma_S^2(N-1, k_S) = (1-\varepsilon)^2(1-\lambda^2)$ が得られる．一方，$0 < l_s < \lfloor (N-1)/2 \rfloor$ の場合，l_s が増えるにつれ，$\sigma_S^2(l_S, k_S)$ の
最小値（$\varepsilon = 1/2$ のとき達成）
$$\frac{1}{2}\frac{1+\lambda}{1-\lambda}$$
最大値（$\varepsilon = 0$ のとき達成）
$$\frac{1+\lambda^2}{1-\lambda^2}$$
に漸近し，その ε に関する平均値
$$\frac{2}{3}\frac{1+\lambda+\lambda^2}{1-\lambda^2}$$
は $\sigma^2(\lambda)$ と一致する．ただし，K_S は等確率で $\{0, 1, \cdots, M-1\}$ 中のいずれかの値をとる k_S の確率変数である．なお，$l_S \geq \lfloor (N-1)/2 \rfloor$ の場合の理論値[68]は省略する．

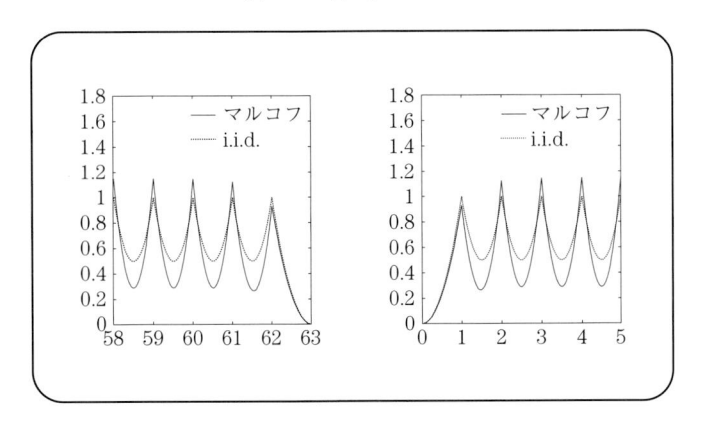

図 4.7 MAI の分散

[注意 4.6] 式 (4.22) の分散から明らかなように，同期達成の評価で，簡単のためしばしば行われる遅れ時間パラメータ l_S, k_S に関する平均操作は時間情報をなくしているので，rake receiver の設計では分散の情報を利用すべきであろう．

〔2〕 同期ずれのある受信器の BER　　$\sigma_T^2(\varepsilon, \lambda) = \sigma_S^2(\varepsilon, \lambda) + N_0/2 + (J-1)\sigma^2(\lambda)$ を全

分散とする．ただし，$\sigma_S^2(\varepsilon,\lambda) = \varepsilon^2(1-\lambda^2)$ ($L_S = 0$ のとき) または $\sigma_S^2(\varepsilon,\lambda) = (1-\varepsilon)^2(1-\lambda^2)$ ($L_S = N-1$ のとき) である．$\sigma_T^2(\varepsilon,\lambda)$ は大きな M と $J \geq 2$ のとき i.i.d. 符号よりも小さいので，マルコフ符号の同期捕捉は，i.i.d. 符号のそれよりも容易である．むしろチップ同期は取れている ($L_s = 0$ or $N-1$) が，同期ずれがある場合 ($0 \leq \varepsilon \leq 1/2$) を考察する必要がある．$\widehat{Y}, Y$ をおのおの $\widehat{X}, X$ に置き換えた式 (4.11) を利用すると，大きな N に対する BER の評価式 $\widehat{P}_e(\varepsilon,\lambda)$ と一様分布の ε で平均した BER $\overline{P}_e(\lambda)$ が以下のように得られる．

定理 4.1 遷移確率行列 $P(\lambda, 1/2)$ のマルコフ連鎖で生成された SS 符号は不可避な遅れ時間 $\varepsilon = K_S/M$ ($L_S = 0$) または $\varepsilon = 1 - K_S/M$ ($L_S = N-1$) を有する相関受信器による BER は

$$\overline{P}_e(\lambda) \simeq 2 \int_0^{1/2} \widehat{P}_e(\varepsilon,\lambda) d\varepsilon, \quad \widehat{P}_e(\varepsilon,\lambda) \simeq Q\left(\frac{\sqrt{N}[1-\varepsilon(1-\lambda)]}{\sigma_T(\varepsilon,\lambda)}\right) \quad (4.23)$$

と評価できる．ただし

$$Q(x) = \int_x^\infty e^{-t^2} dt$$

は誤差関数である．

4.2 算術符号と力学系

符号には固定長符号 (fixed–length code)，可変長符号 (variable–length code)，ブロック符号 (block code)，逐次符号 (sequential code)，畳込み符号 (convolutional code) のほか，入力・出力の線形関係を有する**スライディングブロック符号** (sliding block code) などがある[67),161)]．

4.2.1 Elias 符　号

例 4.1 確率 $Q(0) = 2/3, Q(1) = 1/3$ の定常無記憶情報源 $\mathcal{U} = \{0,1\}$ の出力系列 $u^n = u_1 u_2 \cdots u_n \in \mathcal{U}^n$ を符号アルファベット $\mathcal{X} = \{0,1\}$ で符号化を考える[161)]．i.i.d. の遷移確率行列 $P_{\text{i.i.d.}}$，マルコフ (Markov) の遷移確率行列 P_{Markov}

$$P_{\text{i.i.d.}} = \begin{bmatrix} \Pr[X_{i+1}=0|X_i=0], & \Pr[X_{i+1}=1|X_i=0] \\ \Pr[X_{i+1}=0|X_i=1], & \Pr[X_{i+1}=1|X_i=1] \end{bmatrix} = \begin{bmatrix} 2/3 & 1/3 \\ 2/3 & 1/3 \end{bmatrix} \quad (4.24)$$

$$P_{\text{Markov}} = \begin{bmatrix} \Pr[X_{i+1}=0|X_i=0], & \Pr[X_{i+1}=1|X_i=0] \\ \Pr[X_{i+1}=0|X_i=1], & \Pr[X_{i+1}=1|X_i=1] \end{bmatrix} = \begin{bmatrix} 2/3 & 1/3 \\ 1/3 & 2/3 \end{bmatrix} \quad (4.25)$$

を有する情報源による単位区間 $[0,1)$ の $n=3$ の分割過程をそれぞれ図 **4.8** (a),(b) に示す．表外の () 内の数字は情報源からの出力列であり，表中の数字は長さ 1 の半開区間 [ ) の排反な部分区間の分割点を意味する．例えば，$u_1u_2u_3 = 010$ の場合，$u_1 = 0$ は区間 $[0, 2/3)$ に対応し，$u_2 = 1$ は $[4/9, 2/3)$ に対応し，$u_3 = 0$ は $[4/9, 16/27)$ に対応する．Elias 符号では図 (a) の最右欄に示すように，符号語 $\varphi(u_1u_2\cdots u_n)$ を部分区間に含まれる点で，その有限 2 進小数の桁数が最小となる点の少数部分とされる[161]．

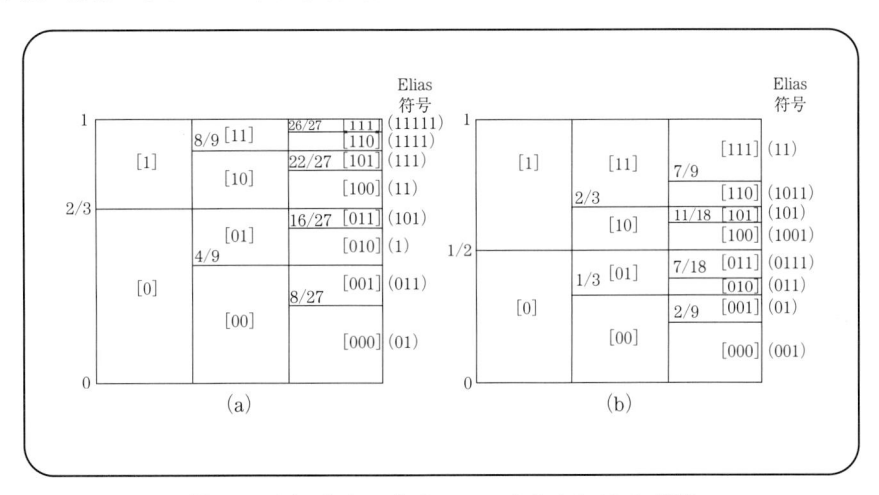

図 **4.8** (a) 式 **(4.24)** の $P_{\text{i.i.d.}}$ を有する **i.i.d.** 情報源による区間の分割過程とその **Elias** 符号；(b) 式 **(4.25)** の P_{Markov} を有するマルコフ情報源による区間の分割過程とその **Elias** 符号 ∎

これを一般化する[161]．情報源アルファベット $\mathcal{U} = \{0, 1, \cdots, J-1\}$，符号語アルファベット $\mathcal{X} = \{0, 1, \cdots, K-1\}$ の各要素間に**順序**があるとする．無記憶情報源の時刻 i の出力確率分布を $p_i(u) = \Pr(U_i = u) > 0, \forall u$ とし，出力系列 $u^n = u_1u_2\cdots u_n$ の発生確率 $p(u^n)$ を

$$p(u^n) = \prod_{i=1}^{n} p_i(u_i)$$

とし，時刻 i における累積確率 $c_i(u)$ を

$$c_i(u) = \sum_{u' \in \mathcal{U}: u' < u} p_i(u'), \forall u \in \mathcal{U}$$

と定義する．ただし，$c_i(0) = 0$ とする．時刻 n までの累積確率 $F(u^n)$ を

$$F(u^n) = \sum_{i=1}^{n} p(u^{i-1})c_i(u_i)$$

と定義する．また，空列 λ に対し $p(\lambda) = 1$ とする．各出力系列 $u^n \in \mathcal{U}^n$ に $[0, 1)$ の半開部分区間 $[F(u^n), F(u^n) + p(u^n))$ を対応させる．上式は初期値 $F(\lambda) = 0, T(\lambda) = 1$ とする次の漸化式 $(1 \leq i \leq n)$

$$T(u^i) = T(u^{i-1})p_i(u_i), \quad F(u^i) = F(u^{i-1}) + T(u^{i-1})c_i(u_i) \tag{4.26}$$

の最終値 $F(u^n), T(u^n) = p(u^n)$ として得られる．時刻 i の半開部分区間 $[F(u^i), F(u^i) + T(u^i))$ の下限 $F(u^i)$ は i に関し単調非減少で，上限の $F(u^i) + T(u^i)$ は単調非増加である．符号語は $[F(u^n), F(u^n) + p(u^n))$ の区間中に含まれる 1 点 (K 進数表示で $0.b_1b_2\cdots, 0 \leq b_i \leq K-1$) を指定して小数点以下 $l = \lceil -\log_K p(x^n) \rceil$ けたまで取り，$\varphi(x^n) = b_1b_2\cdots b_l$ とする．Elias 符号は，その符号語長が **Shannon–Fano 符号** と同一であり，J^n 個の $p(x^n)$ の大きさの並べ替えを不要とする点で大いに優れているが，計算量 $O(n^2)$ の手間を必要とする．これを計算量 $O(n)$ の手間に改善したのが Rissanen や Pasco らの提案による次節の **算術符号** である．アルゴリズムの詳細は専門書に譲り[67), 161)]，ここでは論じないが，情報源符号化・復号化と離散カオス力学系との密接な関係に焦点をあてて紹介する．

i.i.d. 情報源の Elias 符号の生成過程は，一つの初期値に対する離散力学系の実数値系列に基づく i.i.d. 系列を発生する時間発展系の一種であることを以下に述べる．

例 4.2 (**2 値ベルヌイ写像による方法**) 　 図 **4.9** は 2 値ベルヌイ系列 $B(2/3, 1/2)$ を生成する写像 $\tau_{B2}(\omega)$

$$\tau_{B2}(\omega) = \begin{cases} \tau_0(\omega) = \dfrac{3}{2}\omega & \omega \in I_0 = \left[0, \dfrac{2}{3}\right) \\ \tau_1(\omega) = 3\left(\omega - \dfrac{2}{3}\right) & \omega \in I_1 = \left[\dfrac{2}{3}, 1\right) \end{cases} \tag{4.27}$$

である．区間 I_0, I_1 は記号 $0, 1$ を生成する実数値の集合である．図 **4.10** は写像 $\tau_{B2}(\omega)$ の 2 重写像 $\tau_{B2}^2(\omega)$

図 **4.9**　写像 $\tau_{B2}(\omega)$

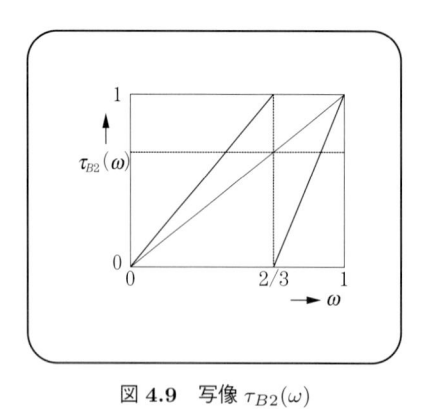

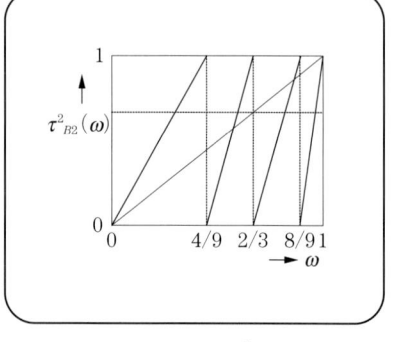

図 **4.10**　写像 $\tau_{B2}^2(\omega)$

$$\tau_{B2}^2(\omega) = \begin{cases} \tau_0 \circ \tau_0(\omega) = \dfrac{9}{4}\omega & \omega \in I_{00} = \left[0, \dfrac{4}{9}\right) \\ \tau_1 \circ \tau_0(\omega) = \dfrac{9}{2}\left(\omega - \dfrac{4}{9}\right) & \omega \in I_{01} = \left[\dfrac{4}{9}, \dfrac{2}{3}\right) \\ \tau_0 \circ \tau_1(\omega) = \dfrac{3}{2}(3\omega - 2) & \omega \in I_{10} = \left[\dfrac{2}{3}, \dfrac{8}{9}\right) \\ \tau_1 \circ \tau_1(\omega) = 9\left(\omega - \dfrac{8}{9}\right) & \omega \in I_{11} = \left[\dfrac{8}{9}, 1\right) \end{cases} \quad (4.28)$$

区間 $I_{ij}, i,j \in \{0,1\}$ は記号列 ji を生成する 2 重写像（写像の連鎖 $\tau_j \circ \tau_i$）の実数値の集合である．$4/9 = \tau_0^{-1}(2/3), 8/9 = \tau_1^{-1}(2/3)$，部分区間が排他的に小部分区間に分割されること，記号列の順序は連鎖写像のそれと一致するが，部分区間番号とは逆順であることや部分区間の入れ子構造

$$I_i = \bigcup_j I_{ij}, I_{ij} \subset I_i$$

や ACI 測度の条件つき確率で定まる比保存性 $|I_{ij}|/|I_{ik}| = |I_j|/|I_k|$ が成立することに注意されたい．この両性質は，算術符号のアルゴリズムで求められる**優加法性**を等号で満たす．

この過程を繰り返すたびに排他的な部分区間の幅は縮小する．実数値初期値 ω に対して，それを含む，n 回写像の部分区間（2^n 種類ある）は一意的に定まるので，これに応じた記号列が生成される．区間力学系における実数値 ω と部分区間は 1 対 1 に対応するので，部分区間を指定する番号を ω の符号語とする．すなわち，1 対 1 の対応は符号化・復号化を保証している．また，無記憶情報源の Elias 符号の符号化過程はベルヌイシフト写像力学系の実数値軌道による記号系列発生そのものである．　■

4.2.2　算 術 符 号

次に，算術符号について紹介する[161]．Elias 符号の半開区間 $[F(x^i), F(x^i) + T(x^i))$ の区間幅 $T(x^i)$ は i とともに減少するが，有限けたの計算で実行するために，すべての数は有限けたの K 進数で表されていると仮定する．最初に，空列 λ に対する $T(\lambda) > 0$ を定め，再帰的に**優加法性**

$$T(x^k) \geq \sum_{x \in \mathcal{X}} T(x^k x), \quad k = 0, 1, \cdots ; \forall x^k \in \mathcal{X}^k \quad (4.29)$$

を満たすように定める．

符号化 $\begin{cases} 1.\ F(\lambda) = 0 \\ 2.\ F(x^i) = F(x^{i-1}) + \sum_{x': x' < x_i} T(x^{i-1} x'),\ i = 1, 2, \cdots, n \\ 3.\ F(x^n) : x^n \text{ の符号語} : T(\lambda) \text{ の最上位けたから } F(x^n) \text{ の最下位けたまで} \end{cases}$

166   4. カオスと情報通信

復号化 $\begin{cases} 1.\ k\text{ 進数の符号語 } F(x^n) \text{ に対して} \\ 2\text{--}1.\ z_i = \max\{z \in \mathcal{X} | \sum_{z':z'<z_i} T(z^{i-1}z') \leqq W_{i-1}\},\ i=1,2,\cdots,n \\ 2\text{--}2.\ W_i = W_{i-1} - \sum_{z':z'<z_i} T(z^{i-1}z') \\ 3.\ z^n = z_1 z_2 \cdots z_n : \text{情報源からのデータ系列} \end{cases}$

ただし,区間幅 $T(x^k)$ の $T(x^k x)$ への細分割法は $\forall x \in \mathcal{X}$ と $\forall x^{i-1} \in \mathcal{X}^{i-1}$ に対し条件つき分割比 $q(x|x^{i-1}) > 0$ が

$$\sum_{x \in \mathcal{X}} q(x|x^{i-1}) = 1, \quad \forall x^{i-1} \in \mathcal{X}^{i-1}$$

を満たすように定めておき,

$$T(x^{i-1}x) = \lfloor T(x^{i-1})q(x|x^{i-1}) \rfloor_w$$

とする.ただし,x^0 は空列 λ を意味し,$\lfloor x \rfloor_w$ は K 進浮動小数点表示の有効けた数 w で打ち切ることを意味する.また,条件つき分割比 $q(\cdot|\cdot)$ は符号器・復号器で既知とする.$F(x^i), T(x^i)$ の計算はすべて有効けた w で打ち切るものとする.これがアルゴリズムの計算量を $O(n)$ に抑えることを保証している.なお,$q(x|x^{i-1}) > 0$ は出力列 x^{i-1} に依存して決めることができるが,$q(x|x^{i-1})$ の記憶テーブルが大きくなるので,以下のように決定すればよい.

$$\left.\begin{aligned} q(x|x^{i-1}) &= p_i(x) : \text{生起確率,非定常無記憶情報源の場合} \\ q(x|x^{i-1}) &= p(x) : \text{定常確率,定常無記憶情報源の場合} \\ q(x|x^{i-1}) &= \Pr(X_i = x | X_{i-1} = x_{i-1}) : \text{遷移確率,マルコフ情報源の場合} \end{aligned}\right\} \tag{4.30}$$

4.3 ベータ写像に基づく A–D, D–A 変換器

　A–D(アナログ–ディジタル)変換は,ディジタル通信における必要不可欠な構成要素の一つであり,その応用は,音声処理,画像処理,通信などさまざまな分野に及ぶ.回路による速度,精度,消費電力,集積度のほか,精度の向上のため現在でも盛んに研究が行われている.

　Daubechies らは,2002 年に実数値基数の数の展開法の β 変換と呼ばれる新しい A–D 変換が高精度の変換能力と回路素子の揺らぎに対するロバスト性を兼ね備えていることなどの数理的構造を明らかにした[150]~[152].β 変換は,エルゴード理論,数論やカオス

の分野での古典である[153]〜[155]．従来の A–D 変換法は，実数の標本値の 2 進表現を利用する PCM (pulse code modulation) 法と Σ–Δ 法[157] とに大別できる．前者は高精度であるが，不安定であるので，回路実現は難しく，後者は安定な回路動作はするが精度が劣る．両者の欠点を補う方法として，オーバサンプリング法[157] や 1 ビット標本値化法[156] が提案されている．PCM は標本値のビット展開が i.i.d. 2 値系列となり，1 通りであるのに対し，β 展開は，複数個のビット列表現を有し冗長性があり，マルコフ系列となる．Daubechies らの A–D 変換回路では，回路実現上不可避な β や量子化器の閾値 ν の揺らぎを許容している．これは β 変換[154],[155] とその一般化である (β, α) 変換[155] の性質を巧みに取り入れた A–D 変換である．更に，彼女らは D–A 変換で必要な標本値の推定値と β 推定のための特性方程式を提出している．

著者らは最近[158]，カオス力学系の立場から上記 2 進展開法を議論し，2 進展開は単位区間の部分区間上のダイナミックスであると考え，標本値の新たな推定値，及び β 推定の新たな特性方程式を与えた．その結果，$\beta \in (3/2, 2)$ の場合復号誤差が 3 dB 向上することを示した．また，β 変換器によって生成されるビット列をマルコフ連鎖とみなしたときの固有値が負であることを明らかにした．これは負の固有値を有するマルコフ連鎖で生成されたカオス 2 値系列が非同期 CDMA 通信用拡散符号として有用であること[68],[140] と軌を一にしている．

4.3.1 シャノンの標本化定理

最初にシャノンの標本化定理の復習から始めよう．周波数帯域 $[-\Omega, \Omega]$ に帯域制限された時間関数 $f(x)$ のフーリエ変換を $\widehat{f}(\xi)$ とする．すなわち

$$\widehat{f}(\xi) = \frac{1}{\sqrt{2\pi}} \int_{-\infty}^{\infty} f(x) e^{-i\xi x} dx \tag{4.31}$$

このとき，通常の標本化定理は図 4.11 に示すように十分密な点での標本値から次式

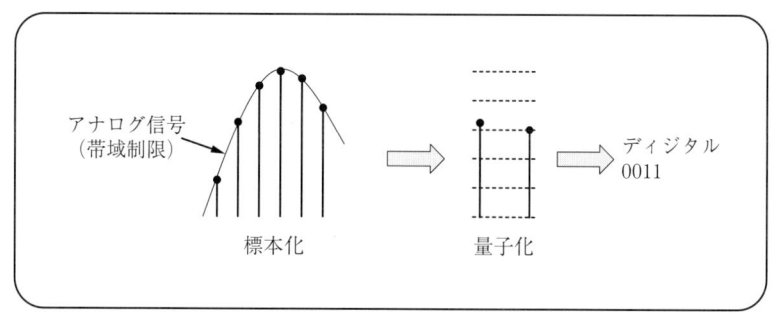

図 4.11 標本化・量子化

$$f(t) = \sum_n f\left(\frac{n\pi}{\Omega}\right)\mathrm{sinc}\left(\frac{\Omega t}{\pi} - n\right) \tag{4.32}$$

のように再現できることを主張している．ただし，現実にはサンプリング関数 sinc の減衰が緩やかであるので上式は実用的ではない．しかしながら，標本値列 $\{f(n\pi/\Omega)\}_{n\in\mathcal{Z}}$ の代わりにもっと密に標本化した標本値列 $\{f(n\pi/M\Omega)\}_{n\in\mathcal{Z}}$（ただし $M>1$）を用い

$$f(t) = \frac{1}{M}\sum_n f\left(\frac{n\pi}{M\Omega}\right)\varphi\left(\frac{\Omega}{\pi}t - \frac{n}{M}\right) \tag{4.33}$$

ただし，φ は $|\xi| \leq \Omega$ のとき $\widehat{\varphi}(\xi) = 1$，$|\xi| \geq \lambda\Omega$ のとき，$\widehat{\varphi}(\xi) = 0$ となる C^∞ 級の関数である．関数 φ は滑らかであるので，上式の数列は収束する．更に上式で $f(n\pi/M\Omega)$ は

$$\tilde{f}_n = f\left(\frac{n\pi}{M\Omega}\right) + \varepsilon_n$$

に置き換え，$\varepsilon_n < \varepsilon$ とすれば，$\widehat{f}(x)$ と $f(x)$ の差は有限となるので

$$\left.\begin{aligned}|f(x) - \widehat{f}(x)| &\leq \varepsilon\frac{1}{M}\sum_n\left|\varphi\left(\frac{\Omega}{\pi}t - \frac{n}{M}\right)\right| \leq \varepsilon C_\varphi \\ C_\varphi &= M^{-1}\|g'\|_{L^1} + \|g\|_{L^1}\end{aligned}\right\} \tag{4.34}$$

となる．ただし，C_φ は T に依存しない．これまでの議論では図 4.11 の連続時間から離散時間への移行は何ら問題もなく情報損失も起こらず，関数 f は系列 $f(n\pi/M\Omega)$ で完全に記述できる．この時点ではおのおのの標本値は実数値である．標本値の離散値への変換は図 4.11 のように量子化（quantization）と呼ばれている．量子化の最も簡単な例は PCM 法である．これは標本値（大きさを 1 以下とする）を実数値単位区間の一点と考えてその 2 進展開を符号語とするので，ベルヌイシフト写像に対応し，得られる系列は i.i.d. 系列となる．

4.3.2　β 変換

Daubechies らは，2002 年に β 変換の数理構造を示した[150]．β 変換は，図 4.12 に示すように β 展開に基づいた A–D 変換法である．β 展開の基本的な考え方は，$x \in (0,1)$ に対し

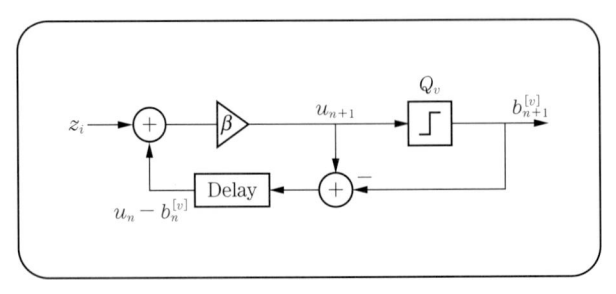

図 4.12　β 変換器のブロック図：初期入力 $z_0 = y \in (0,1)$, $z_i = 0$ for $i > 0$, 初期値 $u_0 = b_0 = 0$. $\nu = 1$：``greedy''，$\nu = (\beta-1)^{-1}$：``lazy''，$1 < \nu < (\beta-1)^{-1}$：``cautious''

4.3 ベータ写像に基づく A–D, D–A 変換器　　**169**

$$x = \sum_{i=1}^{\infty} b_i \gamma^i, \quad b_i \in \{0, 1\}$$

と表現することである[153)〜155)]．ただし，$\gamma := 1/\beta, 1 < \beta < 2$ である．量子化器 $Q_\nu(z)$ は

$$Q_\nu(z) = 0, z < \nu \text{ のとき}, \quad 1, z \geqq \nu \text{ のとき} \tag{4.35}$$

で定義する．$\nu \in [1, 1/(\beta-1)]$ は量子化閾値である．u_i, b_i を以下のアルゴリズムで定義する．

$$\left.\begin{array}{l} i = 1 \text{ のとき} \quad u_1 = \beta x \quad b_1 = Q_\nu(u_1) \\ i \geqq 1 \text{ のとき} \quad u_{i+1} = \beta(u_i - b_i) \quad b_{i+1} = Q_\nu(u_{i+1}) \end{array}\right\} \tag{4.36}$$

Daubechies らの A–D 変換法による L ビットの復号誤差は

$$0 \leqq x - \sum_{i=1}^{L} b_i \gamma^i \leqq \nu \gamma^L$$

である．すなわち，$\nu \in [1, 1/(\beta-1)]$ であれば，閾値 ν が揺らいでも，指数オーダの精度で復号できる．

4.3.3　(β, α) 変換

上記 A–D 変換法は，$\alpha := \nu - 1$ と置けば Parry の (β, α) 展開[154),155)] に基づいている．(β, α) 展開は $1 < \beta < 2$ のとき，次式の写像 $N_{(\beta, \alpha)}(x)$

$$N_{(\beta, \alpha)}(x) = \beta x, \quad x \in \left[0, \frac{\alpha+1}{\beta}\right), \quad \beta x - 1, \quad x \in \left[\frac{\alpha+1}{\beta}, \frac{1}{\beta-1}\right) \tag{4.37}$$

で定義される．図 **4.13** のように $\alpha = 0$ と $\alpha = (\beta-1)^{-1} - 1$ の写像で生成される 2 値系列は，それぞれ，greedy 展開，lazy 展開と呼ばれる．一方，図 **4.14** のように $0 < \alpha < (\beta-1)^{-1} - 1$ の写像で生成される 2 値系列は cautious 展開と呼ばれる．

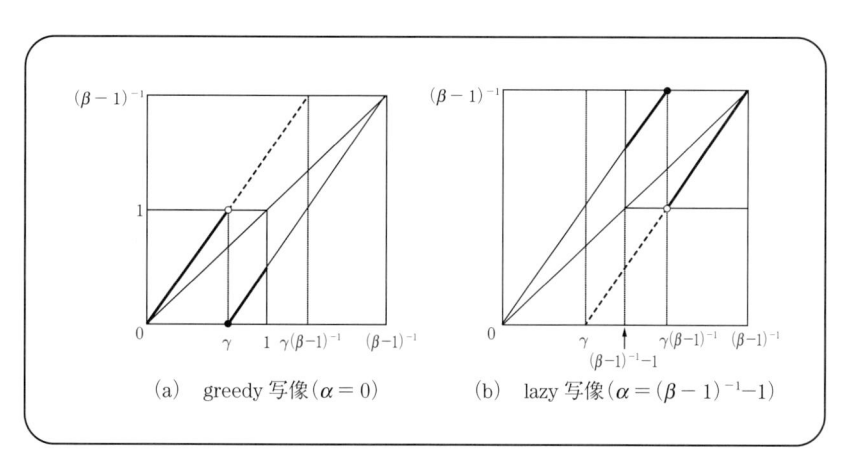

図 **4.13**　greedy 写像と lazy 写像

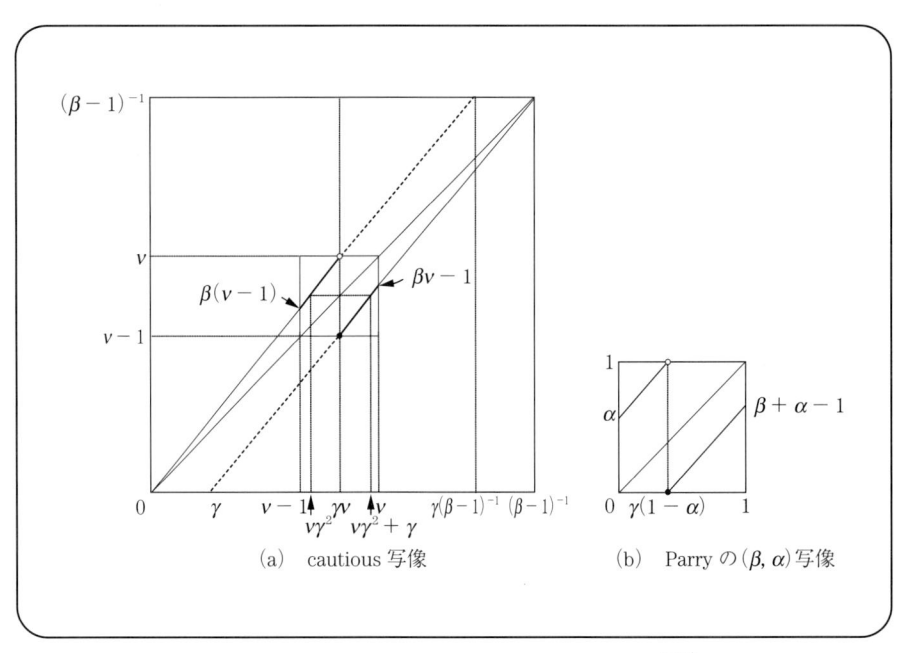

図 4.14 cautious 写像と Parry の (β, α) 写像[155]

4.3.4 区間解析による D-A 変換法

定理 4.2 区間解析によって得られる β 変換の復号値 $\widehat{x}$ を

$$\widehat{x}(\beta) = \sum_{i=i}^{L} b_i \gamma^i + \frac{\gamma^{L+1}}{2(1-\gamma)} \tag{4.38}$$

と定義する．このとき，L ビットで β 変換したときの誤差は

$$0 \leq |x - \widehat{x}(\beta)| \leq \frac{(\beta-1)^{-1}\gamma}{2} \tag{4.39}$$

である．

これは，次式の部分区間 I_i

$$I_i = \left(\sum_{j=0}^{i} b_j \gamma^j, \sum_{j=0}^{i} b_j \gamma^j + \sum_{j=i+1}^{\infty} \gamma^j \right) \tag{4.40}$$

の導入 (ただし $b_i = 0$) と

$$\frac{1}{\beta - 1} = \sum_{i=1}^{\infty} \gamma^i$$

を利用することで容易に証明できる[158]．

4.3.5 βの特性方程式

$x \in (0,1)$ と $y = 1-x \in (0,1)$ を β 変換したときのビット列をそれぞれ $b_i, c_i, (i = 1, 2, \cdots, N)$ とすると，それぞれの復号値は

$$\widehat{x}(\beta) = \sum_{i=i}^{N} b_i \gamma^i + \frac{\gamma^{N+1}}{2(1-\gamma)}, \quad \widehat{y}(\beta) = \sum_{i=i}^{N} c_i \gamma^i + \frac{\gamma^{N+1}}{2(1-\gamma)} \tag{4.41}$$

となる．$\widehat{x}(\beta) + \widehat{y}(\beta) = 1$ だから

定理 4.3 γ の推定値 $\widehat{\gamma}$ は，以下に定義される γ の特性方程式 $P(\gamma)$ の根 $P(\widehat{\gamma}) = 0$ である．

$$P(\gamma) = 1 - \sum_{i=i}^{N}(b_i + c_i)\gamma^i - \frac{\gamma^{N+1}}{(1-\gamma)} \tag{4.42}$$

注意：Daubechies らは復号値 $\widehat{x}_{\text{Daub}}(\gamma)$ を

$$\widehat{x}_{\text{Daub}}(\gamma) = \sum_{i=i}^{N} b_i \gamma^i \tag{4.43}$$

で定義し，β の特性方程式を

$$P_{\text{Daub}}(\gamma) = 1 - \sum_{i=i}^{N}(b_i + c_i)\gamma^i \tag{4.44}$$

で定義している．両者の差は自明であろう．

図 4.15 に x の復号値 $\widehat{x}$，γ の推定値 $\widehat{\gamma}$ の誤差の最悪値特性を示す．

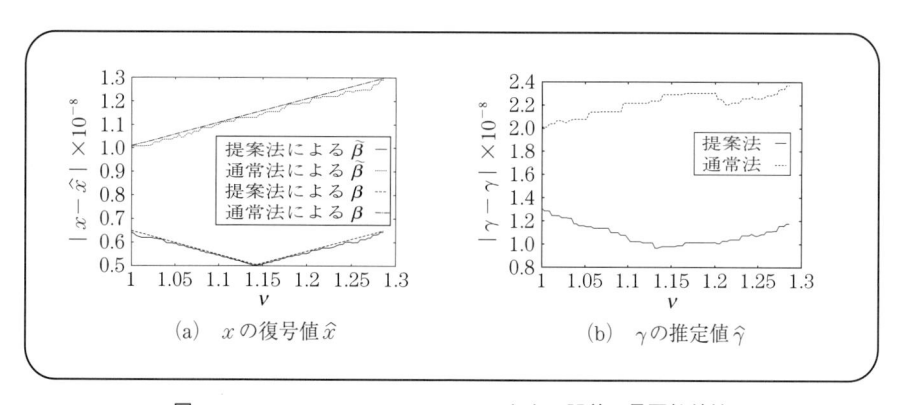

図 4.15 $N = 32$, $\beta = 1.77777$ のときの誤差の最悪値特性（パラメータ:x, ν）

4.3.6 β変換器から生成されるマルコフ連鎖

β 変換器から生成されるビット列 $b_1, b_2, \cdots, b_N$ をマルコフ連鎖として考えよう．

172   4. カオスと情報通信

$$\left.\begin{array}{l} u_i < u_{i+1} < \cdots < u_{i+k-1} < \beta(\nu-1) < u_{i+k} \\ u_i > u_{i+1} > \cdots > u_{i+k'-1} > \beta\nu > u_{i+k'} \end{array}\right\} \quad (4.45)$$

となる，ある自然数 k, k' が存在するので，不変部分区間 $I = (\beta(\nu-1), \beta\nu)$ が存在する．しかし，図 4.14 (b) の写像 $N_{(\beta,\alpha)}(x)$ $(x \in I)$ をマルコフ分割することは困難であるので，$N_{(\beta,\alpha)}(x)$ を一次マルコフ連鎖で近似すると

$$\frac{\beta}{\beta^2 - 1} \leqq \nu < \frac{\beta^2}{\beta^2 - 1}$$

のときは，遷移確率

$$\left.\begin{array}{l} \Pr[X_{n+1} = 0 | X_n = 0] = \dfrac{\nu\gamma^2 - (\nu-1)}{\nu\gamma - (\nu-1)} \\[2mm] \Pr[X_{n+1} = 1 | X_n = 0] = \dfrac{\nu\gamma - \nu\gamma^2}{\nu\gamma - (\nu-1)} \\[2mm] \Pr[X_{n+1} = 0 | X_n = 1] = \dfrac{\nu\gamma^2 + \gamma - \nu\gamma}{\nu - \nu\gamma} \\[2mm] \Pr[X_{n+1} = 1 | X_n = 1] = \dfrac{\nu - \nu\gamma^2 - \gamma}{\nu - \nu\gamma} \end{array}\right\} \quad (4.46)$$

が得られるので，遷移確率行列

$$P(\beta,\nu) = \begin{pmatrix} 1 - \dfrac{S(\nu)}{\beta T(\nu)} & \dfrac{S(\nu)}{\beta T(\nu)} \\[3mm] \dfrac{T(\nu)}{\beta S(\nu)} & 1 - \dfrac{T(\nu)}{\beta S(\nu)} \end{pmatrix} \quad (4.47)$$

ただし，$S(\nu) = \nu(\beta-1) > 0$, $T(\nu) = \nu - \beta(\nu-1) > 0$ であり，上記行列 $P(\beta,\nu)$ は次式の 1 以外の非正固有値 $\lambda(\beta,\nu)$

$$\lambda(\beta,\nu) = 1 - \frac{1}{\beta}\left(\frac{S(\nu)}{T(\nu)} + \frac{T(\nu)}{S(\nu)}\right) \leqq 1 - \frac{2}{\beta} < 0 \quad (4.48)$$

を有し，固有値 1 の固有ベクトルで定まる定常分布

$$(\Pr[X=0], \Pr[X=1]) = \frac{1}{S(\nu)^2 + T(\nu)^2}\left(T(\nu)^2, S(\nu)^2\right) \quad (4.49)$$

を有する．greedy ($\nu = 1$) の場合

$$\lambda(\beta, 1) = 1 - \frac{1}{\beta}(\beta - 1 + \frac{1}{\beta - 1}) \quad (4.50)$$

$$(\Pr[X=0], \Pr[X=1]) = \frac{1}{(\beta-1)^2 + 1}\left(1, (\beta-1)^2\right)$$

であり，一方，lazy case ($\nu = (\beta-1)^{-1}$) の場合

$$\lambda(\beta, (\beta-1)^{-1}) = \lambda(\beta, 1) \quad (4.51)$$

$$(\Pr[X=0], \Pr[X=1]) = \frac{1}{1 + \beta^2}\left(\beta^2, 1\right)$$

図 4.16 から明らかなように，ほとんどの β と ν に対し $P(\beta,\nu)$ は特別な場合 ($\beta = 1, \beta = 2$) を除いて負の大きな固有値 $\lambda(\beta,\nu)$ を有している．これを別の固有値推定法により確認しよう．

$b_1, b_2, \cdots, b_N$ を β–encoder から得られた 2 値系列としよう．次式で定義される条件つき

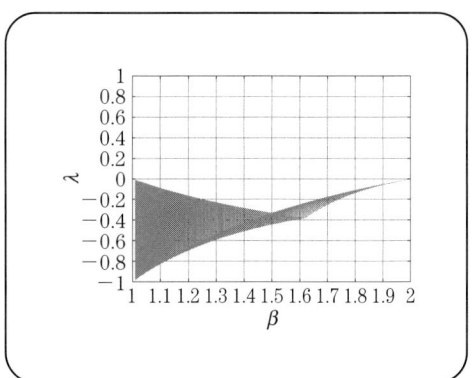

4.3 ベータ写像に基づく A–D, D–A 変換器

図 4.16 β と ν をパラメータとする近似的マルコフ写像の遷移確率行列 $P(\beta,\nu)$ の第二固有値

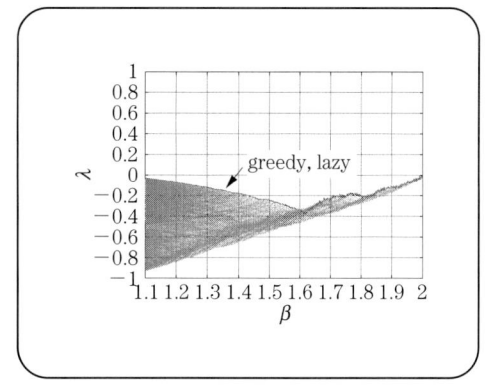

図 4.17 $N = 100\,000$ と $x = \nu - \pi/10$ に対する，β と ν をパラメータとする 2 値系列の頻度から導かれた遷移確率行列 $P(\{n_{ij}\})$ の第二固有値

確率行列 $P(\{n_{ij}\})$[158] を有するマルコフ連鎖を考えよう．

$$P(\{n_{ij}\}) = \begin{pmatrix} \dfrac{n_{00}}{n_{00}+n_{01}} & \dfrac{n_{01}}{n_{00}+n_{01}} \\ \dfrac{n_{10}}{n_{10}+n_{11}} & \dfrac{n_{11}}{n_{10}+n_{11}} \end{pmatrix} \tag{4.52}$$

ただし，$n_{00}, n_{01}, n_{10}, n_{11}$ はそれぞれ次式の頻度を表す．

$$\left.\begin{aligned} n_{00} &= \sum_{i=1}^{N-1} \overline{b_i} \cdot \overline{b_{i+1}}, \quad n_{01} = \sum_{i=1}^{N-1} \overline{b_i} \cdot b_{i+1} \\ n_{10} &= \sum_{i=1}^{N-1} b_i \cdot \overline{b_{i+1}}, \quad n_{11} = \sum_{i=1}^{N-1} b_i \cdot b_{i+1} \end{aligned}\right\} \tag{4.53}$$

上記行列より 1 以外の固有値が得られるので，直接系列 $\{b_i\}$ を観察することにより，図 4.17 のように固有値が推定できる．

談 話 室

実数とカオス　ベルヌイシフト写像 $x_{n+1} = 2x_n \pmod 1$ から生成されるカオス軌道 $\{x_n\}_{n=0}^{\infty}$ は初期値 x_0 を N ビットの 2 進有理小数点で与えれば，N 単位時間後には初期の情報はすべて消失することは既にみてきたとおりである．この意味で周期は最大 N となる．一方，ベルヌイシフト写像と密接な関係があるテント写像と変数変換 $y_n = \sin^2(\pi x_n/2)$ を通して位相同型の関係にある，ロジスティック写像 $y_{n+1} = 4y_n(1-y_n)$ の軌道 $\{y_n\}_{n=0}^{\infty}$ は N より長いことが経験的に知られている．この理由は，有理数 x_n が無理数 y_n に変数変換されることから説明される．周期長に関する理論評価は難しく，数値計算に頼らざるを得ない．真の軌道をある範囲内に包み込む精度保証つき計算法は，早稲田大学の

大石教授のグループの研究[179]) により急速の進歩を遂げている．

擬似乱数に関しては，シフトレジスタ系列や Mauduit and Sárközy のグループの一連研究[175]) による，pseudorandomness を満たす Legendre 系列などが知られている．これらの代数的方法による擬似乱数とカオスによるそれとは用途によって使い分けるべきであろう．i.i.d. 系列の発生に関しては代数的生成法で可能であるが，マルコフ性を有する符号発生に関しては代数的方法は容易ではない．むしろ，実数を取り扱う学問分野であるカオスは，現実の諸問題を解決するための工学的対処法と考えるべきであろう．本章で取り上げた，通信の同期で不可避な実数値の遅れ時間を考慮したカオス拡散符号や量子化器の素子値の揺らぎに耐性のある，カオス力学系による A–D/D–A 変換法はその良い実例である．

現在の離散数学，アルゴリズム論は 0, 1 や有限の数を主対象とする．力学系理論の創始者スメイルはこれらを**古典的計算論**と呼び，実数を対象とする分野へ目を向けられなければならないとする**新しい計算論**を提唱している[176)~178)]．彼の主張は，我々の実数の理解の努力が絶え間なく行われていることの証左であろう．

本章のまとめ

❶ **非周期相互相関関数**

拡散符号 $\bm{X} = (X_0, X_1, \cdots, X_{N-1})^T$, $\bm{Y} = (Y_0, Y_1, \cdots, Y_{N-1})^T$ 間の非周期相互相関関数

$$R_N^A(l; \bm{X}, \bm{Y}) = \sum_{n=0}^{N-l-1} X_n Y_{n+l}$$

は CDMA 通信の品質を決定する．

❷ **2値系列を生成するマルコフ連鎖の遷移確率行列** $\{-1, 1\}$ 値のマルコフ連鎖は

$$\text{遷移確率行列 } P(\lambda, \mu) = \begin{pmatrix} \mu + \lambda(1-\mu) & (1-\mu)(1-\lambda) \\ \mu(1-\lambda) & \mu\lambda + (1-\mu) \end{pmatrix}$$

で規定される．その固有値は $1, \lambda$ で固有値 1 の固有ベクトル $(\mu, 1-\mu)^T$ は定常分布を与える．P はカルマンの方法により区分的線形マルコフ写像の実数値力学系に埋め込まれる．すなわち，実数値を含む部分区間で定まる 2 値系列を $X_0, X_1, \cdots, X_n, \cdots$ とすれば，$\bm{E}[X_n] = \mu, \bm{E}[X_n X_{n+l}] = \lambda^l$ となる．ただし，$\bm{E}[\ ]$ は定常分布による平均である．

❸ **シャノンの標本化定理** 周波数帯域 $[-\Omega, \Omega]$ に帯域制限された時間関数 $f(x)$

は標本値列 $\{f(n\pi/\Omega)\}_{n\in\mathcal{Z}}$ から
$$f(t) = \sum_n f\left(\frac{n\pi}{\Omega}\right) \operatorname{sinc}\left(\frac{\Omega t}{\pi} - n\right)$$
のように再現可能である．ただし
$$\operatorname{sinc}(z) = \frac{\sin \pi z}{\pi z}$$
はサンプリング関数である．

❹ **行列の固有値と二次形式** ベクトル変数 $\boldsymbol{x} = (x_1, x_2, \cdots, x_N)^T$ の二次形式 $Q(\boldsymbol{x}) = \boldsymbol{x}^T A \boldsymbol{x}$ の最大（最小）値は行列 A の最大（最小）固有値で与えられる．

❺ **フーリエ変換とフーリエ逆変換** 時間関数
$$f(x) \text{ のフーリエ変換 } \widehat{f}(\xi) = \frac{1}{\sqrt{2\pi}} \int_{-\infty}^{\infty} f(x) e^{-i\xi x} dx$$
$$\text{フーリエ逆変換 } f(x) = \frac{1}{\sqrt{2\pi}} \int_{-\infty}^{\infty} \widehat{f}(\xi) e^{i\xi x} d\xi$$

❻ **等比級数の和**
$$\sum_{k=0}^{n} ar^k = a\frac{1 - r^{n+1}}{1 - r}, \quad r \neq 1$$

────●理解度の確認●────

問 4.1 2×2 の遷移行列 $P = \{p_{ij}\}_{i,j=1}^{2}$ で与えられるマルコフ連鎖を考える．すなわち，時刻 $n+1$ の状態分布 $\boldsymbol{p}_{n+1} = (p_{n+1}, 1 - p_{n+1})$ が $\boldsymbol{p}_{n+1} = \boldsymbol{p}_n P$ で定まるとする．ただし，すべての i, j に対し p_{ij} は状態 i から j への遷移確率を表す非負値で $p_{i1} + p_{i2} = 1$ を満たすとする．次の問いに答えよ．

(**1**) P は固有値 1 を有することを示せ．その対応する固有ベクトルを $\boldsymbol{p} = (\mu, 1 - \mu)^t$ とし，それ以外の固有値を λ としたとき，遷移行列 $P = P(\lambda, \mu)$ は
$$P(\lambda, \mu) = \begin{pmatrix} \mu + (1-\mu)\lambda & (1-\mu)(1-\lambda) \\ (1-\lambda)\mu & (1-\mu) + \mu\lambda \end{pmatrix}$$
で与えられることを示せ．

(**2**) $\{X_n\}_{n=0}^{\infty}$ を上記遷移行列 $P(\lambda, \mu)$ を有するマルコフ連鎖から以下の規則で生成される 2 値確率変数列とする．
$$X_n = \begin{cases} -1, & \text{時刻 } n \text{ の状態が } i = 1 \text{ のとき} \\ 1, & \text{時刻 } n \text{ の状態が } i = 2 \text{ のとき} \end{cases}$$
$\boldsymbol{E}[X_n]$ を求めよ．ただし，確率変数の関数 $H(X_n)$ の期待値 $\boldsymbol{E}[H(X_n)]$ は

$$E[H(X_n)] = \lim_{N\to\infty} \frac{1}{N} \sum_{n=0}^{N-1} H(X_n)$$

(3) 遷移行列のべき行列 $P^k(\lambda, 1/2)$ を求めることにより，非負整数 k に対し $P^k(\lambda, 1/2) = P(\lambda^k, 1/2)$ が成立することを示せ．

(4) (2) のマルコフ連鎖において非負整数 k に対し $\boldsymbol{E}[X_n X_{n+k}]$ を求めよ．

(5) (2) のマルコフ連鎖において非負整数 n, m に対し，X_n の分散 $\mathrm{Var}[X_n]$ 及び共分散 $\mathrm{Cov}[X_n X_m]$ を求めよ．ただし，$\mathrm{Var}[X_n] = \boldsymbol{E}[(X_n - \boldsymbol{E}[X_n])^2]$，$\mathrm{Cov}[X_n X_m] = \boldsymbol{E}[(X_n - \boldsymbol{E}[X_n]) \cdot (X_m - \boldsymbol{E}[X_m])]$ とする．

問 4.2 確率変数 $X_1, X_2, \cdots$ は互いに独立で，すべて 0 と 1 の値のみをとり，その確率分布がすべて等しく

$$E[X_1] = p, \quad V[X_1] = p(1-p), \quad 0 \leqq p \leqq 1$$

とする．ただし

$$E[X_n] = \frac{1}{T} \sum_{i=1}^{T} X_i, \quad V[X_n] = \frac{1}{T} \sum_{i=1}^{T} (X_i - E[X_n])^2$$

はおのおの期待値，分散を表す．長さ $T+3$ の確率変数列 $\{X_i\}_{i=1}^{T+3}$ から観測される三次元ベクトル

$$U_n = (X_n, X_{n+1}, X_{n+2})$$

の発生頻度を考えよう．$Y_n(000), Y_n(001)$ は，おのおの U_n がある特定の三次元ベクトル $(0,0,0), (0,0,1)$ と一致したとき 1 となり，それ以外は 0 の値をとる 2 値確率変数とする．確率変数列 $\{X_i\}_{i=1}^{T+3}$ で観測される三次元ベクトル $(0,0,0), (0,0,1)$ の個数

$$M_T(\cdot) = \sum_{n=1}^{T} Y_n(\cdot)$$

に対し，確率変数

$$Z_T(\cdot) = \frac{M_T(\cdot) - T \cdot E[Y_n(\cdot)]}{\sqrt{T}}$$

を導入する．ただし，$\cdot$ はパターン $(0,0,0), (0,0,1)$ のいずれかを意味する．おのおののパターンについて次の問いに答えよ．

(1) $E[Y_n(\cdot)]$ を求めよ．

(2) $E[Z_T(\cdot)]$ を求めよ．

(3) $V[Z_T(\cdot)]$ を求めよ．

(4) $\lim_{T\to\infty} V[Z_T(\cdot)]$ を求めよ．

引用・参考文献

(1 章)

1) M.W. Hirsch and S. Smale: *Differential Equations, Dynamical System, and Linear Algebra* (1974). 日本語版，田村一郎，水谷忠良，新井紀久子訳：力学系入門，岩波書店 (1976)
2) Rosen: *Dynamical System Theory in Biology* **vol.1**, *Stability Theory and its Application*, (1970). 日本語版，山口昌哉，重定南奈子，中島久男訳：生物学におけるダイナミカルシステムの理論（数理解析とその周辺 6），p.339, 産業図書 (1974)
3) J. Guckenheimer and P. Holmes: *Nonlinear Oscillations, Dynamical Systems and Bifurcations of Vector Fields*, Springer (1983)
4) S. Wiggins: *Introduction to Applied Nonlinear Dynamical Systems and Chaos*, Springer-Verlag (1990)
5) S. Lefshetz: *Differential Equations: Geometric Theory*, Dover (1977)
6) V.I. Arnold: *Mathematical Methods of Classical Mechanics*, Springer (1978). 日本語版，安藤韶一，蟹江幸博，丹羽敏雄訳：古典力学の数学的方法，岩波書店 (1980)
7) V.I. Arnold and Avez: *Problems Ergodiques de la Mechanique Classique* (1972). 日本語版，吉田耕作訳：古典力学のエルゴード問題（数学叢書 20），吉岡書店 (1972)
8) 戸田盛和，渡辺慎介：非線型力学 共立物理学講座 6，共立出版 (1985)
9) 丹羽敏雄：力学系，紀伊国屋書店 (1981)
10) 志村正道：非線形回路理論 電子回路講座 3，昭晃堂 (1969)
11) R.H. Abraham and C.D. Shaw: *Dynamics-The Geometry of Behavior Part 1: Periodic Behavior, Part 2: Chaotic Behavior, Part 3: Global Behavior, Part 4: Bifurcation Behavior*, Aerial Press (1988)
12) Jackson, E. Atlee: *Perspective nonlinear dynamics*, **vol.1**, **vol.2**, Cambridge University Press (1990). 日本語版，田中 茂，丹羽敏雄，小谷正大，森 真訳：非線形力学の展望，I（カオスとゆらぎ），II（複雑さと構造），共立出版 (1995)
13) P. Berge, Y. Pomeau and C. Vidal: *Order within chaos-Towards a deterministic approach to turbulence*, John Wiley and Sons (1984)
14) Brayton and Moser: A Theory of Nonlinear Networks I, II, Quart. Appl. Math. **XXII**, I, pp.1–33, II, pp.81–104, (1964)

(2 章)

15) R.L. Devaney: *An Introduction to chaotic dynamical systems*, Benjamin/Cummings Publishing, Menlo Park (1986). 日本語版，後藤憲一訳：カオス力学系入門，共立出版 (1987)
16) E. Ott: Strange attractors and chaotic motions of dynamical systems, *Rev. Modern Phys*, **53**, pp.655–671, (1981)
17) H.G. Schuster: *Deterministic chaos-An Introduction* (2nd. ed.), VCH Verlagsgesellschaft, Weinheim (1980)
18) P. Berge, Y. Pomeau and C. Vidal: *Order within chaos- Towards a deterministic approach to turbulence*, John Wiley and Sons (1984)

19) P. Collet and J.-P. Eckmann: Iterated maps on the interval as dynamical systems, in *Progress in Physics* **1**, Birkhauser (1980)
20) J.M.T. Thompson and H.B. Stewart: *Nonlinear dynamics and chaos–Geometrical methods for engineers and scientists-*, (1986). 日本語版, 武者利光, 橋口住久訳：非線形力学とカオス, オーム社 (1988)
21) 高橋陽一郎：カオス, 周期点, エントロピー, 日本物理学会誌, **35**, pp.149–161, (1980)
22) 長島弘幸, 馬場良和：カオス入門——現象の解析と数理, 培風館 (1992)
23) A. Lasota and M.C. Mackey: *Probabilistic Properties of Deterministic Systems*, (1985). この2版は *Chaos, Fractals, and Noise*, Springer-Verlag (1994)
24) Welington de Melo and Sebastian van Strien: *One-Dimensional Dynamics*, Springer-Verlag (1993)
25) A. Boyarsky and P. Góra: *Laws of Chaos:Invariant Measures and Dynamical Systems in One Dimension*, Birkhäuser (1997)
26) Karen. M. Brucks and Henk. Bruin: *Topics from One-Dimensinal Dynamics*, London Mathematical Society Student Texts, **62**, Cambridge University Press (2004)
27) T.Y. Li and J.A. Yorke: Period three implies chaos, *Amer. Math. Monthly*, **82**, pp.985–995 (1975)
28) Y. Oono and Osikawa: Chaos in nonlinear difference equations. I- Qualitative study of (formal) chaos, *Progr. Theo. Phys.*, **64**, pp.54–67, (1980)
29) Y. Oono and Y. Takahashi: Chaos, external noise and Fredholm theory, *Progr. Theo. Phys.*, **63**, pp.1804–1807, (1980)
30) 馬場良和, 高橋陽一郎, 久保　泉：私信1989, または久保　泉：リイ・ヨークのカオスの観測不可能性について, 電子情報通信学会, 非線形問題研究会資料, **NLP88**-62, pp.33–36, (1989)
31) D. Singer: Stable orbits and bifurcations of maps of the interval, *SIAM J. Appli. Math.*, **35**, pp.260–267, (1978)
32) R.M. May: Simple mathematical models with very complicated dynamics, *Nature*, **261**, pp.459–467, (1976)
33) M.J. Feigenbaum: Qualitative universality for a class of nonlinear transformations, *J. Stat. Phys.*, **19**, pp.25–32, (1978)
34) M.J. Feigenbaum: The universal metric properties of nonlinear transformations, *J. Stat. Phys.*, **21**, pp.669–706, (1979)
35) S.L. Ulam and J. von Neumann: On combination of stochastic and deterministic processes, *Bull. Math. Soc.*, **53**, p.1120, (1947)
36) S. Grossmann and S. Thomae: Invariant distributions and stationary correlation functions of one-dimensional discrete processes, *Z. Naturforsch.* **32a**, pp.1353–1363, (1977)
37) P. Billingsley: *Ergodic Theory and Information*, John Wiley & Sons (1965). 日本語版, 渡辺毅, 十時東生訳：確率論とエントロピ——エルゴード理論と情報量, 吉岡書店 (1968)
38) A.N. Sharkovski: Coexistence of cycles of a continuous map of a line into itself", *Ukr. Math. Z.*, **16**, pp.61–71, (1964)
39) P. Collet, J.-P. Eckmann and O.E. Lanford: Universal properties of maps on an interval, *Commun. Math. Phys.*, **76**, pp.211–254, (1980)
40) O.E. Lanford: A computer asisted proof of the Feigenbaum conjecture, *Bull. Am. Math. Soc.*, **6**, pp.427–434, (1982)
41) Y. Pomeau and P. Manneville: Intermittent transition to turbulence in dissipative dynamical systems, *Commun. Math. Phys.*, **74**, pp.189–197, (1980)

42) M. Hénon: A two-dimensional mapping with a strange attractors, *Commun. Math. Phys.*, **50**, pp.69–77, (1976)
43) R. Lozi: Un attracteur étrange du type attracteur de Hénon, J. Phys. (paris), **39** (Coll. C5), pp.9–10, (1978)
44) Y. Oono: A heuristic approach to the Kolmogorov entropy as a disorder parameter, *Progress. Theo. Phys.*, **64**, pp.1944–1946, (1978)
45) 十時東生：エルゴード理論入門，共立出版 (1971)
46) D. Ruelle: Applications conservant une measure absolument continue par rapport á dx sur $[0,1]$, *Commun. Math. Phys.*, **55**, pp.47–52, (1977)
47) M.V. Jakobson: Absolutely continuous invariant measures for one-parameter families of one-dimensional maps, *Commun. Math. Phys.*, **81**, pp.39–88, (1981)
48) A. Lasota and J.A. Yorke: On the existence of invariant measure for piecewise monotonic transformation (1), *Trans. Am. Math. Soc.*, **186**, pp.481–488, (1973)
49) T.Y. Li and J.A. Yorke: Ergodic transformations from an interval into itself, Trans. Am. Math. Soc., **235**, pp.183–192, (1978)
50) R.L. Adler and T.J. Rivlin: Ergodic and mixing properties of Chebyshev polynomials, Proc. Amer. Math. Soc., **15**, pp.794–796, (1964)
51) T.J. Rivlin: *Chebyshev polynomials- From Approximation Theory to Algebra and Number Theory*, A Wiley-Interscience Publication (1990)
52) V.I. Oseledec: A multiplicative ergodic theorem. Lyapunov characteristic numbers for dynamical systems, *Trans. Moscow. Math. Soc.*, **19**, pp.197–221, (1968)
53) R. Shaw: Modelling chaotic system, (*Chaos and Order in Nature*, ed. H. Haken), pp.218–231, (1981)
54) E. Ott, T. Sauer and J.A. Yorke: *Coping with Chaos- Analysis of Chaotic Data and the Explosion of Chaotic Systems*, John Wiley & Sons (1994)
55) C. Robinson: *Dynamical Systems- Stability, Symbolic Dynamics, and Chaos*, CRC Press (1995)
56) 高安秀樹：フラクタル，朝倉書店 (1986)
57) J.L. McClauley: *Chaos, Dynamics, and Fractals -an Algorithmic Approach to Deterministic Chaos*, Cambridge Univ. Press, Cambridge (1993)
58) C. Beck and F. Schlögöl: *Thermodynamics of Chaotic systems- An Introduction*, Cambridge University Press (1993)
59) J.L. Kaplan and J.A Yorke: Chaotic behavior of multidimensional difference equation, in *Functional Equations and Approximation of Fixed Points*, ed. by H.-O. Peitgen and H.-O. Walter, Lecture Notes in Mathematics, **730**, p.204, Springer, Berlin (1979)
60) S.M. Ulam: *Problems in Modern Mathematics*, Interscience Publ. (1960)
61) T.Y, Li: Finite approximation for the Frobenius-Perron operator. A solution to Ulam's conjecture, *J. approx. Theory*, **17**, pp.177–186, (1976)
62) A. Boyarsky and M. Scarowsky: On a class of transformations which have unique absolutely conituous measures, *Trans. Am. Math. Soc.*, **255**, pp.243–262, (1979)

（**3 章**）

63) C.E. Shannon: A mathematical Theory of Communication, Bell Syst. Tech. J., **27**, pp.379–423, pp.623–656, (1948)
64) F.M. Reza: An Introduction to Information Theory, McGraw-Hill (1961)

65) R.B. Ash: Information Theory, Dover Publication (1965)
66) C.M. Goldie and R.G.E. Pinch: Communication Theory, Cambridge University Press (1991)
67) T.M. Cover and J.A. Thomas: Elements of Information Theory, Second Edition, Wiley-Interscience (2005)
68) T. Kohda: Information Sources Using Chaotic Dynamics, Special issue on Applications of Nonlinear Dynamics to Electronics and Information Engineering Proceedings of the IEEE, **90**-5, pp.641–661, (May, 2002)
69) R.E. Kalman: Nonlinear Aspects of Sampled-Data Control Systems, *Proc. Symp. on Nonliear Circuit Analysis*, Polytech. Inst. of Brooklyn, pp.273–312, (1956)
70) T. Kohda and H. Fujisaki: Kalman's recognition of chaotic dynamics in designing Markov information sources, *IEICE Trans. Fundamentals*, **E82-A**, no.9, pp.1747–1753, (1999)
71) T. Kohda and A. Tsuneda: Statistics of Chaotic Binary Sequences, *IEEE Trans. Information Theory*, **43**, pp.104–112, (1997)
72) T. Kohda and A. Tsuneda: Design of sequences of p-ary random variables, *Proc. of 1994 IEEE Int. Sympo. on Information Theory*, p.76, (1997)
73) D. Knuth: *The art of Computer Programming, vol.2, Seminumerical Algorithms*, 2nd ed. Addison-Wesley, Reading, Mass (1981). 日本語版，渋谷政昭訳：準数値算法/乱数，サイエンス社 (1971)
74) D. Ruelle: *Chance and Chaos*, Princeton Univ. Press (1991). 日本語版，青木　薫訳：偶然とカオス，岩波書店 (1993)
75) R. von Mises: *Probability, Statistics and Truth*, Dover Publication (1957)
76) M. Kac: *Statistical Independence in Probability Analysis and Number Theory*, The Mathematical Association of America (1959)
77) 伏見康治：確率論及び統計論，河出書房 (1942)
78) B.D. Ripley: *Stochastic Simulation*, John Wiley & Sons (1987)
79) J. Dagpunar: *Principles of Random Variate Generation*, Clarendon Press, Oxford (1988)
80) H. Niederreiter: *Random Number Generation and Quasi-Monte Carlo Methods*, SIAM (1992)
81) 伏見正則：乱数，東京大学出版会 (1989)
82) 伏見正則：確率的方法とシミュレーション，岩波書店 (1994)
83) R.R. Coveyou and R.D. MacPherson: Fourier analysis of uniform random number generators, *J. Assoc. Comput. Mach.*, **14**, pp.100–119, (1967)
84) G. Marsaglia: The structure of linear comgruential sequences, In *Applications of number theory to numerical analysis* (ed. S.K. Zaremba), pp.249–285, Academic Press (1972)
85) R.C. Tausworthe: Random numbers generated by linear recurrences modulo two, *Math. of Comput.*, **19**, pp.201–209, (1965)
86) T.G. Lewis and W.H. Payne: Generalized feeedback shift register pseudorandom number algorithm, *J. Assoc. Comut. Mach.* **20**, pp.593–619, (1973)
87) N. Zierler and J. Brilhart: On primitive trinomials (modulo 2), *Information Control*, **15**, pp.67–69, (1969)
88) T.Y. Li and J.A. Yorke: Ergodic maps on $[0,1]$ and nonlinear pseudo-random number generators, *Nonlinear Analysis Theory, Methods and Applications*, **2**-4, pp.473–481, (1978)
89) D.S. Ornstein: Ergodic Theory, Randomness, and 'Chaos', *Science*, **243**, pp.182–186,

(1989)

90) D.V. Sarwate and M.B. Pursley: Crosscorrelation properties of pseudorandom and related sequences, *Proc., IEEE*, **68**, pp.593–619, (1980)

91) 香田　徹, 柿本厚志：擬似乱数とカオス, 情報処理学会論文誌, **27**-3, pp.289–296, (1986)

92) T. Kohda: Indirect Time Series Analysis of 1-D Chaos and Its Applications to Designs of Noise Generators and To Evaulations of Randomness of Pseudorandom Number Generator, *Towards the Harnessing of Chaos, M.Yamaguchi (Editor)*, Elesevier Science, pp.241–256, (1993)

93) T. Kohda, A. Tsuneda, and T.Sakae: Chaotic Binary Sequences by Chebyshev Maps and Their Correlation Properties, *Proc. of the IEEE Second International Symposium on Spread Spectrum Techniques & Applications*, pp.63–66, (1992)

94) T. Kohda and A. Tsuneda: Pseudonoise Sequences by Chaotic Nonlinear Maps and Their Correlation Properties, *IEICE Trans. Communications*, **E76-B**, pp.855–862, (1993)

95) T. Kohda: Sequences of I.I.D. Binary Random Variables Using Chaotic Dynamics, in *Sequences and their Applications*, Proc. of SETA'98 eds. by C. Ding, T. Helleseth and H. Niderreeiter, pp.297–307, Springer-Verlag (1999)

96) 杉田　洋：複雑な関数の数値積分とランダムサンプリング, 数学, 日本数学会編集, **56**-1, pp.1–17, 岩波書店 (2004)

97) T. Kohda and A. Tsuneda: Chaotic Bit Sequences for Stream Cipher Cryptography and Their Correlation Functions, *Proc. SPIE's Photonics East '95 Sypmo. (Chaotic Circuit for Communication)*, **SPIE 2612**, pp.86–97, (Oct., 1995)

98) T. Kohda and A. Tsuneda: Stream Cipher Systems Based on Chaotic Binary Sequences, 1996年暗号と情報セキュリティシンポジウム (SCIS'96) 講演論文集, SCIS96-11C, (1996)

99) 香田　徹, 常田明夫：カオス暗号って何ですか？破れるってうわさは本当ですか？, オーム社月刊雑誌エレクトロニクス, **41** pp.70–71, 電子認証・情報セキュリティ Q&A, (1996.)

100) L.M. Pecora and T.L. Carroll: Synchronization in Chaotic Systems, *Physical Review Letters*, **64**, pp.821–824, (1990)

101) Lj. Kocarev, K.S. Halle, K. Eckert, L.O. Chua, and U. Parlitz: Experimental Demonstration of Secure Communication via Chaotic Synchronization, *Int. J. Bifurcation and Chaos*, **2**, pp.709–713, (1992)

102) Th. Beth, D.E. Lazic and A. Mathias: Cryptanalysis of Cryptosystems based on Remote Chaos Replication, *Proc. Crypto'94*, pp.318–331, (1994)

103) T. Habutsu, Y. Nishio, I. Sasase, and S. Mori: A Secret Key Cryptosystem by Iterating a Chaotic Map, *Proc. Eurocrypt'91*, pp.127–140, (1991)

104) D.W. Davies: *Advance in Cryptology —— EUROCRYPT'91, Lecture Notes in Computer Science*, No.547, Springer-Verlag (1991)

105) K. Umeno: Chaotic public-key distribution system (in Japanese), in *Proc. of the Engineering Sciences Society Conference of IEICE*, pp.210–211, (1999)

106) L. Kocarev and Z. Tasev: Public-key encryption based on Chebyshev maps, in *Proc. of ISCAS'03 Int. Symp. on Circuits and Systems*, **3**, pp.28–31, (2003)

107) L. Kocarev, Z. Tasev and J. Makraduli: Public-key encryption and digital-signature schemes using chaotic maps, in *Proc. of ECCTD'03 European Conf. on Circuit Theory and Design*, **2**, pp.422–425, (2003)

108) T.J. Rivlin: *Chebyshev polynomials*. New York: John Wiley & Sons (1990)

109) T. Kohda, A. Tsuneda, and A.J. Lawrance: Correlational properties of Chebyshev chaotic

sequences, *J. Time Ser. Anal.*, **21**, 2, pp.181–191, (2000)
110) Y. Takahashi: Fredholm determinant of unimodel linear maps, Sci. Paper, Coll. Gen. Education, Univ. Tokyo, **31**, pp.61–87, (1981)
111) P. Bergamo, P. D'Arco, A. De Santis and L. Kocarev: Security of Public Key Cryptosystems based on Chebyshev Polynomials, *IEEE Trans. on Circuits and Systems*, **52**, 7, pp.1382–1393, (2005)
112) L. Kocarev, M. Sterjev and J. Makraduli: Public-key encryption based on Chebyshev polinamials, in *Proc. of ISCAS'03 Int. Symp. on Circuits and Systems*, (2003)
113) W.B. Müller and R. Nöbauer: Cryptanalysis of the Dickson scheme, Advances in Cryptology -Eurocrypt '85 (J. Pichler, ed.), *Lecture Notes in Computer Science*, **219**, Springer-Verlag, pp.50–61, (1986)
114) R. Lidl and H. Niederreiter: Finite Fields, Cambridge University press (1997)
115) L. Pecora and T. Caroll: Synchronization in Chaotic Systems, *Physical Review Letters*, **64**, pp.821–824, (1990)
116) R. Hane and T. Kohda: Cryptanalysis of chaos-based Elgamal public-key encryption, *International Journal of Bifurcation and Chaos*, **17**-10, pp.3619–3623, (2007)

（4 章）

117) G. Heidari-Bateni and C.D. McGillem: A chaotic direct-sequence spread-spectrum communication system, *IEEE Trans. Communications*, **42**, 2/3/4, pp.1524–1527, (1994)
118) G. Mazzini, G. Setti and R. Rovatti: Chaotic complex spreading sequences for asynchronous DS-CDMA part I: system modeling and results, *IEEE Trans. Circuit Syst.*, **CAS-44**, 10, pp.937–947, (1997)
119) G. Jakimoski and L. Kocarev: Chaos and Cryptography: Block Encryption Ciphers Based on Chaotic Maps, *IEEE Trans. on Circuits and Systems I*, **48**, 2, (2001)
120) N. Masuda and K. Aihara: Cryptosystems with discrete chaotic maps, *IEEE Trans. on Circuits and Systems I*, **49**, pp.22–40, (2002)
121) M. Abramowitz and I.A. Stegun: *Handbook of Mathematical Functions with Formulas, Graphs, and Mathematical Tables*, Dover publications (1972)
122) E.T. Whittaker and G.N. Watson: A Course of Modern Analysis, Fourth Ed. Cambridge University Press (1935)
123) T. Kohda and H. Fujisaki: Jacobian elliptic Chebyshev rational maps, *Physica D*, 148, pp.242–254, (2001)
124) S. Lattés: Sur l'iteration des substitutions rationalles et les fonctions de Poincaré, C.R. Acad. Sci., **166**, pp.26–28, (1918)
125) G. Julia: Memoire sur l'itération des fonctions rationelles, J/Math. pures et appl., **8**, pp.47–245, (1918)
126) P. Fatou: Sur les equations functionelles, Bull. Soc. Math. France, **47**, pp.161–271, (1919). **48**, pp.33–94, pp.208–314, (1920)
127) J. Milnor: On Lattés Maps, *Stony Brook IMS Reprint*, pp.1–29, #2004/01, (Feb. 2004). revised (Sept. 2004)
128) E. Schröder: Ueber iterirte Functionen, *Math. Ann.* **3**, pp.296–322, (1871)
129) L.E. Böttcher: The principal laws of convergence of iterates and their application to analysis (Russian), Izv. Kazan. Fiz.-Mat. Obsch. **14**, pp.155–234, (1904)
130) C. Babbage: An essay towards the calculus of functions, Phil. Trans. Royal Soc. London,

105, pp.389–423, (1815) (available through www.jstor.org.)

131) A. Ono and T. Kohda: Solvable three-dimensional rational chaotic map defined by Jacobian elliptic functions, *Journal of Chaos and Bifurcation*, **17**, 10, pp.3645–3650, (2007)

132) M.B. Pursley: Performance Evaluation for Phase-Coded Spread-Spectrum Multiple-Access Communication- Part I: System Analysis, *IEEE Trans.*, **COM-25**, 8, pp.795–799, (1977)

133) K. Yao: Error probability of asynchronous spread spectrum multiple access communication systems, *IEEE Trans.*, **COM-25**, 8, p.803, (1977)

134) M.B. Pursley, D.V. Sarwate, and W.E. Stark: Error Probability for Spread-Spectrum Multiple-Access Communications— Part I: Upper and Lower Bounds, *IEEE Trans.*, **COM-30**, 5, pp.975–984, (1982)

135) E.A. Geraniotis and M.B. Pursley: Error Probability for Spread-Spectrum Multiple-Access Communications— Part II: Approximations, *IEEE Trans.*, **COM-30**, 5, pp.985–995, (1982)

136) D.V. Sarwate: Meeting the Welch Bound with Equality, Sequences and their Applications: Proc. of SETA 98, pp.79–102, Springer-Verlag (1999)

137) R. Rovattii, G. Setti and G. Mazzini: Chaotic Complex Spreading Sequences for Asynchronous DS-CDMA Part II: Some Theoretical Performance Bounds, *IEEE Trans. Circuit Syst.*, **CAS-45**, 4, pp.496–506, (1998)

138) R. Rovatti and G. Mazzini: Interference in DS-CDMA systems with exponentially vanishing autocorrelations: Chaos-based spreading is optimal, Electronics Letters, IEE, **34**, pp.1911–1913, (1998)

139) G. Mazzini, R. Rovatti and G. Setti: Interference minimization by autocorrelation shaping in asynchronous DS-CDMA systems: Chaos-based spreading is nearly optimal, *Electronics Letters, IEE*, **35**, pp.1054–1055, (1999)

140) T. Kohda and H. Fujisaki: On Variances of Multiple Acesss Interference: Code Average against Data Average, *Electronics Letters*, IEE, **36**, 20, pp.1717–1719, (2000)

141) T. Kohda and H. Fujisaki: Pursley's Cross-Correlation Function Revisited, *IEEE Trans. Circuits and Systems-I: Fundamental Theory and Applications*, **50**, 6, pp.800–8005, (2003)

142) Y. Jitumatsu and T. Kohda: Bit eror rate of incompletely synchronized correlator in an asynchronous DS/CDMA system with Markovian codes, *Electronics Letters*, IEE, **38**, 9, pp.415–416, (2002)

143) Y. Jitumatsu, T Abaas Kahn and T. Kohda: Gaussian Chip Waveform together with Markovian Spreading Codes, *Proc. of Globecom 2006*, San Francico, USA (Nov. 2006)

144) Y. Jitumatsu and T. Kohda: Chip-Asynchronous Version of Welch Bound: Gaussian Pulse Improves BER Performance, *Sequences and Their Applications*-SETA 2006, **4086**, pp.351–363, Springer, (2006)

145) W.E. Stark and D.V. Sarwate: Kronecker sequences for spread-spectrum communication, IEE Proc. **128**. Pt. F, 2, pp.104–109, (1981)

146) P. Billingsley: *Probability and Measure* Third Edition, John Wiley & Sons, Inc. (1995)

147) R. Fortet: Sur une suite egalement répartie, *Studia Math.* **9**, pp.54–69, (1940)

148) M. Kac: On the distribution of values of sums of the type $\sum f(2^k t)$, *Ann. Math.* **47**, pp.33–49, (1946).

149) C.C. Chen, E. Biglieriand K. Yao: Design of Spread Spectrum Sequences Using Ergodic Theory, 2000 IEEE Int. Symp. on Information Theory, pp.25–30, p.379, (June 2000)

150) I. Daubechies, R. DeVore, C. Güntürk and V. Vaishampayan: Beta expansions: a new approach to digitally corrected A/Dconversion, *IEEE International Symposium on Circuits and Systems, 2002. ISCAS 2002*, **2**, pp.784–787, (May 2002)

151) I. Daubechies, R.A. DeVore, C.S. Güntürk and V.A. Vaishampayan: A/D Conversion With Imperfect Quantizers, IEEE Trans. IT, **52**, 3, pp.874–885, (Mar. 2006)

152) I. Daubechies and O. Yilmaz: Robust and Practical Analog to-Digital Conversion With Exponential Precision, IEEE Trans. IT, **52**, 8, pp.3533–3545, (Aug. 2006)

153) A. Rényi: Representations for real numbers and their ergodic properties, *Acta Mathematica Hungarica*, **8**, 3-4, pp.477–493, (Sep. 1957)

154) W. Parry: On the β-expansions of real numbers, *Acta Math. Acad. Sci. Hung.*, **11**, pp.401–416, (1960)

155) W. Parry: Representations for real numbers, *Acta Math. Acad. Sci. Hung.*, **15**, pp.95–105, (1964)

156) H. Inose and Y. Yasuda: A unity bit coding method by negative feedback, Pro. of the IEEE, **51**, 11, pp.1524–1535, (Nov. 1963)

157) R.M. Gray: Oversampled Sigma-Delta Modulation, Communications, IEEE Trans. on [legacy, pre - 1988], **35**, 5, pp.481–489, (May 1987)

158) S. Hironaka, T. Kohda and K. Aihara: Markov chain of binary sequences generated by A/D conversion using β-encoder, NDES07-Tokushima, (July 23-26 2007)

159) A.J. Viterbi and J.K. Omura: *Principles of Digital Communication and Coding*, McGrw-Hill (1979)

160) 有本 卓：確率・情報・エントロピー，森北出版 (1980)

161) 韓 太舜，小林欣吾：情報と符号の数理，岩波書店 (1996)

162) C.E. Shannon: Communication Theory of Secrecy Systems, *Bell Syst. Tech. J.*, **28**, pp.656–715, (1945)

（談話室）

163) 高木貞治：近世数学史談，岩波書店 (1995)

164) 志賀浩二：複素数 30 講，朝倉書店 (1998)

165) Paul J. Nahim: *An Imaginary Tale The Story of $\sqrt{-1}$*, Princeton University Press (1998)

166) William Feller: *An Introduction to Probability Theory and Its Applications*, **2**, John Wiley & Sons (1966)

167) M. Loève: *Probability Theory I*, 4th Edition, Graduate Text in Mathematics 45, Springer-Verlag (1977)

168) 伏見正則：確率と確率過程，講談社 (1987)

169) 東京大学教養学部統計学教室編：統計学入門，基礎統計学 I，東京大学出版会 (1999)

170) 東京大学教養学部統計学教室編：自然科学の統計学，基礎統計学 III，東京大学出版会 (1999)

171) 繁枡算男：ベイズ統計入門，東京大学出版会 (2000)

172) 清水良一：確率と統計，新曜社 (2001)

173) R. Bowen: ω-limit sets for Axiom A diffeomorphisms, *J. Differential Equations*, **18**, (1975)

174) S.M. Hammel, J.A. Yorke and G. Grebogi: Do Numerical Orbits of Chaotic Dynamical Processes Represent True Orbits?, Journal of Complexity, **3**, pp.136–145, (1987)

175) Mauduit and Sárközy: On large families of pseudorandom binary lattices, *Uniform Distribution Theory*, **2**, 1, pp.23–37, (2007)
176) E. Cucker et al.: *Foundations of Computational Mathematics: Proceedings of the Smalefest 2000*, World Scientific (2002)
177) L. Blum, F. Cucker, M. Schub and S. Smale: *Complexity and real compuitition*, Springer-Verlag (1997)
178) 林　修平：現代幾何学の流れ：スメール　Smale，数学セミナー，pp.74–81, (2003.)
179) 大石進一：精度保証付き数値計算，コロナ社 (2000)

理解度の確認；解説

(**1 章**)

問 1.1 (**1**) 係数行列
$$A = \begin{pmatrix} 5 & 3 \\ -6 & -4 \end{pmatrix}$$
の固有値，固有ベクトルを求めればよい．行列 A の特性方程式は $|A-\lambda I| = \lambda^2 - \lambda - 2 = (\lambda-2)(\lambda+1) = 0$ より，固有値は 2 と -1 である．2 の固有ベクトル $\boldsymbol{x}_1$ は $(A-2I)\boldsymbol{x}_1 = \boldsymbol{0}$ の解であるから, $(x_{1,1}, x_{1,2}) = t_1(1, -1)$, $t_1 \in \mathbb{R}$. 一方, 2 の固有ベクトル $\boldsymbol{x}_2$ は $(A+I)\boldsymbol{x}_2 = \boldsymbol{0}$ の解であるから $(x_{2,1}, x_{2,2}) = t_2(-1, 2)$, $t_2 \in \mathbb{R}$ が得られる．ゆえに
$$B = (\boldsymbol{x}_1, \boldsymbol{x}_2) = \begin{pmatrix} 1 & -1 \\ -1 & 2 \end{pmatrix}$$
による変数変換 $\boldsymbol{x} = B\boldsymbol{y}$ で行列 A は
$$\begin{pmatrix} 2 & 0 \\ 0 & -1 \end{pmatrix}$$
に対角化される．逆行列
$$B^{-1} = \begin{pmatrix} 2 & 1 \\ 1 & 1 \end{pmatrix}$$
を用いると
$$\begin{pmatrix} y_1(0) \\ y_2(0) \end{pmatrix} = B^{-1} \begin{pmatrix} u_1 \\ u_2 \end{pmatrix}, \quad \begin{pmatrix} y_1(t) \\ y_2(t) \end{pmatrix} = \begin{pmatrix} e^{2t}(2u_1 + u_2) \\ e^{-1}(u_1 + u_2) \end{pmatrix}$$
$$\begin{pmatrix} x_1(t) \\ x_2(t) \end{pmatrix} = B \begin{pmatrix} y_1(t) \\ y_2(t) \end{pmatrix} = \begin{pmatrix} e^{2t}(2u_1 + u_2) - e^{-t}(u_1 + u_2) \\ -e^{2t}(2u_1 + u_2) + 2e^{-t}(u_1 + u_2) \end{pmatrix}.$$

(**2**) 係数行列
$$A = \begin{pmatrix} 1 & 0 \\ 1 & 1 \end{pmatrix}$$
は重複する固有値 1 を有しているので (1) のように対角化できない．$x_1(t) = ae^t$, $a =$ 定数 は得られるが, $x_2(t) = be^t$, $b =$ 定数 を満たす b は存在せず, $x_1(t) = ae^t$, $x_2(t) = e^t(at+b)$, $a, b =$ 定数 が解となる．

(**3**) まず，指数行列 e^{tA}, $t \in \mathbb{R}$ を求めよう．この行列の特性多項式は $p(\lambda) = \lambda^2 - 4\lambda + 4 = (\lambda-2)^2$ であるので, 固有値 2 が重複度 2 で存在する．1.2.2 項の指数行列の 4 項の証明で示したように, A を対角行列 S と冪零行列 $N = A - S$ に分解する．すなわち
$$S = 2I, \, I = \begin{pmatrix} 1 & 0 \\ 0 & 1 \end{pmatrix}, \quad N = \begin{pmatrix} -1 & -1 \\ 1 & 1 \end{pmatrix}$$
である．定義より，S と N は可換であり, $N^2 = 0$. ゆえに
$$e^{tA} = e^{tS}e^{tN} = e^{2t}I(I + tN) = e^{2t}\begin{pmatrix} 1-2t & -t \\ t & 1+t \end{pmatrix}$$

より, $\boldsymbol{x} = e^{tA}\boldsymbol{u} = e^{2t}((1-2t)u_1 - tu_2, tu_1 + (1+t)u_2)$ が得られる.

問 1.2 非同次方程式 $\boldsymbol{x}' = A\boldsymbol{x} + \boldsymbol{b}(t)$ の定数変化法による解

$$\boldsymbol{x}(t) = e^{tA}\left[\int_0^t e^{-sA}\boldsymbol{b}(s)ds + \boldsymbol{u}\right]$$

を求める.

$$A = \begin{pmatrix} 0 & -1 \\ 1 & 0 \end{pmatrix}, \quad \boldsymbol{b}(t) = \begin{pmatrix} 0 \\ t \end{pmatrix}, \quad e^{tA} = \begin{pmatrix} \cos t & -\sin t \\ \sin t & \cos t \end{pmatrix}$$

$$\int_0^t e^{-sA}\begin{pmatrix} 0 \\ s \end{pmatrix}ds = \begin{pmatrix} \sin t - t\cos t \\ \cos t + t\sin t - 1 \end{pmatrix}$$

$$\begin{pmatrix} x_1(t) \\ x_2(t) \end{pmatrix} = \begin{pmatrix} \cos t & -\sin t \\ \sin t & \cos t \end{pmatrix} \cdot \begin{pmatrix} \sin t - t\cos t + u_1 \\ \cos t + t\sin t - 1 + u_2 \end{pmatrix}$$

問 1.3 平衡点 $(\overline{x}, \overline{y}, \overline{z})$ におけるヤコビ行列

$$Df(\overline{x}, \overline{y}, \overline{z}) = \begin{pmatrix} 0 & -4 & 0 \\ 1 & 0 & 0 \\ 0 & 0 & 0 \end{pmatrix}$$

の固有値は $0, \pm i2$ である.

$$\dot{V} = \frac{V(x,y,z)}{dt} = 2\{2ax \cdot y(z-2) - by \cdot x(z-1) + cz \cdot xy$$

であるので, $\dot{V} \leqq 0$ とするために $b = 4a, c = 2a$ を得る. 結局 $V = x^2 + 4y^2 + 2z^2$, $\dot{V} = 0$ から平衡点 $(\overline{x}, \overline{y}, \overline{z})$ は安定な平衡点であるが, 漸近安定な平衡点ではない.

(2 章)

問 2.1

$$\frac{d}{dt}g(f(t)) = \sum_{i=1}^n \frac{\partial g}{\partial x_i}(f(t))\frac{df_i}{dt} = <\mathrm{grad}\, g(f(t)), f'(t)>$$

と勾配

$$\mathrm{grad}\, f = \left(\frac{\partial f}{x_1}, \cdots, \frac{\partial f}{x_n}\right)$$

と内積

$$<x, y> = \sum_{i=1}^n x_i y_i$$

を用いて表される.

問 2.2 (1)

$$\frac{d}{dt}e^{tA}U = Ae^{tA}U = AX$$

より $X(t) = e^{tA}U$ は与式の解. A の固有値, 固有ベクトル $(\lambda_i, \boldsymbol{x}_i)$ に対し

$$e^{tA}\boldsymbol{x}_i = \sum_{k=0}^\infty \frac{t^k A^k}{k!}\boldsymbol{x}_i = e^{t\lambda_i}\boldsymbol{x}_i$$

から e^{tA} の固有値, 固有ベクトルは $(e^{t\lambda_i}, \boldsymbol{x}_i)$.

(2) $n = 2$ を考えれば十分である.

$$\frac{d}{dt}|X(t)| = \frac{d}{dt}\begin{vmatrix} x_{11}(t) & x_{12}(t) \\ x_{21}(t) & x_{22}(t) \end{vmatrix} = \begin{vmatrix} \dot{x}_{11}(t) & \dot{x}_{12}(t) \\ x_{21}(t) & x_{22}(t) \end{vmatrix} + \begin{vmatrix} x_{11}(t) & x_{12}(t) \\ \dot{x}_{21}(t) & \dot{x}_{22}(t) \end{vmatrix}$$

$$= \begin{vmatrix} a_{11}x_{11}(t) + a_{12}x_{21}(t) & a_{11}x_{12}(t) + a_{12}x_{22}(t) \\ x_{21}(t) & x_{22}(t) \end{vmatrix}$$

$$+ \begin{vmatrix} x_{11}(t) & x_{12}(t) \\ a_{21}x_{11}(t) + a_{22}x_{21}(t) & a_{21}x_{12}(t) + a_{22}x_{22}(t) \end{vmatrix}$$

$$= a_{11}|x(t)| + a_{22}|X(t)| = \text{trace} A \cdot |X(t)|$$

(3) 上式より直ちに $|X(t)| = e^{t \cdot \text{trace} A}|X(0)| = e^{t \cdot \text{trace} A}|U|$. 一方，(1) より $|X(t)| = |e^{tA}||U|$, 上下 2 式より $|U| \neq 0$ のとき，$|e^{tA}| = e^{t \cdot \text{trace} A}$.

(4) A の固有値分解を考えてもよいが，直接 A のべき乗

$$A^{2n} = \begin{pmatrix} (-1)^n & 0 \\ 0 & (-1)^n \end{pmatrix}, \quad A^{2n+1} = \begin{pmatrix} 0 & -(-1)^n \\ (-1)^n & 0 \end{pmatrix}$$

を用いると，べき指数の偶・奇別に

$$e^{tA} = \sum_{n=0}^{\infty} \left(\frac{(-1)^n t^{2n}}{(2n)!} \begin{pmatrix} 1 & 0 \\ 0 & 1 \end{pmatrix} + \frac{(-1)^n t^{2n+1}}{(2n+1)!} \begin{pmatrix} 0 & -1 \\ 1 & 0 \end{pmatrix} \right)$$

$$= \begin{pmatrix} \cos t & 0 \\ 0 & \cos t \end{pmatrix} + \begin{pmatrix} 0 & -\sin t \\ \sin t & 0 \end{pmatrix} = \begin{pmatrix} \cos t & -\sin t \\ \sin t & \cos t \end{pmatrix}$$

(3 章)

問 3.1 三次方程式の解法を復習しよう．$x^3 + ax + b = 0$ の解を $x = u + v$ とおけば $u^3 + v^3 + (3uv + a)(u + v) + b = 0$, すなわち $u^3 + v^3 + b = 0, 3uv + a = 0$ を満たす u, v を求めればよいので，未知数 u^3, v^3 を根とする二次方程式

$$t^2 + bt - \frac{a^3}{27} = 0$$

を解けばよい．

$$u^3 = \frac{-b}{2} + \sqrt{R}, \quad v^3 = \frac{-b}{2} - \sqrt{R}, \quad R = \frac{b^2}{4} + \frac{a^3}{27}$$

ゆえに

$$x = \left(\frac{-b}{2} + \sqrt{R} \right)^{1/3} + \left(\frac{-b}{2} - \sqrt{R} \right)^{1/3}$$

問 3.2

$$\frac{d \cos \omega}{d\omega} = -\sin \omega$$

であるので，$t(\omega) = \cos \omega$ とおけば，この微分方程式は変数分離型

$$d\omega = \frac{dt}{\sqrt{1 - t^2}}$$

となり，初期条件 $t(0) = 1$ を用いて両辺を積分すると

$$\omega = -\int_1^{\cos \omega} \frac{dt}{\sqrt{1 - t^2}} = \int_{\cos \omega}^1 \frac{dt}{\sqrt{1 - t^2}}$$

同様に

$$\frac{dcn\omega}{d\omega} = -sn\omega \, dn\omega$$

であるので，$t(\omega) = cn\omega$ とおけば，$sn^2\omega = 1 - cn^2\omega$, $dn\omega = 1 - k^2 sn^2\omega$ などから，変数分離型

$$d\omega = \frac{dt}{\sqrt{(1 - t^2)(1 - k^2 + k^2 t^2)}}$$

となり，初期条件 $t(0) = 1$ を用いて両辺を積分すると

$$\omega = \int_{cn\omega}^{1} \frac{dt}{\sqrt{(1-t^2)(1-k^2+k^2t^2)}}$$

(4 章)

問 4.1 (1) 二次の遷移行列 P (行列要素の列和=1) の未知パラメータは 2 個であり，行列要素の列和=1 から固有値 1 が存在し，その固有ベクトル：$\boldsymbol{p}^t P = \boldsymbol{p}, \boldsymbol{p}^t = (\mu, 1-\mu)$ より未知パラメータは固有値 λ.

$$(\mu, 1-\mu)\begin{pmatrix} \alpha & 1-\alpha \\ \beta & 1-\beta \end{pmatrix} = (\mu, 1-\mu), \quad \begin{vmatrix} x-\alpha & -1+\alpha \\ -\beta & x-1+\beta \end{vmatrix}$$

から $x=1, x=\lambda=\alpha-\beta$，第一式より $\mu\alpha+(1-\mu)\beta=\mu$，これらから $\alpha=\mu+(1-\mu)\lambda, \beta=(1-\lambda)\mu$.

(2) $\boldsymbol{E}[X_n] = \displaystyle\sum_{x_n \in \{-1,+1\}} x_n \Pr(X_n = x_n) = (-1)\cdot\Pr(X_n=-1) + (+1)\cdot\Pr(X_n=1)$
$= \boldsymbol{p}_n \cdot (-1,1)^t$

$n=0$ での初期分布を $\boldsymbol{p}_0 = (p_0, q_0)$ と置くと，$\boldsymbol{p}_n = \boldsymbol{p}_0 P^n$.

固有値 λ に対する固有ベクトルとして $(-1,1)$ を選ぶ．固有値 1 に対する固有ベクトルが $(\mu, 1-\mu)$ であったから

$$Q = \begin{pmatrix} \mu & 1-\mu \\ -1 & 1 \end{pmatrix}$$

とおくと

$$QPQ^{-1} = \begin{pmatrix} 1 & 0 \\ 0 & \lambda \end{pmatrix} \triangleq \Lambda$$

と対角化できる．よって $P^n = Q^{-1}\Lambda^n Q$ を得る．これより，$p_n = \mu - (\mu-p_0)\lambda^n, q_n = 1-\mu+(\mu-p_0)\lambda^n$．したがって，$\lambda \neq 1$ として

$$\boldsymbol{E}[X_n] = 1 - 2\mu + \frac{2(\mu-p_0)}{1-\lambda}$$

ゆえに，i.i.d. 系列 ($\lambda=0$) を生成するマルコフ過程かあるいは定常分布を初期分布とするマルコフ過程 ($\mu=p_0$) の場合

$$\boldsymbol{E}[X_n] = 1 - 2\mu = \sum_{x_n=-1,1}(-1)\times\Pr[X_n=-1] + (1)\times\Pr[X_n=1]$$

(3) 設問どおり $\mu=1/2$ の場合を計算してもよいが，上記のように P^n を計算していれば，一般の μ に対して

$$P^k(\lambda,\mu) = Q^{-1}\lambda^k Q = Q^{-1}\begin{pmatrix} 1 & 0 \\ 0 & \lambda^k \end{pmatrix}Q = P(\lambda^k,\mu)$$

(4) 以後，計算が煩雑になるので，(2) で述べた定常分布を初期分布とするマルコフ過程 ($\mu=p_0$) の場合に限定する．

$\boldsymbol{E}[X_n X_{n+k}] = \displaystyle\sum_{x_n,x_{n+k}} x_n x_{n+k}\Pr[X_n=x_n, X_{n+k}=x_{n+k}] = (-1)(-1)\Pr(X_n=-1)\Pr(X_{n+k}=-1|X_n=-1) + (+1)(-1)\Pr(X_n=+1)\Pr[X_{n+k}=-1|X_n=+1] + (-1)(+1)\Pr(X_n=-1)\Pr(X_{n+k}=+1|X_n=-1) + (+1)(+1)\Pr(X_n=+1)\Pr(X_{n+k}=+1|X_n=+1)$

ここで，$\Pr(X_{n+k}=\pm 1 | X_n=\pm 1)$ (4 種類) はそれぞれ (3) で求めた行列 $P^k(\lambda,\mu)$ の各要素である．このことと，(2) で求めた p_n, q_n を代入し，式を整理すると $\boldsymbol{E}[X_n X_{n+k}] = \lambda^k$ を得る．

(5) 定義式より，$\text{Var}[X_n] = \boldsymbol{E}[X_n X_n] - (\boldsymbol{E}[X_n])^2$．(2), (4) の結果より，$\text{Var}[X_n] = \lambda^0 - (1-2\mu)^2 = 4\mu(1-\mu)$．また，$\text{Cov}[X_n, X_m] = \boldsymbol{E}[X_n X_m] - \boldsymbol{E}[X_n]\cdot\boldsymbol{E}[X_m] = \lambda^{|n-m|} - (1-2\mu)^2$

問 4.2 (**1**)〜(**4**) の解答の流れを下記にまとめて示す.

i.i.d. (independent and identically distributed, 独立同分布) の 2 値確率変数 $\{X_n\}_{n=0}^{\infty}$ に対し, パターン $\boldsymbol{u}^{(r)} = u_0^{(r)} u_1^{(r)} \ldots u_{m-1}^{(r)}$ の発生頻度が問われている. そのために, 記号 $u_k^{(r)}$ のマッチングをカウントする確率変数 $W_n(u_k^{(r)}) = X_{n+k} \cdot u_k^{(r)} + \overline{X}_{n+k} \cdot \overline{u_k^{(r)}}$ を導入する. ただし, "$\cdot$" は論理積, $\overline{X}_{n+k} = 1 - X_{n+k}$, $\overline{u}_k^{(r)} = 1 - u_k^{(r)}$. 与式の $Y_n(\boldsymbol{u}^{(r)})$ はパターンマッチング用確率変数

$$Y_n(\boldsymbol{u}^{(r)}) = \prod_{k=0}^{m-1} W_n(u_k^{(r)})$$

である. その回数は

$$M_T(\boldsymbol{u}^{(r)}) = \sum_{n=0}^{T-1} Y_n(\boldsymbol{u}^{(r)})$$

でその期待値は直ちに

$$\boldsymbol{E}[M_T(\boldsymbol{u}^{(r)})] = \sum_{n=0}^{T-1} \prod_{k=0}^{m-1} \boldsymbol{E}[W_n(u_k^{(r)})] = T \prod_{k=0}^{m-1} (p u_k^{(r)} + q \overline{u}_k^{(r)})$$

$$p = \boldsymbol{E}[X_n], \quad q = \boldsymbol{E}[\overline{X}_n]$$

と計算され, その正規化確率変数

$$Z_T(\boldsymbol{u}^{(r)}) = \frac{M_T(\boldsymbol{u}^{(r)}) - T \boldsymbol{E}[Y_n(\boldsymbol{u}^{(r)})]}{\sqrt{T}}$$

とその分散は

$$V[Z_T(\boldsymbol{u}^{(r)})] = \frac{\boldsymbol{E}[M_T^2(\boldsymbol{u}^{(r)})]}{T} - T\{\boldsymbol{E}[Y_n(\boldsymbol{u}^{(r)})]\}^2$$

と計算される. すなわち, パターン $\boldsymbol{u}^{(r)}$ の頻度分布は, 平均値 0, 分散 $\sigma^2 = \lim_{T \to \infty} V[Z_T(\boldsymbol{u}^{(r)})]$ のガウス分布

$$\phi(\omega) = \frac{1}{\sqrt{2\pi}\sigma} \exp\left[-\frac{\omega^2}{2\sigma^2}\right]$$

に従う. ただし,

$$M_T^2(\boldsymbol{u}^{(r)}) = \sum_{l=0}^{T-1} \sum_{n=0}^{T-1} I_{l,n}^{(r)}$$

であり, 確率変数 X_n の干渉 (相関) 成分

$$I_{\ell,n}^{(r)} = \prod_{k=0}^{m-1} (X_{\ell+k} u_k^{(r)} + \overline{X}_{\ell+k} \overline{u}_k^{(r)})(X_{n+k} u_k^{(r)} + \overline{X}_{n+k} \overline{u}_k^{(r)})$$

を評価しなければならない. そのために, 解図 1 を参照しながら, 場合分けして評価しよう.

解図 1 パターンの重なり

case i) $\ell = n$ のとき
$$\boldsymbol{E}[I_{n,n}^{(r)}] = \boldsymbol{E}[Y_n(\boldsymbol{u}^{(r)})] = \prod_{k=0}^{m-1}(pu_k^{(r)} + q\overline{u}_k^{(r)})$$

case ii) $\ell = n+i$ のとき $(1 \leq i \leq m-1)$
$$\boldsymbol{E}[I_{n+i,n}^{(r)}] = \boldsymbol{E}[\prod_{\ell=0}^{m-1}(X_{n+i+k}u_k^{(r)} + \overline{X}_{n+i+k}\overline{u}_k^{(r)})(X_{n+k}u_k^{(r)} + \overline{X}_{n+k}\overline{u}_k^{(r)})]$$

$$= \boldsymbol{E}[\prod_{k=0}^{i-1}(X_{n+k}u_k^{(r)} + \overline{X}_{n+k}\overline{u}_k^{(r)})(X_{n+i+m+k-i}u_{k+m-i}^{(r)} + \overline{X}_{n+i+m+k-i}\overline{u}_{k+m-i}^{(r)})$$

$$\times \prod_{k'=0}^{m-i-1}(X_{n+i+k'}u_{k'}^{(r)}u_{k'+i}^{(r)} + \overline{X}_{n+i+k'}\overline{u}_{k'}^{(r)}\overline{u}_{k'+i}^{(r)})]$$

$$= \prod_{k=0}^{i-1}\boldsymbol{E}[W_n(u_k^{(r)})]\boldsymbol{E}[W_{n+i}(u_{k+m-i}^{(r)})]\prod_{k'=0}^{m-i-1}(pu_{k'}^{(r)}u_{k'+i}^{(r)} + q\overline{u}_{k'}^{(r)}\overline{u}_{k'+i}^{(r)})$$

case iii) $\ell = n-i$ のとき $(1 \leq i \leq m-1)$, 同様に
$$\boldsymbol{E}[I_{\ell,\ell+i^{(r)}}] = \prod_{k=0}^{i-1}\boldsymbol{E}[W_\ell(u_k^{(r)})]\boldsymbol{E}[W_{\ell+i}(u_{k+m-i})]\prod_{k'=0}^{m-i-1}(pu_{k'}^{(r)}u_{\ell+i}^{(r)} + q\overline{u}_{k'}^{(r)}\overline{u}_{k'+i}^{(r)})$$

case iv) $\ell = n+i$, $(|i| > m-1)$ のとき
$$E[I_{n+i,n}^{(r)}] = \prod_{k=0}^{m-1}\boldsymbol{E}[W_{n+i}(u_k^{(r)})]\boldsymbol{E}[W_n(u_k^{(r)})] = \prod_{k=0}^{m-1}\{\boldsymbol{E}[W_n(u_k^{(r)})]\}^2$$

次に, おのおのの場合の数 $\#(n)$ を求める. $\#(1) = T, \#(2) = \#(3) = T-i,$
$\#(4) = (T-m)(T-m+1)$ $\boldsymbol{E}[M_T^2(\boldsymbol{u}^{(r)})] = T\boldsymbol{E}[Y_n(\boldsymbol{u}^{(r)})]$
$$+ \sum_{i=0}^{m-1}(2(T-i)\prod_{k=0}^{i-1}\boldsymbol{E}[W_n(u_k^{(r)})]\boldsymbol{E}[W_{n+i}(u_{k+m-i}^{(r)})]\prod_{k'=0}^{m-i-1}(pu_{k'}^{(r)}u_{k'+i}^{(r)} + q\overline{u}_{k'}^{(r)}\overline{u}_{k'+i}^{(r)})$$

$$+ (T-m)(T-m+1)\prod_{k=0}^{m-1}\{\boldsymbol{E}[W_n(u_k^{(r)})]\}^2 V[Z_T[\boldsymbol{u}^{(r)}]]$$

$$= \boldsymbol{E}[Y_n(\boldsymbol{u}^{(r)})] + \sum_{i=0}^{m-1}\left(\frac{2(T-i)}{T}\prod_{k=0}^{i-1}\boldsymbol{E}[W_n(u_k^{(r)})]\boldsymbol{E}[W_{n+i}(u_{k+m-i}^{(r)})]\prod_{k=0}^{m-i-1}(pu_k^{(r)}u_{k+i}^{(r)} + q\overline{u}_k^{(r)}\overline{u}_{k+i}^{(r)})\right) + \frac{(T-m)(T-m+1)}{T}\prod_{k=0}^{m-1}\{\boldsymbol{E}[W_n(u_k^{(r)})]\}^2 - T\prod_{k=0}^{m-1}\{\boldsymbol{E}[W_n(u_k^{(r)})]\}^2$$

$$\lim_{T\to\infty} V[Z_T[\boldsymbol{u}^{(r)}]]$$

$$= \boldsymbol{E}[Y_n(\boldsymbol{u}^{(r)})] + \sum_{i=0}^{m-1}\left(2\prod_{k=0}^{i-1}\boldsymbol{E}[W_n(u_k^{(r)})]\boldsymbol{E}[W_{n+i}(u_{k+m-i}^{(r)})]\prod_{k=0}^{m-i-1}(pu_k^{(r)}u_{k+i}^{(r)} + q\overline{u}_k^{(r)}\overline{u}_{k+i}^{(r)})\right)$$

$$+ (1-2m)\prod_{k=0}^{m-1}\{\boldsymbol{E}[W_n(u_k^{(r)})]\}^2$$

後は具体例 $\boldsymbol{u}^{(0)} = u_0^{(0)}u_1^{(0)}u_2^{(0)} = 000$, $\boldsymbol{u}^{(1)} = u_0^{(1)}u_1^{(1)}u_2^{(1)} = 001$ を代入すればよい.

索引

【あ】
アインシュタイン …… 107
新しい計算論 …… 174
アトラクタ …… 22, 82
 ──のたらい …… 82
アノソフ写像 …… 96
アーノルドの猫写像 …… 85
アルゴリズムの複雑さ …… 136
暗号学的に弱い鍵 …… 129
アンサンブル平均 …… 90
鞍状点 …… 22
安 定 …… 16, 25, 26
安定渦状点 …… 23
安定結節点 …… 23
安定スパイラル …… 23
安定性 …… 14
安定多様体 …… 20, 41
安定な周期軌道 …… 12
安定ノード …… 23
安定フォーカス …… 23
安定平衡点 …… 25
鞍 点 …… 22, 39

【い】
位相幾何学的不変量 …… 53
位相共役関係 …… 69, 75
位相空間 …… 5
位相的エントロピー …… 80
位相的カオス …… 68, 80
位相的に推移的 …… 67
位相同型 …… 75
 ──の関係 …… 74
位相平面 …… 5
一次元カオス …… 66
一次元調和振動子 …… 5
一様分布テスト …… 143
一定和性 …… 117
一般化次元 …… 106
入れ子構造 …… 77
因数分解特性 …… 132, 133

【う】
受け手 …… 112
うなり …… 62

【え】
運動エネルギー …… 6
運動方程式 …… 5

鋭敏な初期値依存性 …… 126
エネルギー保存則 …… 7
エノンアトラクタ …… 82
エノン写像 …… 82
エルガマル型公開鍵暗号 …… 132
エルゴート性 …… 67
エルゴート的 …… 81
エルゴート変換 …… 90
エルゴート理論 …… 89, 166

【お】
オイラーの公式 …… 125
横断的に通過 …… 33
横断面 …… 33
オゼレデックの乗法的
 エルゴード定理 …… 101
オーバサンプリング …… 152
オーバサンプリング法 …… 167
オーム …… 62
 ──の純音 …… 62
 ──の法則 …… 45, 62
折り畳まれた …… 67

【か】
解曲線 …… 3
概周期 …… 36
階層構造 …… 68, 72
回路網は完全 …… 46
カイ2乗検定 …… 143
カオス …… 66, 113
 ──へのシナリオ …… 79
カオスアトラクタ …… 101
カオス暗号 …… 130
カオス対称2値系列 …… 119
カオス的 …… 103
カオス同期現象 …… 130
カオス領域 …… 72
カオス2値系列 …… 116
可換関係 …… 132
可観測カオス …… 67, 68
可換な行列 …… 20

鍵系列 …… 126
可逆 …… 89
可逆的 …… 82
拡大的 …… 93
かくはん集合 …… 79
確率空間 …… 89
確率保存則 …… 75, 94
確率論 …… 89
確率論的振舞い …… 113
下降連 …… 144
可測 …… 89
片側ベルヌイ系 …… 85
カットセット …… 45
カルマン …… 113
カルマン写像 …… 157
間隔テスト …… 143
間欠性カオス …… 79
間接法 …… 144
完全同期 …… 153
完全に対角化可能 …… 15
完全に乱雑 …… 81
観測可能 …… 67
観測可能なカオス …… 92
カントール集合 …… 82, 105
カントール集合的 …… 81
カントールの中央3分の1
 集合 …… 104

【き】
擬軌道 …… 131
擬軌道追跡性 …… 131
記号力学系 …… 76, 78
擬似乱数 …… 136
奇相関関数 …… 152
軌道安定 …… 31
軌道安定性 …… 31
軌道漸近安定 …… 31
軌道に沿った時間変化 …… 6
軌道不安定性 …… 76
基本解行列 …… 15, 41
逆関数の微分公式 …… 75
逆関数法 …… 146
逆写像 …… 82
逆分岐 …… 59, 81
吸収点 …… 22

行列式 …………………20	混合ポテンシャル …………48	自律系 …………………21
極限集合 …………………54		自律的 …………………59
局所安定多様体 ……19, 20, 41	【さ】	シリンダ …………………77
局所不安定多様体 ……19, 41	最大周期系列 ……………141	自励振動 …………………8
局所理論 …………………18	サドル …………………22	シンク …………………22
キルヒホッフの電圧則 ……46	サドル–ノード分岐 ……55, 56	振 動 …………………31
キルヒホッフの電流則 ……45	三次方程式 ………………125	真にカオス的 ……76, 81, 92
ギンツブルグ–ランダウ型	算術符号 ……………164, 165	真の軌道 …………………131
微分方程式 ………………57		
均等分布性 ………………117	【し】	【す】
	時間説 …………………62	推移性 …………………67
【く】	時間平均 …………………89	数 論 …………………166
空間曲線 …………………121	閾値関数法 ………………117	スケール不変性 ……………82
空間平均 ………………89, 90	閾値集合 …………………118	ストリーム暗号システム ‥126
偶相関関数 ………………152	次元スペクトラム ………106	ストレンジアトラクタ ……82
区間力学系のカオス ………66	自己相関関数 ………………66	スペクトテスト ……………139
クープマン演算子 …………95	指数行列 …………………15	スメイルの馬てい形 ………88
区分的単調 onto 写像 ……116	次数の因数分解特性 ……133	スライディングブロック
熊手型分岐 ……………56, 69	弛張振動 …………………13	符号 …………………162
	実ヤコビだ円関数 ………122	
【け】	シフト加法性 ……………141	【せ】
経験的検定法 ……………143	シフト写像 ………………74	整数次元 …………………104
形式的カオス ………67, 80	シフトレジスタ系列 ……140	積 …………………102
系列相関テスト ……………145	射 影 …………………123	積分定数 …………………5
結 合 …………………102	弱混合的 …………………91	接線分岐 ………………69, 72
結合音 …………………62	写像の対称性 ……119, 120	絶対連続 …………………90
結晶構造 …………………139	写像 τ による情報の損失 …99	──な測度 …………………90
結晶テスト ………………139	シャノンのエントロピー …102	接ベクトル …………………3
決定論的力学系 ……………66	シャノンの通信モデル ……112	セパラトリックス …………22
原始根 …………………137	シャルコフスキーの	ゼーベック …………………62
源 点 …………………22	周期共存定理 ……………78	遷移確率行列 ………113, 157
	シャルコフスキーの順序 ……78	漸近安定 ………………26, 39
【こ】	種 …………………136	漸近安定平衡点 ……………25
コイン投げ …………………73	周期アトラクタ ………22, 31	線 形 …………………10
高次元カオス ………………66	周期解 …………………68	──の流れ …………………19
構造安定 …………………88	周期行列 …………………41	線形化した微分方程式 ……18
構造安定性 ………………130	周期的外力の微分方程式 ……35	線形合同法 ………136, 137
構造的安定 …………………2	周期的カオス ………………81	線形合同法の周期 …………137
勾 配 …………………26	周期倍加分岐 ……………69, 70	潜在的カオス ………………68
──の流れ …………………29	周期 p の窓 ………………72	遷臨界分岐 …………………56
勾配系の方程式 ……………28	自由振動 …………………8	
硬非線形 …………………10	周波数説 …………………62	【そ】
公平なコイン投げ …………76	シュワルツ微分 ……………80	素因数分解 ………………134
公平なベルヌイ系列 ………121	順 序 …………………163	相関係数 …………………143
公平なベルヌイ試行 ………76	順列テスト ………………144	相関次元 ………………104, 106
古典的計算論 ……………174	乗算合同法 ………………137	相関積分 …………………107
孤立した極小点 ……………28	上昇連 …………………144	相関テスト ………………143
コルモゴロフ–シナイ	小振幅 …………………9	双曲型 ………………19, 39
エントロピー …67, 99, 102	乗 数 …………………136	双曲型平衡点 ………………39
コルモゴロフ–スミルノフ	状態空間 …………………5	相互相関関数 ……………126
検定 …………………143	状態変数 …………………5	相似変換 …………………15
混合合同法 ………………137	情報源 …………………112	相反多項式 ………………141
混合性 …………………91	情報次元 ………………104, 106	測度論的エントロピー …102
混合的 …………………66, 81, 91	初期値に関する鋭敏な依存性 67	

索　　引　　**193**

【た】

測度論的 q 次の
 エントロピー ……………103
測度論的 q 次の
 エントロピーレート ……104
ソース ……………………22

【た】

大域的漸近安定 …………26
対称閾値集合 ……………118
大数の法則 ………………147
体積縮小写像 ………………82
タイセット …………………46
だ円関数 ……………………10
 ――の 2 倍角公式 ………124
多元接続干渉 ……………152
多次元系のカオス …………67
多次元粗結晶構造 ………139
畳込み符号 ………………162
ダフィング方程式 …………10
単峰写像 ……………………78
断面写像 ……………………32

【ち】

チェビシェフ多項式 ……121
力 ……………………………6
逐次符号 …………………162
秩序状態 ……………………68
チップ同期 …………153, 155
中心極限定理 ………148, 158
中心固有空間 ………………16
聴覚理論 ……………………62
長時間追跡性 ……………132
長時間平均 ……………89, 90
超平面 ………………………33
直接法 ……………………144
沈点 …………………………22

【つ】

通信路 ……………………112

【て】

ディジタル通信システム …112
定常解 ………………………17
定常状態 ……………………2
定数変化法 …………………24
データによる分散 ………159
電圧ポテンシャル …………48
点アトラクタ ………………22
テント写像 ……69, 74, 173
電流ポテンシャル …………48

【と】

等価線形化法 ………………61
同期 ………………………155

同型 …………………………20
同次解 ………………………24
同相 …………………………20
同相写像 …19, 69, 74, 78, 121
特異値 ……………………101
特異点 ………………………18
特解 …………………………24
特性指数 ……………………42
特性乗数 ……………………42
特性多項式 ………………140
独立性の概念 ……………148
トースワース系列 ………142
 ――の例 …………………142
ドモアブルの定理 ………125
トレース ……………………20

【な】

流れ …………………………4, 16
軟非線形 ……………………10

【に】

二次形式 …………………159
ニーディング系列 …………78
ニュートン系 ………………4

【は】

パイこね変換 ………………84
白色雑音的性質 …………142
バーコフのエルゴード定理 ・89
バーコフの
 個別エルゴード定理 ……90
発振 …………………………31
馬てい形写像 ………………86
ハートマン–グロブマン
 の定理 ……………………19
ハミルトニアン ……………7
 ――の流れ ………………29
ハミルトン方程式 …………7
バンド倍化現象 ……………81

【ひ】

引き延ばされた ……………67
非周期相互相関数 ………152
非縮退 ………………………19
非自律的 ……………………59
非線形写像 …………………66
非線形の流れ ………………18
ビット誤り率 ……………152
非同期 ………………153, 155
微分同型 ……………………38
微分同相 ……………………38
微分同相写像 ………………38, 82
微分連鎖則 …………………70
ビュッホンの針の問題 …147

【ふ】

ファイゲンバウム定数 ……71
不安定 …………………16, 26
不安定化 ……………………69
不安定渦状点 ………………24
不安定結節点 ………………23
不安定スパイラル …………24
不安定多様体 …………20, 41
不安定ノード ………………23
不安定フォーカス …………24
不安定平衡点 ………………25
ファンデルポール方程式 …12
フィボナッチ系列 ………140
フェルミ–パスタ–ウラム
 の問題 …………………147
符号による分散 …………159
符号分割多元接続 ………152
符号連テスト ……………145
不動点 ………………………18
不動点問題 …………………32
不変集合 ……………………89
普遍性 ………………………66
不変測度 ………………67, 89
 ――の均等分布性 ……120
 ――の対称性 ……119, 120
不変な点の集合 ……………77
不変部分空間 ………………16
フラクタル …………………82
フラクタル次元 …………104
ブレイトン–モーザーの方法 44
フロケ根 ……………………42
フロケ乗数 …………………42
フロケの理論 …………40, 41
ブロック暗号的 …………131
ブロック符号 ……………162
分岐 …………………………55
分岐現象 ……………………68
分岐図 ………………………56
分岐点 …………………2, 69
分岐領域 ……………………72
分水嶺 ………………………22
分配関数 …………………106

【へ】

閉軌道 ………………………33
 ――の安定性 ……………39
 ――の存在の必要条件 …53
平衡状態 ……………………17
平衡点 ……………14, 17, 18
 ――の安定性 ……………17
平面曲線 …………………121
べき零行列 …………………21
ベクトル場 …………………3

索引 195

ヘシアン行列 …………… 18
ヘテロクリニック軌道 …… 55
ヘテロクリニック点 ……… 88
ベルヌイ系 …………… 67, 76
ベルヌイ系列 …………… 120
ベルヌイシフト …………… 85
ベルヌイシフト写像 … 69, 73, 95, 115
ヘルムホルツ …………… 62
ペロン–フロベニウス作用素 93
ペロン–フロベニウス方程式 95
ベンディクソンの否定定理… 54

【ほ】

ポアンカレ ……………… 107
──のインデックス …… 53
ポアンカレ写像 …………… 33
ポアンカレ断面 …………… 33
ポアンカレ–ベンディクソン
の定理 ……………… 52, 54
ポイントアトラクタ ……… 22
法 ……………………… 136
ポーカーテスト …………… 145
ポーカテスト ……………… 144
保測変換 ……… 84, 86, 89
保存系 …………………… 6
保存量 …………………… 8
保存力 …………………… 6
ホップ分岐 ……………… 56, 57
ポテンシャル …………… 45
ポテンシャルエネルギー … 6
ホモクリニック軌道 ……… 55
ホモクリニック点 ………… 67

【ま】

マイクロチップ ………… 155
増分 ……………………… 136
マスキング ………………… 62

マルコフ情報源 ………… 113
マルコフ分割 …………… 113
マルコフ連鎖 … 113, 152, 171

【み】

密度関数 …………………… 90

【む】

無限個の周期点 …………… 72

【も】

モンテカルロ法 ………… 147

【や】

ヤコビ行列 …………… 18, 22
ヤコビだ円関数 ………… 121

【ゆ】

優加法性 ………………… 165
揺らぎのある
 リミットサイクル ……… 81

【よ】

容量次元 ……………… 104, 106

【ら】

ラグランジュ関数 ………… 7
ラグランジュ形式 ………… 7
ラソタ–ヨークの定理 …… 92
ラーデマッハー ………… 115
ラーデマッハー関数 …… 118
ラプラス ………………… 107
乱数 ……………………… 136

【り】

リエナールの定理 ………… 32
リエナール方程式 ………… 32
力学系 …………………… 4

力学方程式 ………………… 5
離散時間の区間力学系 …… 66
離散力学系 …………… 30, 37
リペラ …………………… 22
リミットサイクル ………… 12
リャプノフ関数 …………… 26
リャプノフ次元 ……… 104, 107
リャプノフ指数 …………… 98
リャプノフスペクトラム … 101
リャプノフの安定性 ……… 25
リャプノフの方法 ………… 26
両側ベルヌイ系 …………… 85
リー–ヨークの定理 … 79, 93
理論的検定法 …………… 143
臨界下分岐 ……………… 59
臨界点 …………………… 78

【る】

ルイス–ペイン系列 …… 142
ループポテンシャル ……… 48

【れ】

零点 ……………………… 18
レニイ次元 ………… 104, 106
レーマー法 ……………… 136
連続力学系 ……………… 37
連テスト ………………… 144

【ろ】

ロジ写像 ………………… 83
ロジスティック写像 … 68, 69, 173
ロトカ–ボルテラの方程式 … 7
ロピタル則 ……………… 104

【わ】

湧き出し点 ………………… 22

【A】

ACI 測度 …………………… 90
A–D 変換 ………………… 166
AIP ……………………… 152
α 極限集合 …………… 54
α-mixing ……………… 158
α-mixing 型の CLT …… 158

【B】

BER ……………………… 152
β 変換 ………………… 166
(β, α) 展開 …………… 169
box–counting 次元 ……… 104

【C】

Cardon の公式 ………… 125
CDMA …………………… 152
CSP ……………………… 117

【D】

δ 擬軌道 ………………… 131
Dickson 多項式 …… 133, 136

【E】

EDP ……………………… 117
Elias 符号 ………………… 163
exact ……………………… 91

【F】

Fatou …………………… 125
Fortet–Kac の定理 ……… 158

【G】

GFSR …………………… 142
Gold 符号 ………………… 156

【I】

i.i.d. 2 値系列 ……… 115, 120

【J】

Julia …………………… 125

【K】

k 次均等分布 ………… 138, 142
Kasami 符号 ………………… 156

【L】

Lattés ………………… 125
Legendre 系列 ……………… 174

【M】

M 系列 ………………… 141
m 次均等分布 ……………… 121
M 倍オーバサンプリング ‥155
MAI ………………… 152
m-dependent ……………… 158

【O】

ω 極限集合 ………………… 54

【P】

p 次のヤコビ–チェビシェフ
　有理写像 ……………… 121
p を法とした原始多項式 ‥‥140
PM onto map ……………… 116
pure chaos ………………… 76

【R】

r 進写像 ………………… 95
RSA 型の暗号系 ………… 136

【S】

Schröder ………………… 125

――のヤコビの sn^2 写像　125
Shannon–Fano 符号 ……… 164
Σ–Δ 法 ………………… 167

【W】

Weierstrass のだ円関数写像　125
Weierstrass の $\mathcal{P}(u)$ ……… 125
Wessel の複素数 …………… 125

1 ビット標本値化法 ……… 167
2 状態マルコフ連鎖 ……… 157
2 進展開写像 …………… 73, 95
2 進有理小数 ………………… 73
2 のべき乗周期領域 ………… 72
3 周期条件 ………………… 79

―― 著者略歴 ――

香田　徹（こうだ　とおる）
1974年　九州大学大学院博士課程修了（通信工学専攻）
　　　　工学博士（九州大学）
現在，九州大学大学院教授

非線形理論
Nonlinear Dynamics and Discrete Chaos ⓒ 社団法人　電子情報通信学会　2009
2009 年 3 月 18 日　初版第 1 刷発行

検印省略	編　　者	社団法人 電子情報通信学会 http://www.ieice.org/
	著　　者	香　田　　　徹
	発行者	株式会社　コロナ社 代表者　牛来辰巳

112−0011　東京都文京区千石 4-46-10
発行所　株式会社　コロナ社
CORONA PUBLISHING CO., LTD.
Tokyo Japan　　Printed in Japan
振替 00140-8-14844・電話(03)3941-3131(代)

http://www.coronasha.co.jp

ISBN 978-4-339-01863-9
印刷：三美印刷／製本：愛千製本所

無断複写・転載を禁ずる
落丁・乱丁本はお取替えいたします

電子情報通信レクチャーシリーズ

■(社)電子情報通信学会編　　(各巻B5判)

白ヌキ数字は配本順を表します。

配本	巻	書名	著者	頁	定価
⑭	A-2	電子情報通信技術史 —おもに日本を中心としたマイルストーン—	「技術と歴史」研究会編	276	4935円
⑥	A-5	情報リテラシーとプレゼンテーション	青木由直著	216	3570円
⑲	A-7	情報通信ネットワーク	水澤純一著	192	3150円
⑨	B-6	オートマトン・言語と計算理論	岩間一雄著	186	3150円
❶	B-10	電磁気学	後藤尚久著	186	3045円
⑳	B-11	基礎電子物性工学 —量子力学の基本と応用—	阿部正紀著	154	2835円
❹	B-12	波動解析基礎	小柴正則著	162	2730円
❷	B-13	電磁気計測	岩崎俊著	182	3045円
⑬	C-1	情報・符号・暗号の理論	今井秀樹著	220	3675円
㉑	C-4	数理計画法	山下・福島共著	192	3150円
⑰	C-6	インターネット工学	後藤・外山共著	162	2940円
❸	C-7	画像・メディア工学	吹抜敬彦著	182	3045円
⑪	C-9	コンピュータアーキテクチャ	坂井修一著	158	2835円
❽	C-15	光・電磁波工学	鹿子嶋憲一著	200	3465円
㉒	D-3	非線形理論	香田徹著	208	3780円
㉓	D-5	モバイルコミュニケーション	中川・大槻共著	176	3150円
⑫	D-8	現代暗号の基礎数理	黒澤・尾形共著	198	3255円
⑱	D-11	結像光学の基礎	本田捷夫著	174	3150円
❺	D-14	並列分散処理	谷口秀夫著	148	2415円
⑯	D-17	VLSI工学 —基礎・設計編—	岩田穆著	182	3255円
❿	D-18	超高速エレクトロニクス	中村・三島共著	158	2730円
㉔	D-23	バイオ情報学 —パーソナルゲノム解析から生体シミュレーションまで—	小長谷明彦著		近刊
❼	D-24	脳工学	武田常広著	240	3990円
⑮	D-27	VLSI工学 —製造プロセス編—	角南英夫著	204	3465円

以下続刊

共通
- A-1 電子情報通信と産業　西村吉雄著
- A-3 情報社会と倫理　辻井重男著
- A-4 メディアと人間　原島・北川共著
- A-6 コンピュータと情報処理　村岡洋一著
- A-8 マイクロエレクトロニクス　亀山充隆著
- A-9 電子物性とデバイス　益一哉著

基礎
- B-1 電気電子基礎数学　大石進一著
- B-2 基礎電気回路　篠田庄司著
- B-3 信号とシステム　荒川薫著
- B-4 確率過程と信号処理　酒井英昭著
- B-5 論理回路　安浦寛人著
- B-7 コンピュータプログラミング　富樫敦著
- B-8 データ構造とアルゴリズム　今井浩著
- B-9 ネットワーク工学　仙石・田村共著

基盤
- C-2 ディジタル信号処理　西原明法著
- C-3 電子回路　関根慶太郎著
- C-5 通信システム工学　三木哲也著
- C-8 音声・言語処理　広瀬啓吉著
- C-10 オペレーティングシステム　徳田英幸著
- C-11 ソフトウェア基礎　外山芳人著
- C-12 データベース　田中克己著
- C-13 集積回路設計　浅田邦博著
- C-14 電子デバイス　和保孝夫著
- C-16 電子物性工学　奥村次徳著

展開
- D-1 量子情報工学　山崎浩一著
- D-2 複雑性科学　松本隆編著
- D-4 ソフトコンピューティング　山川・堀尾共著
- D-6 モバイルコンピューティング　中島達夫著
- D-7 データ圧縮　谷本正幸著
- D-9 ソフトウェアエージェント　西田豊明著
- D-10 ヒューマンインタフェース　西田・加藤共著
- D-12 コンピュータグラフィックス　山本強著
- D-13 自然言語処理　松本裕治著
- D-15 電波システム工学　唐沢好男著
- D-16 電磁環境工学　徳田正満著
- D-19 量子効果エレクトロニクス　荒川泰彦著
- D-20 先端光エレクトロニクス　大津元一著
- D-21 先端マイクロエレクトロニクス　小柳・田中共著
- D-22 ゲノム情報処理　高木・小池編著
- D-25 生体・福祉工学　伊福部達著
- D-26 医用工学　菊地眞編著

定価は本体価格+税5%です。
定価は変更されることがありますのでご了承下さい。

図書目録進呈◆